海洋经济可持续发展丛书

中国海洋经济可持续发展
基础理论与实证研究系列

国家自然科学基金面上项目（41976207）
教育部人文社会科学重点研究基地重大项目（16JJD790021）

中国海洋经济可持续发展
的地理学视角

李　博　孙才志　韩增林　等／著

科学出版社

北　京

内 容 简 介

　　海洋是人类可持续发展的重要基地。在海洋经济可持续发展研究中有必要从格局研究向过程研究转变、从要素研究向系统研究提升、从理论研究向应用研究链接、从知识创造向社会决策贯通。本书基于海洋经济可持续发展的地理学相关基础理论与研究方法，分别对不同尺度下中国海洋产业生态系统可持续性、海洋经济转型、人海关系地域系统脆弱性、沿海城市弹性、海洋渔业经济可持续性进行实证研究，尝试探索海洋经济可持续发展的地理学研究范式，以期为中国海洋经济的可持续发展助力。

　　本书可作为地理学、环境学、城市与区域规划等相关领域高校师生的参考用书，也可供相关领域科研人员和管理人员参阅，为政府部门制定政策提供参考。

图书在版编目（CIP）数据

中国海洋经济可持续发展的地理学视角 / 李博等著. —北京：科学出版社，2020.6
　（海洋经济可持续发展丛书）
　ISBN 978-7-03-065109-9

　Ⅰ.①中…　Ⅱ.①李…　Ⅲ.①海洋经济-经济可持续发展-研究-中国
Ⅳ.①P74

中国版本图书馆 CIP 数据核字（2020）第 081325 号

责任编辑：石　卉　吴春花 / 责任校对：韩　杨
责任印制：徐晓晨 / 封面设计：有道文化

科 学 出 版 社 出版
北京东黄城根北街 16 号
邮政编码：100717
http://www.sciencep.com

北京建宏印刷有限公司 印刷
科学出版社发行　各地新华书店经销

*

2020 年 6 月第　一　版　开本：720×1000　B5
2020 年 6 月第一次印刷　印张：15
字数：302 000

定价：98.00 元
（如有印装质量问题，我社负责调换）

本书编委会

组　长　李　博

副组长　孙才志　韩增林　盖　美　王泽宇　柯丽娜

成　员（以姓名笔画为序）

田　闯　史钊源　张　帅　张志强　金校名

庞淑予　郭宇剑　崔宝元　韵楠楠　潘　晗

丛 书 序

　　浩瀚的海洋，被人们誉为生命的摇篮、资源的宝库，是全球生命保障系统的重要组成部分，与人类的生存、发展密切相关。目前，人类面临人口、资源、环境三大严峻问题，而开发利用海洋资源、合理布局海洋产业、保护海洋生态环境、实现海洋经济可持续发展是解决上述问题的重要途径。

　　古希腊海洋学者特米斯托克利（Themistocles）曾预言："谁控制了海洋，谁就控制了一切。"这一论断成为 18～19 世纪海上霸权国家和海权论者最基本的信条。自 16 世纪地理大发现以来，海洋就被认为是"伟大的公路"。20 世纪以来，海洋作为全球生命保障系统的基本组成部分和人类可持续发展的宝贵财富而具有极为重要的战略价值，已为世人所普遍认同。

　　中国是一个海洋大国，拥有约 300 万平方公里的海洋国土（约为陆地国土面积的 1/3），大陆海岸线长约 1.8 万公里（国家海洋局，2017）；面积大于 500 平方米的海岛 7300 多个，海岛陆域总面积近 8 万平方公里，海岛岸线总长约 1.4 万公里（国家海洋局，2012）。

　　我国辽阔的海洋国土蕴藏着丰富的资源。根据《全国海洋经济发展规划纲要》（国发〔2003〕13 号），已鉴定的海洋生物 20 000 多种、海洋鱼类 3000 多种；滨海砂矿资源储量 31 亿吨；滩涂面积 380 万公顷，水深 0～15 米的浅海面积 12.4 万平方公里，为人工养殖提供了广阔空间；海洋石油资源量约 240 亿吨，天然气资源量 14 万亿立方米；海洋可再生能源储量丰富，理论蕴藏量 6.3 亿千瓦；沿海共有 400 多公里深水岸线、60 多处深水港址，适合建设港口来发展海洋运输；滨海旅游景点 1500 多处，适合发展海洋旅游业；此外，在国际海底区域我国还拥有 7.5 万平方公里多金属结核矿区，开发潜力巨大。

虽然我国资源丰富，但我国也是一个人口大国，人均资源拥有量不高。根据《全国矿产资源规划》（2001 年），我国矿产资源人均占有量只有世界平均水平的 58%。我国土地、耕地、林地、水资源人均水平与世界人均水平相比差距更大。陆域经济的发展面临着自然资源禀赋与环境保护的双重压力，向海洋要资源、向海洋要空间，已经成为缓解我国当前及未来陆域资源紧张矛盾的战略方向。开发利用海洋，发展临港经济（港）、近海养殖与远洋捕捞（渔）、滨海旅游（景）、石油与天然气开发（油）、沿海滩涂合理利用（涂）、深海矿藏勘探与开发（矿）、海洋能源开发（能）、海洋装备制造（装）以及海水淡化（水）等海洋产业和海洋经济，是实现我国经济社会永续发展的重要选择。因此，开展对海洋经济可持续发展的研究，对实现我国全面、协调、可持续发展将提供有力的科学支撑。

经济地理学是研究人类地域经济系统的科学。目前，人类活动主要集聚在陆域，陆的资源、环境等是人类生存的基础。由于人口的增长，陆域的资源、环境已经不能满足经济发展的需要，所以提出"向海洋进军"的口号。通过对全国海岸带和海涂资源的调查，我们认识到必须进行人海关系地域系统的研究，才能使经济地理学的理论体系和研究内容更加完善。辽宁师范大学在 20 世纪 70 年代提出把海洋经济地理作为主要研究方向，至今已有 40 多年的历史。在此期间，辽宁师范大学成立了专门的研究机构，完成了数十项包括国家自然科学基金项目、国家社会科学基金项目在内的研究项目，发表了 1000 余篇高水平科研论文。2002 年 7 月 4 日，教育部批准"辽宁师范大学海洋经济与可持续发展研究中心"为教育部人文社会科学重点研究基地，这标志着辽宁师范大学海洋经济的整体研究水平已经居于全国领先地位。

辽宁师范大学海洋经济与可持续发展研究中心的设立也为辽宁师范大学海洋经济地理研究搭建了一个更高、更好的研究平台，使该研究领域进入了新的发展阶段。近几年，我们紧密结合教育部基地建设目标要求，凝练研究方向、精炼研究队伍，希望使辽宁师范大学海洋经济与可持续发展研究中心真正成为国家级海洋经济研究领域的权威机构，并逐渐发展成为"区域海洋经济领域的新型智库"与"协同创新中心"，成为服务国家和地方经济社会发展的海洋区域科学领域的学术研究基地、人才培养基地、技术交流和资料信息建设基地、咨询服务中心。目前，这些目标有的已经实现，有的正在逐步变为现实。经过多年的发展，辽宁师范大学海洋经济与可持续发展研究中心已经形成以下几个稳定的研究方向：①海洋资源开发与可持续发展研究；②海洋产业发展与布局研究；③海岸带海洋环境与经济的耦合关系研究；④沿海港口及城市经济研究；⑤海岸带海洋资源与环境的信息化研究。

十八大报告提出，要提高海洋资源开发能力，发展海洋经济，保护海洋生态环境，坚决维护国家海洋权益，建设海洋强国。当前，我国经济已发展成为高度依赖海洋的外向型经济，对海洋资源、空间的依赖程度大幅提高，今后，我国必将从海洋资源开发、海洋经济发展、海洋科技创新、海洋生态文明建设、海洋权益维护等多方面推动海洋强国建设。

"可上九天揽月，可下五洋捉鳖"是中国人民自古以来的梦想。"嫦娥"系列探月卫星、"蛟龙号"载人深潜器，都承载着华夏子孙的追求，书写着华夏子孙致力于实现中华民族伟大复兴的豪迈。我们坚信，探索海洋、开发海洋，同样会激荡中国人民振兴中华的壮志豪情。用中国人的智慧去开发海洋，用自主创新去建设家园，一定能够让河流山川与蔚蓝的大海一起延续五千年中华文明，书写出无愧于时代的宏伟篇章。

"海洋经济可持续发展丛书"专家委员会主任

辽宁师范大学校长、教授、博士研究生导师

韩增林

2017 年 3 月 27 日于辽宁师范大学

前　言

　　海洋与人类的生存发展密切相关，是经济社会发展的重要组成部分。随着陆地资源逐渐减少，以及海洋技术的不断提高与海洋产业的不断壮大，国际竞争主要领域已开始由陆地转向海洋。在此背景下，"蓝色经济"成为依托海洋的一种发展理念，海洋及其腹地是"蓝色经济"发展的重要载体，如何实现海洋可持续发展是人类与海洋共存的关键问题。《联合国海洋法公约》（United Nations Convention on the Law of the Sea，UNCLOS）曾经呼吁各国通过了关于阻止、减少和控制陆地人类活动对海洋污染的法规。但 21 世纪以来，过度开发引起的陆域领域生态环境问题在海洋领域也开始显现。过度开发引起的陆域领域生态环境问题时刻提醒着我们，必须要做好海洋生态经济系统可持续发展规划，实现海洋生态经济系统的可持续发展。可持续发展是经济效益、生态效益与社会效益的有机统一和协调互动，海洋经济可持续发展是可持续发展概念在海洋经济领域的具体体现。中国作为世界海洋经济大国，海洋经济的可持续发展对世界海洋经济的可持续发展有直接影响。同时，随着中国海洋经济的发展，中国学者针对中国海洋经济可持续发展问题已取得了丰硕的研究成果。

我国已经意识到中国沿海地区的快速发展更多的是以牺牲资源和生态环境为代价，海洋经济发展走可持续发展道路是我国实现海洋强国战略目标的必然选择。21世纪是海洋开发与利用的世纪，十八大报告首提建设海洋强国战略；中国共产党第十八届中央委员会第五次全体会议着重强调拓展蓝色经济空间；十九大报告明确要求坚持陆海统筹，加快建设海洋强国；2019年《政府工作报告》指出大力发展蓝色经济，保护海洋环境，建设海洋强国。国家对沿海地区海洋经济的发展给予了高度重视。此外，在"21世纪海上丝绸之路"和"一带一路"倡议背景下，推动海洋经济发展的质量型变革日趋重要，这表明我们需要将高质量从意识形态切实落实到海洋经济质量的实际研究中，促进海洋经济由高速度增长向高质量发展转变。中国对经济社会发展规律认识的深化，为本研究提供了时代背景。

随着劳动、资金、技术等生产要素不断向沿海地区集聚，大"S"形沿海经济带①进入新型工业化全面发展的新阶段，依靠其海洋的资源优势和区位优势，以13.5%的土地承载了43.4%的人口，平均城市化率在50%以上，创造了55%以上的国内生产总值（gross domestic product，GDP），吸纳了80%左右的直接投资额，实现了90%以上的进出口贸易（张耀光，2015）。然而，沿海地区经济社会发展的压力格局也由珠江三角洲、长江三角洲、天津滨海新区等局域性地域向整个沿海经济带拓展，"人"与"海"、"陆"与"海"之间的矛盾日益凸显，其脆弱性越发突出。例如，陆源污染物入海量剧增、海洋污染加重、海洋灾害频繁、滨海地区海水入侵，以及沿海湿地和海洋保护区面积日益萎缩等，导致近海资源环境承载力不断降低；海洋资源过度开发且未能有效寻求新的可替代资源，导致可利用的海洋资源匮乏；过度依赖海洋资源、多样性经济结构尚未成熟、海洋科技创新不足、基础设施支撑力不足等，威胁着沿海经济带经济的稳定性和持续性。过去积累的海洋自然环境状况信息和制定的经济体系与海洋产业布局等是否还能适用？为了解决以上问题，本书从海洋

---

① 指中国沿海11省（自治区、直辖市），包括辽宁、上海、广西、山东、广东、河北、浙江、江苏、海南、天津、福建。

经济可持续发展的不同视角进行深入分析，为因地制宜地开展实践应用研究提供科学依据，充实海洋经济地理自身的研究内容，并将区域可持续发展研究推向纵深。

本书由李博、孙才志、韩增林等著。在撰写过程中，史钊源、田闯、潘晗、韵楠楠、张志强、张帅参与编写第一章和第三章；田闯、史钊源参与编写第二章；韵楠楠、潘晗、张帅、金校名参与编写第五章至第八章；张志强参与编写第四章；郭宇剑、崔宝元、庞淑予参与了书稿校对工作；盖美、王泽宇、柯丽娜在数据资料收集方面提供了很多帮助，在此一并表示感谢。

本书是国家自然科学基金面上项目（41976207）和教育部人文社会科学重点研究基地重大项目（16JJD790021）的相关研究成果。本书引用了许多专家学者的研究成果，书中虽有标注和说明，但是难免挂一漏万，还请多多谅解！由于作者水平有限，书中难免存在不足之处，衷心期望学界同人及读者批评指正！

李　博

2019 年 11 月

目　　录

第一章

绪　论

第一节 海洋经济可持续发展的研究背景与意义

一、海洋经济可持续发展的时代背景

从国际环境来看，世界经济经历了后国际金融危机时期，现已进入新一轮调整期，国家应抓住这个良好的机遇，通过开放合作，发挥后发优势，加快我国海洋经济的发展。在这一难得的机遇下，也面临着许多不确定的因素。需求结构变化会影响外向型海洋产业的发展，国际社会对海洋关注度的提高以及海洋争端的加剧，加大了我国海洋维权的难度，延滞了我国海洋资源开发的进程。因此，如何突破诸多瓶颈，海洋综合开发能力如何进一步提高，海洋经济与陆域经济如何进一步协调，以及生态环境保护与海洋经济增长的关系如何协调发展等，是今后我国海洋经济发展必须面临的重大战略任务。

20 世纪 70 年代以来，我国经济发展迅速，人民生活水平大幅提高，但与此同时生态环境也遭受了一定程度的破坏。我国政府已经意识到环境问题的严重性以及由此造成的经济和环境成本的增加，从 70 年代开始就把减少环境污染和保护自然资源作为国家政策的优先领域。1983 年 12 月 31 日，国务院召开第二次全国环境保护会议，将环境保护列为一项基本国策。

1994 年，可持续发展被正式定位为我国基本发展战略之一。《中国海洋 21 世纪议程》提出了海洋事业可持续发展的背景、目标与优先行动的领域。自 1996 年《中国海洋 21 世纪议程》实施至今，我国海洋经济发展走过了 20 多年的历程。这 20 余年也是国家经济社会发展转型的时期，我国经济正面临经济增长速度换挡期、结构调整阵痛期和前期刺激政策消化期"三期叠加"的复杂形势。小康社会、和谐社会、环境友好型和资源节约型社会、海洋生态文明建设、海洋产业供给侧结构性改革等体现可持续发展思想的发展观相继提出。同时，我国缔结和加入了包括"保护海洋环境免受陆源污染全球行动计划"（Global Programme of Action for the Protection of the Marine Environment from Land-based Activities）在内的各种国际环境保护条约和协议，加快了我国可持续发展的进程。海洋可持续发展政策也在不断完善，海洋可持续发展能力稳步提升。1998 年《中国海洋事业的发展》白皮书的发布再次加速了我国海洋可持续发展的进程。

21 世纪以来，从浅蓝走向深蓝的中国对海洋给予了越来越多的关注。2002年十六大报告提出实施海洋开发战略。2007 年十七大报告提出大力发展海洋产业。2001 年《中华人民共和国国民经济和社会发展第十个五年计划纲要》，提出发展海洋经济、保护海洋生态环境的重点任务，指出："加大海洋资源调查、开发、保护和管理力度，加强海洋利用技术的研究开发，发展海洋产业。加强海域利用和管理，维护国家海洋权益。"2006 年发布的《中华人民共和国国民经济和社会发展第十一个五年规划纲要》，首次将合理利用海洋和气候资源以专章形式列入，明确提出："强化海洋意识，维护海洋权益，保护海洋生态，开发海洋资源，实施海洋综合管理，促进海洋经济发展。"并且，对如何合理利用、保护和开发海洋资源进行了具体规划。2007 年十七大报告再次明确提出发展海洋产业战略。2008 年 2 月通过的《国家海洋事业发展规划纲要》，对海洋生态环境保护的目标与任务提出了具体要求。2011 年发布的《中华人民共和国国民经济和社会发展第十二个五年规划纲要》，从优化海洋产业结构和加强海洋综合管理两方面出发推进海洋经济发展。2012 年出版的《我国海洋经济可持续发展战略蓝皮书》系统分析了国内外影响我国海洋经济发展的宏观环境、国民经济发展的需求，并对我国海洋经济发展现状及其可持续发展状态进行了评估与发展前景预测，提出了实施海洋经济可持续发展战略的总体思路、发展目标、产业任务、空间布局、对策措施等。2012 年十八大报告明确提出建设海洋强国战略。2013 年颁布的《国家海洋事业发展"十二五"规划》分别就海洋资源管理、海域集约利用、海岛保护与开发、海洋环境保护、海洋生态保护和修复、海洋经济宏观调控、海洋公共服务、海洋防灾减灾、海洋权益维护、国际海洋事务、国际海域资源调查与极地考察、海洋科学技术、海洋教育和人才培养、海洋法律法规、海洋意识和文化、保障措施方面做了说明。2013 年 10 月，习近平主席在出访东南亚国家期间，提出共建"21 世纪海上丝绸之路"的重大倡议。《2015年全国海洋经济工作要点》提出，在我国经济增长进入"新常态"的宏观背景下，海洋经济工作将坚持稳增长、促发展、调结构、惠民生的政策取向，加快推动海洋经济向质量效益型转变，促进海洋经济平稳、健康、持续发展，使海洋经济成为推动国民经济发展的新动力，为海洋强国建设夯实经济基础。2016年发布的《中华人民共和国国民经济和社会发展第十三个五年规划纲要》提出，发展海洋科学技术，重点在深水、绿色、安全的海洋高技术领域取得突破；加强海洋资源勘探与开发，深入开展极地大洋科学考察。2017年十九大报告提出加快建设海洋强国。全面建设海洋强国被提上进程。国家海洋局局长王宏指出，我国经济形态和开放格局呈现出前所未有的"依海"特征，我国经济已是高度依赖海洋的开放型经济[①]。

总地来看，在国家经济社会发展的宏观背景下，随着科学发展观的不断落实，以及"一带一路"倡议的推动，中国海洋可持续发展政策不断完善与深化。一方面，通过阶段性规划和针对性法规将可持续原则整合到海洋企事业领域及各部门中，实现海洋资源开发与保护并行，防污与整治共进。另一方面，海洋管理从过去的部门管理逐步走向综合管理，管理手段从过去的以行政手段为主，逐步转化为综合法律、经济、技术等手段，并辅以必要的行政手段。同时，海洋开发与利用从过去的无序、无偿开发向规范、有偿开发转变，海洋开发有序化、海洋污染索赔处罚定量化逐渐成为海洋开发与保护的新要求。

梳理中国海洋政策（图1-1），可以发现，中国海洋经济发展的关注重点从数量型增长向质量效益型转变，总体可划分为五个阶段。①改革开放前阶段（1949~1978年）：海洋经济粗放发展期。海洋经济增长方式相对粗放，以简单的生产生活方式实现对海诉求，海洋经济活动相对简单，主要是为了满足日常生活需要而获取海洋资源，虽存在经济效益型生产活动，但海洋活动开发力度与破坏力度较有限，海洋资源与海洋生态环境系统基本处于海洋自我恢复与可承载范围内。②改革开放起始阶段（1978~1991年）：海洋经济数量增长为主，开发保护为辅。该阶段海洋大开发热潮出现，围填海现象、海水养殖、海洋矿产资源开发等海洋经济活动逐渐涌现乃至井喷，高强度开发、低力度保护，导致海洋生态环境日益恶化。海洋环境对海洋经济、社会活动的限制性开始显现，海洋开发阈值超出海洋自我恢复与可承载范围，海洋资源红线与生态环境红线迫使海洋经济寻求良性发展，在此背景下海洋环境保护政策开始出现。

---

① 国家海洋局局长王宏：提升海洋强国软实力[EB/OL]. https://www.sohu.com/a/147017812_114731 [2020-03-01].

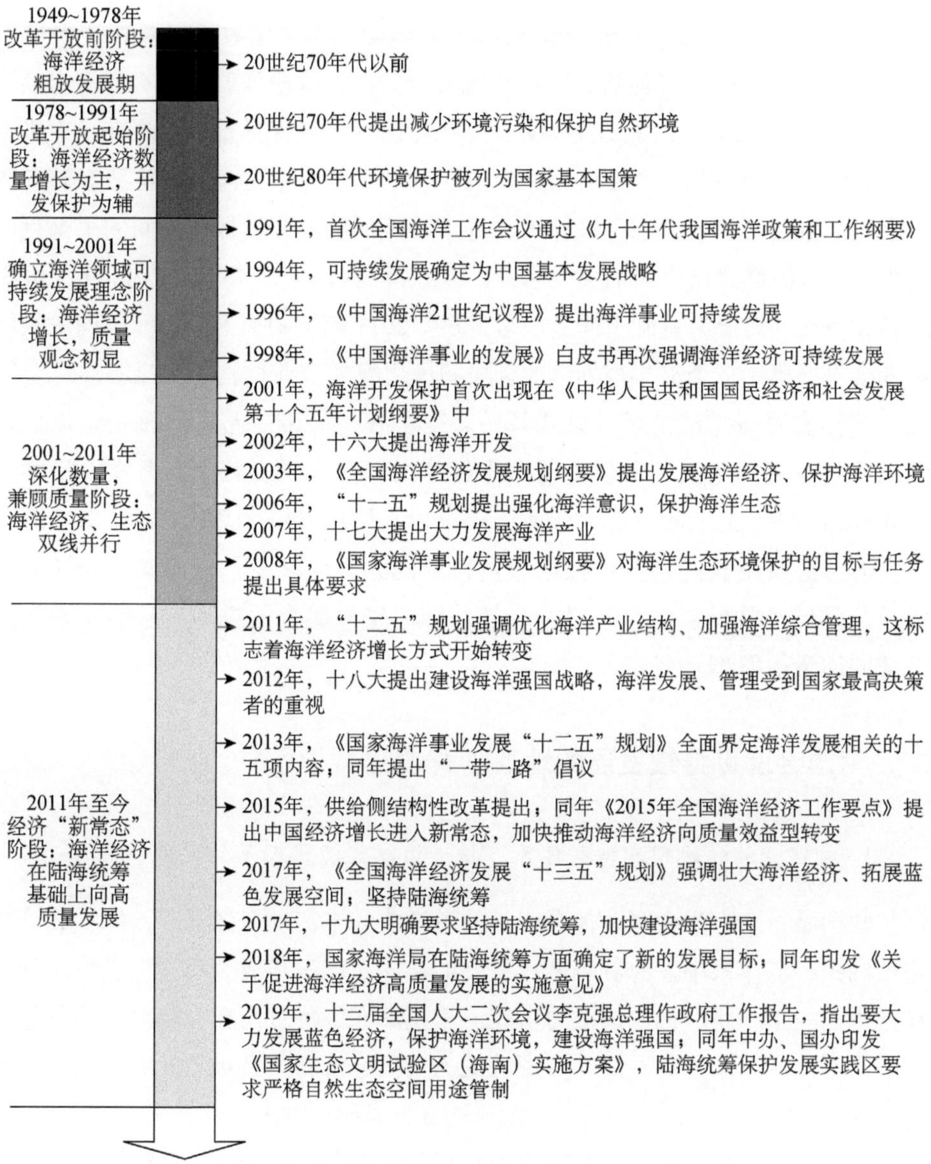

图 1-1　中国海洋经济可持续发展的时代背景历程

③确立海洋领域可持续发展理念阶段（1991～2001 年）：海洋经济增长，质量观念初显。1991 年，首次全国海洋工作会议通过《九十年代我国海洋政策和工作纲要》，海洋经济高质量发展萌芽出现，并开始追求低消耗、少污染、高产出的海洋经济增长方式。该阶段海洋经济活动与海洋生态环境矛盾日益突出，海洋经济增长方式急需改变，传统粗放型海洋经济增长方式已不能满足海洋经济

良性发展的需要，海洋经济增长理念逐渐转变。④深化数量，兼顾质量阶段（2001~2011年）：海洋经济、生态双线并行。这一阶段强调既要实现海洋经济发展，又要加强海洋生态文明建设。2001年海洋开发保护首次出现在《中华人民共和国国民经济和社会发展第十个五年计划纲要》中，海洋经济逐渐转向既追求经济效益又加强生态环境保护，寻求经济活动与开发保护之间的平衡点，成为该阶段海洋经济发展的关注重点。⑤经济"新常态"阶段（2011年至今）：海洋经济在陆海统筹基础上向高质量发展。2011年《中华人民共和国国民经济和社会发展第十二个五年规划纲要》强调优化海洋产业结构、加强海洋综合管理，这标志着海洋经济增长方式开始转变。在"一带一路"倡议中，以供给侧结构性改革为主线，实现中国海洋经济由量变向质变转变。海洋经济增长方式开始转变，由上而下的海洋政策调整以及国内经济大环境进入"新常态"，促使海洋经济增长逐渐向可控的、可持续的大方向转变，进而实现海洋经济增长与陆域经济发展的有效对接，加快陆海统筹融合的进程，从而实现海洋经济向质量效益型转变。

二、海洋经济可持续发展的地理学背景

1. 构建开放的地理学学科体系，推进海洋经济地理学的发展

我国是一个海洋大国，拥有绵长的海岸线和丰富的海洋资源，海洋经济在整个国民经济体系中发挥着越来越重要的作用，已逐步成为我国建设海洋强国和推进"一带一路"倡议的潜力所在、希望所在、优势所在。随着我国参与全球经济程度的不断加深，海洋资源将成为我国经济转型升级和发展空间拓展的重要支持。

我国海洋经济未来的可持续发展在很大程度上将要依赖于海洋资源的开发利用。海洋是人类可持续发展的重要基地，开发利用海洋资源是解决当前资源短缺、环境恶化等问题的有效途径。但在开发利用海洋资源的同时，绝不能忘记协调海洋各种资源之间、资源再生与开发利用之间的关系，使海洋资源既可以得到充分利用，又可以保证可持续发展。关注环境的可持续发展研究正是地理学的题中要义，海洋经济可持续发展研究不仅对地理学提出了挑战，也是地理学的发展机会。地理学家有责任在发展海洋学科的同时，把可持续发展研究

引向深入，重视可持续发展思想和战略的可操作性。

海洋经济可持续发展研究有必要从格局研究向过程研究转变、从要素研究向系统研究提升、从理论研究向应用研究链接、从知识创造向社会决策贯通。更加关注全球问题，积极参与国际"未来地球计划"，加强人类的海洋经济社会行为对沿海生态环境影响的研究，科学评估区域海洋资源环境承载力，解决涉海空间规划、政策碎片化等问题，构建开放的地理学学科体系，推进地理学的发展。

2. 不断融入国际科学计划，推进海洋经济可持续发展的深入研究

经济"新常态"使得原有中国海洋经济的矛盾更加紧张。21世纪以来，中国海洋经济一直处于高速增长阶段，而这种高速的经济增长是由高能耗、高污染、高排放带来的，由此造成了中国现阶段海洋经济发展的不可持续性，使得海洋经济发展与海洋资源环境保护矛盾突出。

首先，海洋产业结构和层次有待提升。改革开放以来，中国海洋产业结构不断优化，从尚待开发状态转向全面发展，并逐步改善以资源依赖型、劳动密集型和自给自足型的粗放式为主的发展模式，产业结构呈现"三、二、一"的结构状态。2017年，海洋第一、第二、第三产业增加值占海洋生产总值的比重分别为4.6%、38.8%和56.6%①，与发达国家存在很大差距。同时，海洋新兴产业有待进一步发展，当前如信息服务业、海水利用业、海洋电力和海洋生物医药业等产值比重依然较低，仍然没有形成高附加值的产业，这与当前中国海洋科技发展的落后是分不开的。海洋产业发展存在区域间不平衡、产业结构呈现"同构化"和"低度化"倾向、海洋劳动供给总量短缺和结构性短缺趋于常态化且呈加剧趋势等问题，是中国海洋经济可持续发展面临的重大挑战。

其次，海洋环境污染积重难返。陆源入海污染压力仍然较大，近岸局部海域污染较重，未来海洋环境风险依然突出。《2017年中国海洋生态环境状况公报》显示，沿海面积在100平方公里以上的44个大中型海湾中，有近一半海湾四季均出现劣四类海水水质。典型海洋生态系统多处于亚健康状态。入海排污口邻近海域水质较差。近岸海域环境污染较重，对海洋工程建筑业、海水养殖业、近海渔业发展具有较大影响。海洋灾害对我国沿海经济社会发展和海洋生

---

① 《中国海洋统计年鉴2018》。

态环境造成了诸多不利影响。

中国海洋经济可持续发展其实是一个涉及政治、经济、文化、科技、教育、卫生、社会保障、生态环境、人民生活等方面的大的复合系统。因此，对中国海洋经济可持续发展进行评价并不是一个或几个指标所能反映和涵盖的，需要建立一套科学、系统的指标体系（程娜，2017）；要善于在全球变化大背景中捕捉重要议题来做研究，要满足社会需求和国家战略需求，推进海洋经济可持续发展的深入研究（刘卫东，2018）。

3. 海洋经济可持续发展的时间尺度和空间尺度研究更加深化

海洋经济可持续发展研究具有空间异质性和时间动态性，且随着时空尺度的推移发生变化。目前，学术界普遍认同可持续发展研究在空间上要区分全球、区域、地方、地点等尺度。尺度的界定往往是和论题的界定联系在一起的。换言之，对不同的尺度要研究不同的论题。

目前，我国可持续发展的宏观方面（如国家可持续发展战略）和微观方面（如工程技术）得到了充分重视，但中观尺度（区域）的问题相对被忽视。我国沿海区域发展不平衡特征极为突出，如没有针对不同区域的具体问题制定可持续发展对策，宏观政策或被误用或落实不到实处，微观技术难以发挥综合效益。地理学以区域性和综合性见长，在中观尺度问题的研究上具有独特优势。国际上正在关注地方《21世纪议程》的实施，全球环境变化研究的重心也在向区域响应和区域对策转移，我国地理学者也应将沿海区域可持续发展作为研究重点。

在时间尺度上，地理学更应重视近百年来的变化过程，要区分未来近、中、远期的不同任务。当代环境问题的出现和可持续发展概念的提出，是工业革命以来人类活动干预自然环境的强度显著加大的结果，所以环境退化的病根应在近百年来的变化过程中诊断，医治良方应在近百年来的变化过程中寻求。对于今后，必须分近、中、远期加以规划。近期规划目标主要是当地经济发展的起步，打破环境退化与发展受阻恶性循环的关键环节，实施可行的开发项目，同时起步措施还必须有政策保证；中期规划则是从发展的可靠性着手，使当地环境、经济和社会步入良性循环；远期规划着眼于前瞻性预测，走向可持续发展。近期起步的可行性、中期发展的可靠性和远期规划的前瞻性应相协调，以实现当前开发与长远可持续发展的统一（蔡运龙，1998）。

三、海洋经济可持续发展的研究意义

随着"可持续""跨期""代际公平"等视角和理念的深入人心，在经济全球化的大环境下，世界各国对资源的抢夺战愈演愈烈，而在陆地资源日渐枯竭的情况下，海洋已逐步成为资源战争的主战场。因此，各国应对世界范围内日益严峻的资源危机所秉持的资源观，已然成为指导各国海洋经济发展战略选择与制定的理论依据。中国是一个海洋大国，拥有丰富的海洋资源。20 世纪 90年代以来，海洋经济在国民经济发展中的地位得到迅速提升。但由于海洋规划不科学、海洋科技水平有限、涉海制度体系不健全，海洋资源的无偿、无序、无度利用现象时有发生。随着沿海地区经济的高速增长以及对海洋开发广度与深度的不断拓展，海洋资源的无谓浪费和过度开发导致的海洋资源短缺问题日益严重，海洋环境日趋恶化。传统与粗放型的海洋经济发展方式，使得海洋资源消耗强度加大、废物排放增多、海洋生态环境负荷过载等问题越来越严重，海洋经济与资源环境、社会发展之间的不协调等问题日益影响到海洋经济的健康持续发展，直接或间接扰乱了海洋经济乃至国民经济正常的发展秩序。产生这些问题的最主要原因在于，人们在海洋开发过程中只重视海洋的资源功能，而忽视了海洋的生态、环境功能以及对海洋产业发展的科学规划，从而导致海洋开发活动和海洋经济发展与海洋实际功能的错位（程娜，2013）。

在《牛津经济地理学手册》前言中，Gordon Clark 教授提到，经济地理学学科的活力就在于我们这些人善于捕捉社会经济变化大背景中的关键议题进行研究。现在，在中国经济增长的带动下，世界大格局发生了变化。因此，要重新思考哪些重大问题是我们应该去关注的，这对于学科的未来发展是重要的（段学军，2018）。牛文元（2012）提出了当今中国可持续发展战略的七大主题：始终保持经济的理性增长；全力提高经济增长的质量；满足"以人为本"的基本生存需求；调控人口的数量增长、提高人口素质；维持、扩大和保护自然的资源基础与生态容量；集中关注科技进步对于发展瓶颈的突破；始终调控环境与发展的平衡。鉴于此，本书针对中国沿海地区海洋经济发展存在的问题和特征，以及可能面临的海洋经济、社会、环境风险等，评价了不同尺度下中国沿海地区的海洋经济可持续发展，为海洋经济理性增长提供了参考依据；应用全球变化和可持续发展研究框架下的脆弱性、适应性、弹性对中国海洋经济可持续发展做了有益的探索；深入中国海洋渔业等传统产业进行具体研究，提出针对性

的对策建议。

第二节　国内外研究概况

一、海洋经济

国外对于海洋经济增长质量没有明确的界定，但海洋经济增长研究相对成熟，相关研究从理论内涵（Kates et al.，2001）、运行现状（Surís-Regueiro et al.，2013）、状态预测（Smith-Godfrey，2016）、视角延伸（Fernández-Macho et al.，2016）、环境机理（Bouchet et al.，2015）、优化管理（Kaczynski，2011）等方面探究海洋经济的增长，研究历程可概括为学理形成→演化机制→优化调控。

海洋经济增长理论历经萌芽→确立→发展→完善，现已趋于成熟，逐渐向发展阶段化、理论系统化、视角延伸化、学科交叉化演变。例如，Surís-Regueiro等（2013）强调了欧盟应对海洋经济内涵加以界定以便于海洋经济的深入发展，推动了海洋经济相关理念的完善；Smith-Godfrey（2016）强调了陆海统筹视角下定义"蓝色经济"的重要性；Fernández-Macho等（2016）认为应对海洋经济评价建立细化指标；Bouchet等（2015）从海洋环境出发探究了海洋经济增长的驱动机理，寻求海洋经济增长影响机制的内在作用并进行细化分析，逐渐完善了海洋经济理论框架。

海洋经济运行现状研究由静态下海洋经济对国民经济发展的贡献研究向内外部环境作用下海洋状态动态调整转变。在海洋经济对国民经济发展的贡献中，欧盟（Kaczynski，2011）、加拿大（Bailey et al.，2016）、美国（Colgan，2005）、孟加拉国（Rahman，2017）、印度尼西亚（Nurkholis et al.，2016）、日本（Inaba，2015）相继针对海洋经济发展状态进行了研究，为海洋经济的稳定发展提供了从国家或区域层面出发的政策建议。在此背景下，基于内外部环境对海洋状态进行调整开始受到重视，国际研究中较有代表性的有西班牙海洋政策规划（Vivero and Mateos，2012）、爱尔兰渔业发展（Moore et al.，2016）、苏格兰海洋能源（Allan，2015）、太平洋小岛屿发展中国家海洋科技（Salpin et al.，2016）、澳大利亚海洋航运（Ballantyne, 2013）、印度尼西亚海洋旅游（Kurniawan et al., 2016）等，它们从外部社会、经济环境改善、海洋内部产业结构完善等角度对海洋状态进行了动态调整，进而实现了海洋经济的良性发展。

随着海洋经济发展时间周期的拉长和空间布局的扩大，海洋资源消耗、海洋空间扰乱、海洋生态脆弱等人海矛盾日益凸显，海洋经济结构性、系统性、稳定性问题的"破碎化"研究，使得如何实现海洋经济可持续增长解决现已出现的人海经济-生态的"不适应性""不协调性"成为海洋经济由理论形成到状态调整的又一阶段性热点话题。海洋经济-生态耦合联动（Jin et al., 2003；Franzese et al., 2008）、海洋资源阶段性与可持续开发（Nilsen, 2017；Robert, 1999）、海洋保护与管理缓冲区（Smith et al., 2010；Pakalniete et al., 2017；Paramio et al., 2015）、海洋观测体系（White and O'Sullivan, 1997）、海洋环境污染清理与生物修复（Raubenheimer and Mcilgorm, 2017；Satheesh et al., 2016）等研究，为实现人海经济-生态的动态平衡提供了相应支撑，使海洋经济良性增长研究进入开发与保护阶段。与此同时，海洋经济理论研究成熟化与海洋经济发展阶段高级化，推动了海洋利用经济价值和生态价值研究视角的延伸，海洋碳经济（Henrichs and Reeburgh, 1987）、海洋生物医药（Bhatia and Chugh, 2015）等新兴产业开始出现，标志着海洋经济发展进入更高层次阶段。

在国内研究中，海洋经济增长的周期、阶段、动力、要素配置、国际对比和驱动机制等一直是主流经济学家的研究热点。在宏观视角下，殷克东（2016）、刘曙光和姜旭朝（2008）认为海洋经济发展存在周期性和阶段性特点，具有波动性和可控性；梁亚滨（2015）针对海洋经济增长的动力机制和提升路径提出推动中国海洋强国建设的建议；孙才志等（2017）、狄乾斌等（2014）提出应优化海洋经济增长影响要素的配置，有效发挥海洋科技、海洋产业结构的良性带动作用；张耀光等（2016）通过实证研究对中美两国海洋经济发展进行比对分析。微观视角下，多在涉海就业、海洋金融、海洋文化、海洋科技、海洋产业、海洋生态、海洋资源、海洋旅游等方面，从利用方式和作用程度出发探究海洋经济增长的作用机制，总体可归为社会属性和自然属性。在社会属性上，陈凤桂和陈伟莲（2014）、刘东民等（2015）、郑翀和蔡雪雄（2016）、戴彬等（2015）、王波和韩立民（2017）分别从社会、经济角度探究了就业、金融、文化、科技、产业等因素对海洋经济增长的影响。社会属性机制既反映海洋经济增长的状态，又反作用于海洋经济增长的运行。在自然属性上，李博等（2018）、王泽宇等（2017）、孙静等（2016）探究了在海洋生态环境、海洋自然资源、海洋空间资源条件下，海洋生态、资源约束和海洋旅游对海洋经济的影响。自然属性机制为海洋经济增长提供了资源消耗、活动空间和生存空间。由此，可以发现相关研究集中在数量型海洋经济增长和演化机制定性分析，研究视角由宏观向微观延伸、方向由一维转向多维，但落脚点仍为如何促进海洋经济良性增长。

随着海洋经济开发中无序、无度和无偿现象的显现，海洋经济数量型增长导致的海洋资源环境以及海洋经济社会问题日益突出，包容性增长和可持续理念下的海洋经济质量型增长开始引起重视。海洋经济增长质量的本质是"海洋经济"，外延是"海洋社会、海洋环境"与"海洋经济"的关系，虽然钟华（2008）、李博等（2017a）已对海洋经济增长质量的内涵界定和发展特点进行了探究，但缺少对海洋经济增长质量理论支撑、空间作用、演化机制的定量研究。因此，立足海洋经济理论，探讨多学科交叉、多方法集成，辅以长时间序列海洋面板数据，进行海洋经济增长质量时空动态分异及驱动机制定量化研究显得十分必要，其不同于以往单方面定性解析社会属性机制和自然属性机制对海洋经济增长的影响，而是借助相关空间计量模型对具体驱动机制进行系统化、定量化地甄别和分析。

二、海洋产业生态系统适应性

（一）适应性

1. 适应性内涵的发展

适应性研究的是主体与周围环境等的相互作用关系，具有普遍性的特点。适应性在多个学科领域中都有应用，不同学科对适应性内涵有各自不同的理解。实际上，学术界对适应性的研究可以划分为两种研究范式，即早期适应性和新兴适应性。"适应"一词起源于自然科学领域，种群生物学和进化生态学认为适应是一种状态，是生物在适应环境的进化过程中表现出的结构、功能或行为的特征（Demetrius，1977）。这种适应性特征与人类活动非常相似，人类可以通过学习能力和创新能力不断适应生存环境（包括社会经济活动的活力和人类生活的质量等）（Gutman and Maletta，1989）。但人类社会对适应能力的要求不止停留在"生存和繁殖"的范畴内，人类学家将适应的概念应用到人类系统中，用"文化适应"的概念来描述"文化核心"（cultural cores）对周围环境的调整（Basso，1972）。Denevan（1983）认为，文化适应是响应自然环境变化以及人文内在环境变化（如人口、经济和组织）的过程，大大拓宽了人文系统适应生物、物理环境压力的范畴。随着对气候变化本身的不断关注，适应性研究在全球变化领域不断涌现，从 2001 年政府间气候变化专门委员会（Intergovernmental Panel on Climate Change，IPCC）对适应性进行界定，到 2013 年 IPCC 第五次评估报告对适应性提出新认知，适应性研究得到了越来越多的关注。在水资源、社会-生态系统（social-ecological system，SES）、景观建筑学等视角也出现了适应性研究。20 世纪 90 年代以后，适应性问题研究在具体应用中得到了延伸和发展，衍生出了许多新兴适应性研究。同时，在海洋生态、港口交通、农户生计、产业系统等视角下都对适应性进行了概念界定，且不同学科在使用这些概念时所赋予的含义存在较大差异（表 1-1）。

表 1-1　适应性概念的发展

适应性类别	研究视角	概念范畴
早期适应性	进化生态学	生物在面临一系列环境变化时的适应（能够生存和繁殖）能力
	社会学、人类学	组织、群体增进环境与文化磨合能力的方法，是在变化环境中通过文化实践而产生的行为选择的结果
	全球变化科学	为了应对实际发生或预计到的气候变化及其各种影响（不利的或有利的），而在自然或人类系统内进行的调整
	水资源	系统响应现实或预计气候、环境变化以及经济、人文变化及其影响，旨在减轻危害或开发有利机会以调整自身的行为
	社会-生态系统	人类对复杂社会-生态系统弹性的调控机制与管理，即通过学习对环境变化带来的影响进行修复与调节，使系统处在一个适当的状态
	景观建筑学	是一种普遍性的调节能力，主体与客体均具有该能力，通过尽可能微小的付出应对可能产生的环境变化
新兴适应性	海洋生态	由海洋生态系统具有的地质、地貌、水文、气象、景观等自然属性以及人口、经济、文化、区位等社会属性所决定的，对特定、持续性用途的生态学需求满足程度的适应能力
	港口交通	港口适应地区经济的变化，与地区经济发展的各个方面保持相互一致、协调、可持续发展的能力
	农户生计	农户为应对移民搬迁带来的各种影响，通过调整土地、劳动力等资源的使用以保持当前或更好的生存状态
	产业系统	以资源环境承载力为依据，通过对不同产业与生态环境之间物质能量输入与输出关系的度量，所表征出的产业系统的生态亲和状态

2. 国外适应性研究更加关注中微观层次分析

国外适应性研究更加关注中微观层次的分析。在不同目标下的适应性措施、适应性综合管理的中观层面的研究中，Clar 等（2013）深刻剖析了在气候变化环境下，制定和实施有效的适应性政策会遇到的障碍，分别是缺乏意识、缺乏肯定性、资源不支持和政治承诺不到位。微观层次的分析多是典型区域的具体案例研究和现象测度分析以及框架的引导，更倾向于对微观行为和最优决策等能够说明现象的成因问题进行研究。Unruh 和 Adam（2014）着眼于达尔富尔多年干旱和土地退化的影响，对土地适应进行了研究。Kingsborough 等（2016）介绍了伦敦城市供水系统适应规划框架，对伦敦的缺水风险进行了水资源适应性量化评估。Chen 等（2016）以美国西雅图为例，针对三个主要城市灾害——洪水、热浪和干旱，提出了四类适应方案。地方政府在应对气候影响方面处于领先地位，认识到这一点的 Nordgren 等（2016）在对社区从业人员的调查中，提出了在气候影响适应中的地方政府适应计划。

3. 国内适应性关注焦点由单一维度向多维度延伸

最初的国内适应性研究多是适应性与相关概念之间的理论思辨，合理构筑适应性研究框架要厘清全球环境变化的核心概念，即弹性、脆弱性、适应性等的区别和联系，并在生态维、社会维、经济维等单一视角下进行具体分析。方修琦和殷培红（2007）介绍了弹性、脆弱性和适应性这三个核心概念的区别、联系及应用的研究进展，生态维视角下的适应性受到了高度重视。崔胜辉等（2011）辨析了全球环境变化背景下适应性的科学内涵，并总结了全球变化适应性的三大研究途径。方一平等（2009）分析了气候变化适应性的概念与应用，以及适应性与适应能力、响应能力与恢复力之间的相互关系。潘家华和郑艳（2010）提出了适应气候变化的基本分析框架，即基于不同发展阶段的适应性需求，区分增量型适应和发展型适应，并通过工程性适应、技术性适应和制度性适应三种适应手段增强适应能力。贾慧聪等（2014）评述了自然灾害适应性的研究进展，梳理了自然灾害适应性的测度模型。徐瑱等（2010）通过不良影响、抵御能力、恢复能力构建了生态系统适应性评价模型。曹珂等（2016）结合山地自然灾害由"患"到"灾"、由"灾"成"难"的递进孕灾与影响机制，引入适应性思维，提出"从动""协动""能动"适应山地灾患环境、灾害影响与灾难冲击的城市防灾避难规划设计原则。在社会维视角下，重点强调社会的脆弱群体，包括低收入群体、老人和小孩、移民、社区、少数民族等的社会适应性，通过分析社会适应性的机遇与阻碍，引出对社会公共服务和相关政府部门的适应性管理的探讨。在经济维视角下，经济学家早在20世纪30年代就提出了用进化的观点来研究经济适应问题，复杂适应系统（complex adaptive systems，CAS）理论就是适应性在经济系统的体现，通过四重特性（聚集、非线性、流、多样性）、三种机制（标识、内部模型和积木）塑造系统论和适应性研究新模式，为人们认识、理解、控制、管理复杂系统提供了新的思路（杨仲元等，2016）。

随着适应性内涵和应用的逐渐丰富，适应性研究不再满足于单一要素的讨论，关注焦点逐渐转向多维度和多学科交叉的综合研究。适应性分析是应用研究的主流，在综合评价的实践水平上，单一的手段和知识领域难以达到与其适应的效果，忽视多因素的交互胁迫作用不仅难以全面揭示适应性复杂作用机制，而且会低估适应性对压力感知和风险管理的实际作用效果。因此，需要多维知识和学科领域的交流，大量典型区域案例都紧密结合了现有政策规划以及与生态文明建设、持续发展和风险管理相关的决策过程，实践性的适应措施也不可避免地要与其他量化结果和适应性目标规划相结合。温晓金等（2016）以秦岭山地的商洛市为例，从社会-生态系统的视角建立了山地城市的多适应目标情景方式，为区域社会发展评价研究提供了新思路。仇方道等（2011）从生态维和经济维的视角，基于易损性、敏感性、稳定性和弹性等适应性要素，对东北矿业城市产业生态系统适应等级进行了划分。郭付友等（2016）对产业系统适应性的实证研究发现，松花江流域产业系统适应性总体表现出由流域自上而下依次降低到中心-外围特征逐渐形成的过程。李昌彦等（2013）结合水资源系统和人类系统，评价了水资源适应性系统的脆弱性并提出了适应性对策。

4. 海洋领域关注焦点由脆弱性向适应性延伸

与适应性概念和研究相辅相成的还有调整、恢复力、脆弱性、敏感性、弹性等一系列学术概念，近年来此类研究的文献呈迅猛增长态势，正在促进传统学科理论和方法的进步以及催生新的学科，围绕这些概念正在形成新的探讨"人和环境相互作用机理"的理论和方法（Gallopín，2006；Smit and Wandel，2006）。目前，陆域适应性研究多是与脆弱性相结合，对研究对象的脆弱性进行适应性管理。脆弱性、适应性概念既有区别又有联系，二者相辅相成，共同为可持续发展的研究提供可行性方法。不同学者对两者之间的关系有各自的见解，一部分学者在脆弱性理论框架中研究适应性，也有学者如 Gallopín（2006）认为脆弱性和适应性仅仅是从人类对全球变化的响应和调整中发展起来的两个概念，实际上二者并无太多的理论基础和组织框架。

20 世纪以来，全球海洋的物理化学环境和生物环境普遍发生变化，尤其是海平面上升和海洋极端气候事件，表现出一定的敏感性和脆弱性。目前，有关海洋领域脆弱性的研究已初具成果，海洋领域脆弱性研究对象涵盖沿海国家、沿海城市、海岸带、近海、海岛、渔场、海洋自然保护区、港口等众多地理空间区域（Adrianto and Matsuda，2002；李博，2014）。随着全球变化研究的不断深入，适应而非控制作为人类应对环境变化的前沿和热点问题提出以来备受关注（李博等，2018）。海洋领域适应性研究在受海平面上升和海洋灾害影响剧烈的沿海发达地区的政策制定中兴起，欧盟、澳大利亚等发达国家（组织）以及国际海底管理局等率先倡导气候变化的沿海适应性管理战略（Alfieri et al.，2016；Stewart，2015）。随着适应性研究的不断充实，逐渐形成了系统的理论体系，如复杂适应系统（霍兰等，2011）、适应性循环（Holling，2001）、适应性管理（温晓金等，2016）等。尽管适应性在人地关系中的研究已逐渐开展，但具体在海洋领域的应用仍鲜有触及，有关海洋领域适应性的研究多出现在海洋生物的生境适宜性分析、海洋自然灾害的适应性管理、海洋环境适应性评价框架建构、海洋资源开发利用的社会经济效益评估、海洋工程选址的适应性分析等方面（Birk and Rasmussen，2014；Holbrook and Johnson，2014）。

可以将海洋领域适应性研究归纳为依附脆弱性研究和独立研究两大类。其中，依附脆弱性研究将脆弱性看作适应能力的函数，研究主要集中在脆弱性评价下的适应指数研究、影响因子的要素驱动与风险策略调控等方面。典型的研究，如 Mcleod 等（2015），评估了沿海社区和生态系统对气候变化的脆弱性，并确定应对这些影响的适应战略。Button 和 Harvey（2015）对南澳大利亚沿海生物对气候变化的影响进行了脆弱性评估，指出研究气候变化-风险感知可以通过考虑多个不同群体的利益相关者的态度和看法，来为地方和区域制定更为适宜的适应政策。Chandra 和 Gaganis（2016）利用斐济群岛纳迪河流域的洪水灾害脆弱性研究了岛屿国家生态适应性。蔡榕硕和齐庆华（2014）评估了气候变化和海洋酸化，对全球海洋区域环境和生态的影响，以及海洋区域对气候变化的适应和脆弱性。

随着研究的深入，适应性研究逐渐从脆弱性框架中分离出来，通过构建完整的体系，进行独立适应性研究，并集中在以数理统计模型为代表的适应性水平测度和以情景模拟法为代表的适应性目标策略的分析上。Holdschlag 和 Ratter（2016）鉴于经济发展的异质性，不同的发展道路对岛屿所展示的适应能力的变化不同，对东加勒比和西加勒比的灾害管理方式的环境治理模式进行案例研究。Gibbs（2016）分析了最常见的沿海适应途径和方法（"撤退""保护""管理"）的政治风险。Elsharouny（2016）通过对沿海地区可持续发展研究进行土地规划以降低海平面上升风险。严治（2012）实证研究了我国 14 个长江干线港口的交通运输系统经济适应性，初步探索了港口的经济适应性提升机制。张华等（2015）通过分析不同海岸防护技术的优势与限制，基于生态工程理念提出了海岸带适应全球变化的海岸带防护体系。向芸芸和杨辉（2015）首次提出海洋生态系统适应性管理的科学内涵，并提出海洋生态适应性研究存在的问题及未来发展方向。李博等（2017b）对海洋产业系统适应性的内涵进行界定，测度了环渤海地区海洋产业系统的适应能力并指出决定适应性时空演变的驱动因子。

5. 海洋领域适应性由自然适应性向经济适应性研究视角转变

梳理学术上对沿海城市适应性的研究，可以归纳为两种研究范式，即自然适应性和经济适应性（表 1-2）。具体来说，自然适应性是系统内部固有或自发的属性特征，研究强调人海系统对海洋生态环境和气候变化的扰动或压力的反应，是海洋生物化学物理类的适应性，不考虑人类系统的主动响应能力，不改变系统本身，是系统量变的过程。随着国际海洋经济活动由传统的海洋水产、海运业为代表的粗放式资源利用，逐步转向以海洋高新技术为主要手段的综合性海洋资源管理。进入 21 世纪后，如海洋石油业、海洋生物制药业、海水化学工业、海洋能源利用和海洋空间利用等海洋新兴产业更是迅速崛起。在风险难以控制而人为因素可调节的现实背景下，越来越多的学者开始从注重海域自然适应性评价，向注重海洋经济社会活动对适应性影响方向转变。经济适应性主要侧重于海洋生态经济、海洋资源经济和海洋产业经济的适应，这种适应足以改变系统本身，使其向新的态势转变，从而使系统产生质变。海洋经济适应性是立足海洋资源的供求、技术、开发与管理现状，在考虑代际和区际发展问题的前提下，对当前海洋经济功能进行定位，旨在谋求一种系统内外各要素之间在结构和功能上的相对平衡，确保有效的风险管理，降低暴露度和脆弱性，提升系统可持续发展能力。从本质上来说，自然适应性向经济适应性的延伸，就是从弊害适应到趋利适应的适应目标延伸，从被动适应向主动适应的适应机制升级，从应急适应向中长期适应的适应时效延长。

表 1-2 自然适应性与经济适应性的比较

适应性类别	评估方式	基本思路	侧重点
自然适应性	沿海城市自然系统脆弱性、不稳定性的程度与响应方式及结果	人海系统本身内部结构的先天不稳定性和脆弱性、系统自适应强度、系统结构性适应水平，是被动型评估方式	沿海城市水资源适应、海洋生物适应、海洋自然保护区适应、海岸线适应、海洋资源适应、海水升温、海平面上升适应、围填海及海洋灾害适应等
经济适应性	应对人海系统风险和压力的强度或者影响因素	人海系统响应来自系统内生脆弱性，以及响应来自外界的压力和干扰时所采取的措施都是评估经济适应性的决定因子，同时考虑到人为主动、被动和协动适应行为	沿海国家、区域、城市、社区、农民、生计与贫困适应，海洋传统产业适应，海洋新兴产业适应，海洋高新技术产业适应，以及海洋经济转型适应等

（二）产业生态系统

国外学者研究产业生态系统主要集中在：①关于产业生态系统的内涵。一种观点是，产业生态系统是指多个企业仿照自然生态系统建立的工业生产体系，旨在建立企业之间的共生关系，从而促进其整体效益的提升。持这种观点的主要有 Frosch 和 Gallopoulos（1989）、Tibbs（1992）、Cote 和 Hall（1995）、Karamanos（1996）等。另一种观点是，Ayres（1997）认为，产业生态系统是由资源开采者、加工者、消费者、废物处理者和环境要素相互作用形成的一个复合概念。②关于产业生态系统的结构与组成。Allenby 和 Cooper（1994）从生物系统的角度理解工业生态学，认为产业生态系统包括资源开采者、制造者、消费者和废物处理者。Lambert 和 Boons（2002）认为，产业生态系统是由企业间的资源共享、废弃物集中处理、多余能量的交换等产业构成的系统。③关于产业生态系统的演化。Allenby 和 Cooper（1994）提出产业生态系统的发展大致经历了一、二、三级生态系统三个发展阶段，并提出了理想工业生态系统模式。④关于产业生态系统的尺度。Graedel 和 Allenby（2003）对产业生态系统尺度进行了研究，发现国外产业生态系统的研究尺度主要集中在企业和产业园区等中小尺度上。⑤关于产业生态系统的构建。推进产业生态系统向更高层次发展，必须遵循自然生态系统原则。Cote 和 Smolenaars（1997）认为，产业生态系统的构建除上述五原则外，还必须包含信息技术管理、经济和政策法规三个基本条件。

国内学者对产业生态系统的研究主要集中在如下方面：①关于产业生态系统的内涵。以邓华（2006）、李晓华和刘峰（2013）、宋玮（2003）等为代表的学者认为，产业生态系统是以具有代表性的产业为核心的相关企业，仿照自然生态系统组成的生产性组织；以王如松（2003）为代表的学者认为，产业生态系统是一种复合生态系统，并提出产业生态系统是自然-经济-社会复合生态系统。②关于产业生态系统的结构和功能。杨建新（1998）认为，在产业生态系统内的各个企业间形成一种供给机制，各生产体系之间耦合以促进资源的有序开发、持续利用以及物质、能量的高效产出。③关于产业生态系统的区域研究。产业生态系统作为一种产业发展形式，符合产业空间布局规律，城市以及更大尺度的研究将成为产业生态系统研究尺度关注的重点。陆宏芳等（2006）对产业生态系统区域能值分析指标体系进行研究，并指出城市及区域尺度研究是产业生态系统研究的重点。④关于生态工业园的研究与实践。生态工业园是依据循环经济理论和产业生态学原理而建立的一种新型工业园区，其目的是实现清洁生产。从生态工业园工业共生模式来看，王兆华和尹建华（2005）认为存在依托型共生、平等型共生、嵌套型共生和虚拟型共生四种最具代表性的工业共生网络运作模式。从生态工业园共生产业链形成机理来看，蔡小军等（2006）认为生态工业园是基于循环经济范式下建立的特殊的共生产业集群网络，生态工业园在实现环境影响最小化的前提下拥有比其他竞争对手更高的品质，进而在市场上获得竞争优势。⑤关于产业生态系统的发展。产业生态系统发展演化主要有两种力量，一种是外部压力，另一种是内部动力。海洋产业生态系统演化有时候是单个力量作用的结果，有时候是两种力量共同作用的结果，其中外部压力来自资源衰减和环境污染，内部动力来自技术创新和产业更新升级（周文宗等，2005；陆宏芳等，2006）。

（三）海洋产业生态系统

目前，对海洋产业生态系统还未有明确定义，国外学者从海洋生态系统、海洋生态经济等方面进行了研究。例如，Fernández（2016）从海洋生态系统的角度对海洋经济系统和沿海城市的影响进行研究；Costanza 等（1997）构建了海洋生态经济价值类别评价指标体系，并详细评估了全球海洋的生态、经济和社会价值；Martinez 等（2007）研究了沿海区域的海洋生态、海洋经济和社会，并提出应继续加强海洋生态经济评估工作，以确保实现沿海地区海洋经济和社会的可持续发展；Beaumont 等（2008）对海洋生物多样性进行概念界定，并指出海洋生物多样性所能提供的物质与服务，提出通过对该物质和服务的有效利用，使海洋生态系统能高效运转，并认为海洋生物多样性在此运转中起着最基础的作用。

国内学者相继在海洋生态系统服务概念界定、海洋经济系统、海洋产业生态化、海洋生态经济可持续发展等方面取得了一定突破。陈尚等（2013）以海洋生态资本理论为研究框架，对海洋生态系统服务进行评估研究，从海洋生态系统的结构、组成、生物多样性等方面分析了海洋生态系统能够提供的支撑和服务。张华等（2010）对辽宁省近海海洋生态系统服务及其价值进行了定量测评。李博等（2015a，2015b，2017b）从脆弱性视角对全国沿海地区、大连市、环渤海地区等人海经济系统进行了评价。王海兰（2011）基于可持续发展视角，从经济学角度对我国海洋产业生态化问题进行研究，认为海洋产业生态就是研究海洋产业对海洋资源与空间高度的依赖性，按照自然生态系统法则进行的经济活动。黄秀蓉（2016）基于可持续发展理念，对我国海洋产业生态化发展进行研究，并对海洋产业生态圈进行概述。陈航等（2015）对我国海洋产业生态化水平评价指标体系的构建与测算进行了研究。黄群（2013）构建了海洋渔业生态化指标体系，并对海洋渔业生态化评价进行了研究。高乐华等对我国海洋生态经济系统协调发展测度与优化机制（高乐华，2012），海洋生态经济系统交互胁迫关系验证及其协调度测算（高乐华和高强，2012），以及海洋生态经济协调发展进行了综述研究（高乐华等，2014）。一些学者从不同区域尺度研究了我国生态经济可持续发展，穆丽娟（2015）对我国海洋生态经济可持续发展评估及风险预警进行了研究；吕伟（2014）对江苏省海洋生态经济可持续发展进行了评价；贾亚君（2012）对浙江省海洋生态经济可持续发展进行了研究。还有一些学者采用不同的方法对海洋经济可持续发展进行了研究，李怀宇（2007）基于非线性动力学模型对海洋生态经济复合系统和可持续发展进行了评价；杨山和王玉婷（2011）运用生态足迹修正模型对江苏省海洋经济可持续发展进行了评价；韩增林等（2017）基于能值分析对中国海洋生态经济可持续发展做出了评价。

（四）小结

综上所述，适应性研究的概念体系与量化方法有待深入，尚未出现海洋产业生态系统适应性研究。整体来看:①缺乏一种通用的适应性概念框架。由于研究主题、研究视角的不同,不同研究领域及国内外学者对于适应性概念、构成及其分析框架尚未完全达成共识,这是阻碍适应性研究进展的重要因素。②新的方法与技术应用有待加强。传统计量方法如回归分析、相关分析和主成分分析等,对事物关系的刻画较简单,难以揭示经济社会与海洋资源环境相互关系的复杂性;产业生态学方法如物质流、能值分析和生态足迹等虽然能够揭示区域海洋产业生态系统对环境的影响程度,但是难以刻画区域海洋资源与社会经济的相互关系。适应性分析在全球变化相关模型的基础上,探讨海洋产业生态系统适应性的影响因素,构建海洋产业生态系统适应性的评判模型,判别适应阶段,采用空间计量的相关方法,探寻适应机理。③区域适应性主要偏重于现状的静态评价及分析,对区域优化管理角度的研究尚不足;针对海洋的特殊性及其海洋产业生态系统适应性进行系统研究的成果比较有限,定量研究较少;从多要素综合视角探讨海洋产业生态系统适应性问题,进而得出为经济社会发展实践提供切实可行依据的研究尚未全面展开,且还没有能够指导海洋经济开发实践活动的可行性与实用性定量测度方法,影响了对沿海地区发展能力的总体判断与认识。

三、海洋经济转型

海洋是中国经济社会发展的重要空间,是培育新兴产业、引领新增长的重要领域,其在国家经济社会发展中的地位和作用日益突出。改革开放以来,中国各方面都取得了令人瞩目的成就,经济持续稳定增长,人民生活水平和收入水平达到前所未有的高度。作为世界第二大经济体,中国在国际上占有举足轻重的地位。但是,在未来的发展过程中,中国仍然面临着许多问题和挑战,如资源短缺、生态环境破坏、水资源短缺等。因此,寻求新的经济发展方式,实现经济发展迫在眉睫。2012年,十八大报告提出了建设海洋强国战略目标。这一战略目标的提出是实现中华民族伟大复兴的重要途径。海洋强国是指在发展海洋、利用海洋、保护海洋和控制海洋方面具有强大综合能力的国家。纵观世界历史的发展,可以清楚地看到,国家与海洋的兴衰有着密切的关系。中国拥有广阔的陆地和海域。从陆地到海洋发展,是中国走向世界强国的重要一步。在要素驱动、投资驱动、创新驱动和财富驱动的四个经济增长阶段,第一产业和第二产业占 GDP 的比重将下降，第三产业占 GDP 的比重将增加。目前，中国的整体经济已超越前两个发展阶段，并受到投资推动型创新的驱动。海洋经济逐渐成为中国经济发展的新增长点，创新驱动力是"十三五"规划期间海洋经济发展的新动力，创新驱动的海洋经济结构转型是海洋经济发展的必由之路。

中国逐步加大对海洋科技创新的投入，改善海洋科技创新的环境和条件，加强海洋科技创新人才队伍建设，逐步拓展海洋科技新领域，使海洋科技创新的整体实力不断提高。但总的来说，中国海洋开发利用的核心关键共性技术仍然与发达的海洋强国存在差距。海洋科技自主创新和科技成果转化能力不能满足经济转型发展的需要。在海洋经济转型中，仍有许多工业化的技术问题无法解决，海洋科技创新水平有待提高。因此，必须依靠科技进步和创新，突破制约海洋经济发展和海洋生态保护的技术瓶颈。重点关注深水、绿色和安全等高科技领域的突破。经济发展的新形势对中国经济转型发展的需求，对海洋科技创新能力提出了更高的要求。未来几年将是中国实现海洋科技创新的重要战略突破期，预计海洋科技创新能力将大大提高。海洋科技创新能力将达到世界先进水平，海洋经济将实现技术创新，引领发展。

20 世纪 30 年代中期以来，国外学术界关于经济转型问题的研究从未间断过，主要是关于国家在经济发展中所处的阶段和经济发展方式的研究。Robertson（1938）认为对外贸易对经济增长有很大的推动作用，这一理论被后续很多学者补充，也有学者提出该理论只适用于一部分国家。国内研究主要集中在煤炭资源型城市的发展战略和出路、国家政策层面扶持经济转型、借鉴国外经济转型经验、经济转型的定量分析等方面。王丰等（2006）探究了人口因素在经济转型中的作用，并对未来人口变化对经济转型可能产生的影响进行了评估。蒋殿春和张宇（2008）运用面板模型实证研究了国际直接投资（foreign direct investment，FDI）在经济转型的特殊时期发挥作用的程度和影响因素。程慧芳等（2011）通过构建区域经济转型升级能力评价指标体系，建立转型升级综合能力指数，对全国 31 个省（自治区、直辖市）经济转型升级能力进行排序，提出对于不同区域的经济转型升级应采取分类评价和考核。陈诗一（2012）对改革开放以来中国各省级地区的低碳经济转型进程进行了评估和预测，并提出促进下一步转型的措施。张平和苏治（2013）基于拓展的增长核算框架，对中国经济转型的结构性特征及有关问题进行研究，得出中国经济增长的六个阶段性特征，并对中国经济转型的风险进行评估，提出相应的解决方法。叶初生等

（2014）从微观层面对社会底层民众的贫困脆弱性进行分析，评价中俄两国经济转型的绩效，通过实证分析得出中国农村的贫困脆弱性呈明显下降趋势，而俄罗斯"休克疗法"虽然让俄罗斯农民的收入有较大起伏，但俄罗斯的农村脆弱性一直处于很低的状态且一直在下降。

　　根据"经济转型"的概念，可以将海洋经济转型总结如下：海洋经济转型是海洋经济增长方式和结构发生根本性变化的过程，即改变以往粗放型的发展模式，使之发展成为经济、生态环境、社会三者效益最优的集约型的发展模式。国外相关研究主要集中在国家经济增长阶段、源泉与经济发展方式等方面，较少涉足区域海洋经济增长或转型的发展研究。Rorholm（1967）对影响英国经济的海洋产业部门进行了定量研究。Nichols 等（2004）主要分析了影响海洋新兴产业发展的主要因素。Gogoberidze（2012）运用海洋经济潜力表征海洋经济、政治和军事力量。Jansson（2016）研究了海洋循环经济的发展路径，指出国内海洋经济的研究最早始于 20 世纪 50 年代。杨金森（1984）评价了海洋经济结构，并提出了合理的海洋经济结构。张耀光（1988）总结了海洋经济地理研究的重要性及国内外研究进展。李博等（2012，2015a，2015b，2017b）对大连市、辽宁省、环渤海及中国沿海地区脆弱性进行了深入研究。王泽宇等（2015）运用粗糙集和灰色理论组合赋权综合评价法，以沿海 11 个省份为研究对象，对海洋经济转型成效进行了时空演变分析，定性描述多以政策为基础探讨今后的发展策略和路径。朱坚真和宋逸伦（2016）基于广东省建设海洋经济强省目标，分析了广东省海洋产业体系存在的问题，提出产业结构升级应建立在尊重产业发展规律的前提下。秦曼和王淼（2016）总结了我国海洋产业生态转型面临的困境，指出海洋生态功能不足和海洋生态产业链相互交织是我国海洋发展亟待解决的主要问题，并提出了从结构性矛盾上寻求解决方法。安然和周余义（2013）分析了深圳海洋经济转型发展的意义，并对其海洋经济转型发展的基础进行了阐述，最后提出发展区位优势，即通过立足南海资源、加强科技创新、强化政府引导等一系列措施促使其转型成功。邬玮玮（2018）针对人才培养，提出了海洋旅游产业转型的措施和途径。李园园（2014）具体分析了江浙地区海洋渔业的现状，并详细梳理了海洋渔业转型的过程。陈晔（2016）梳理了我国海洋渔村的演变和发展，阐述了海洋渔业转型等对我国海洋渔村转型起到的作用，并总结了我国未来渔村发展的重点。孙瑞杰和杨潇（2017）列举了海洋渔业对海洋经济的重要程度，并基于天津海洋渔业现状提出了升级战略。杨经梁（2018）

对海南陵水海洋旅游产业的转型路径进行了探究。近年来，对于海洋渔业转型问题，升级和路径选择探讨也更多。孙康和李丽丹（2018）构建了海洋渔业转型成效指标体系，运用层次分析法（analytic hierarchy process，AHP）和变异系数组合赋权综合评价法，测度了海洋渔业的转型成效。

四、人海关系地域系统脆弱性

（一）人海关系

1. 人地关系和人地关系地域系统

人地关系的经典解释是人类社会及其活动与自然环境之间的关系（杨青山和梅林，2001）。人地关系作为人类能动改造大自然的缩影，早在公元前就引起了世界各国学术界的关注。古代朴素的人地适应思想早在我国周代就有萌芽，管仲、老子、孟子、荀子等就强调人地协调和因地制宜的思想，《周易》中的"天人合一"哲学观就揭示了人与自然的关系，之后儒家、道家、法家、佛教等不同学派对人地关系模式也各有主张。国外探究人地关系的历史也可追溯到古希腊学者希波革拉第、色诺芬、柏拉图、亚里士多德等对人与自然的思考。在近代地理学中，各国学者相继提出各种人地关系的思考，人地关系理论不断涌现，最具代表性的有地理环境决定论、适应论、文化决定论、协调论、和谐论等。其中，地理环境决定论强调自然环境对社会发展的决定作用，主要代表为亚里士多德、孟德斯鸠和黑格尔等哲学先驱以及近代地理学之父拉采尔及其学生森普尔等。维达尔、白吕纳等主张适应论，注重人对环境的适应与利用方面的选择能力。文化决定论即生产决定论，是指随着人类利用、改造、适应、认识自然的能力大大提高，人地相互作用的规模和强度逐步加大，使自然逐步成为人类征服、抗拒和破坏的对象。20世纪60年代以来，人地关系研究进入了新阶段，协调论与和谐论的出现，赋予了古老的人地关系以崭新的历史意义。80年代，《世界自然保护战略》《我们共同的未来》、联合国环境与发展大会、联合国可持续发展世界首脑会议等都把可持续发展引入人地关系的研究。无论古代、近代，还是现代，人地关系的探讨一直是地理学的核心。

Chorley（1999）将系统研究引入地理学，认为人地关系地域系统如同一个

"有机体"，需要深入把握人地关系地域系统内各部分的相互关系。因此，需要对人地关系地域系统中的各子系统进行研究，通过"结构"来认识"系统主体"。进入20世纪80年代，我国人地关系研究进入飞速发展阶段，李旭旦（1981）、杨吾杨和怀博（1983）开始对西方各种流派的人地关系理论进行了系统介绍和评述，之后在李旭旦、吴传钧等地理学家不懈的大力呼吁和倡导下，中国地理学界终于开始将人地关系研究摆在了复兴和发展的关键位置。人地关系的内涵深刻而广泛，是许多学科都在研究的内容，地理学不可能对人地关系进行面面俱到的研究，而应用其专长进行研究，即从"地域"的视角或是从人地关系的空间视角进行研究。因此，吴传钧（1981）开创性地提出了"人地关系地域系统"的概念，并认为它是"地理学的中心研究课题和特殊研究领域"。

2. 人海关系和人海关系地域系统

人地关系素来是古今国内外学者研究的重要命题，因此国内外对于人地关系相关理论的研究已相当完善，而人海关系作为人地关系的重要组成部分和延展，是人类活动与海洋之间互感互动的关系，但却很少在人地关系的研究中突出海洋要素。有的学者甚至明显地把对"地"的理解局限在陆地环境。1993年，国际地圈-生物圈计划（International Geosphere-Biosphere Programme，IGBP）把海岸带陆海相互作用研究计划（Land-Ocean Interaction in the Coastal Zone，LOICZ）列为其核心计划，研究全球变化、土地利用等自然和人类活动影响下，海岸环境和生态系统变化及其反馈作用的规律性。在该计划中确定土地利用、气候、海平面和人类活动的变化如何改变海岸带，评估海岸带系统对全球变化的响应。2004年，全球环境变化的人文因素计划（International Human Dimension Programme on Global Environmental Change，IHDP）与国际地圈生物圈计划共同负责LOICZ计划的实施推进。

在我国，对人海关系的研究真正意义上是从中华人民共和国成立之后开始的，由最初对海洋军事政治的研究逐渐转向海洋关系系统的研究。20世纪50年代至今，我国已经在各涉海部门组织下进行了大量不同规模的海洋资源分类、海洋经济、海洋产业结构等的综合调查，已初步摸清了海洋家底，为我国海洋开发与发展打下了夯实的基础。目前，我国海洋开发已形成规模，并向纵深挺进。在海洋经济新形势下，中国正在从海洋政治、海洋经济、海洋军事、海洋外交、海洋文化等方面构建海洋发展计划，以形成一个正确、完整、可操作的发展战略。这些研究从本质上来说都是对人与海洋关系的探讨。

张耀光（2008）首先提出了人海关系地域系统的概念，并认为其在人类与海洋之间的矛盾运动中不断变化，是人地关系地域系统的扩展和延伸。人海关系地域系统就是以某一海洋环境（主要研究的是海岸海洋系统）的一定区域为基础的人海关系系统。也就是说，人与海洋两方面的要素在特定的地域按一定的规律交织在一起，相互关联、相互影响、相互制约、相互作用而形成的一个具有一定结构和功能的复杂系统。它不仅具有复杂系统的所有共性，还具有在海洋因素影响下产生的特性。以一定区域为基础的人海关系系统就是人海关系地域系统，是扩大了的人地关系地域系统，是海洋人文地理研究的核心。人海关系地域系统具有地域性、复杂性、开放性、动态关联性、脆弱性、恢复性、适应性、风险性等特征（韩增林和刘桂春，2007）。目前，我国学者已经在海洋人文地理研究方面，特别是海洋经济地理方面取得了大量成果。可以说，海洋经济地理、滨海旅游、海洋产业规划与布局、沿海城市社会经济、海洋地缘政治等的实质都是对人海关系系统的研究，把这些分散的、个别的人海关系研究中的规律上升为普遍的人海关系规律，将是对海洋人文地理研究一定程度的丰富。

3. 人海经济系统

人海经济系统是随着海洋经济发展和产业化进程的不断推进，以及海洋资源环境问题的不断涌现而逐步发展起来的，是环境发展历史阶段性的产物，其产生到发展是一个从无到有、从低级向高级循序渐进的过程。人海关系地域系统包括人海社会系统、人海资源环境系统和人海经济系统。人海经济系统的概念就是在人海关系地域系统的基础上提出的。其中，一定地域范围内的海洋产业在地理空间的结构特性及其演变规律是人海之间相互作用的表现形式，这与资源环境系统和社会系统紧密相连，构成一个耦合的大系统，即人海系统。同时，人海系统还包含海洋及陆地的各种因素的综合作用，具有区域性、综合性、持续性和协调性特性（韩增林和李博，2013）。当前，国内外对人海系统的研究主要集中在区域海洋经济差异、海岸带开发、海洋经济空间相互作用、海洋产业、陆海统筹、海域承载力和海洋经济可持续发展等领域。目前，在思想梳理上，中国海洋开发的时序研究侧重于单体研究（佘红艳，2015）、管理制度（刘笑阳，2016）等方面，多从政治经济学视角对其时代特征和政策层面进行历史性梳理。在理论体系上，中国海洋开发着眼于海洋空间经济结构演化和产业变迁（吴云通，2016），以及在可持续发展（程娜，2013）等诸多概念范畴下构建研究框架。在战略研究视角上，中国海洋开发着眼于对中国海洋经济历史源流、孕育和发展历程的解读，多从陆地经济主导的区域经济着眼，或者将其割裂为沿海经济系统中陆地经济"外向力"的一种地理范围的延伸，同时，海洋经济研究过程中也出现较多"陆上痕迹"（姜旭朝和张继华，2012）。海洋经济研究在思想梳理、理论体系和战略视角等方面均有待深入，需要对人海经济系统实践的"历史性"进行深入思考。因此，应将人海经济系统置于历史的框架下，用发展的眼光审视和考量人海经济系统从产生到发展的历史路径和阶段性差异，防止因对人海经济系统认识的片断性而导致系统实践的静态化。

（二）脆弱性

1. 脆弱性研究内涵

近年来，国外关于脆弱性的研究进展较为迅速，政府机构、专家和学者根据脆弱性的基本内涵赋予脆弱性不同特征，从不同的视角给出脆弱性不同的定义，形成脆弱性的多样性概念。有的学者从脆弱性条件和脆弱性后果出发定义脆弱性，也有学者从脆弱性的状态角度出发说明脆弱性。总之，目前缺少一个普遍接受的脆弱性定义；同时，作为一个新兴的研究领域，在理论研究方面，还远未形成一个较为完整和被各界广泛接受的、权威的脆弱性理论支撑体系。表 1-3 总结了国外学者提出的具有代表性的脆弱性定义。

表 1-3　国外学者脆弱性的定义总结

年份	作者	定义
1980	Gaber 和 Griffith	脆弱性是指地区因处在危险环境受到威胁而产生的一种特性，既包括安全时期的生态环境状况，又包括危险时期地区所表现的应急能力
1981	Timmerman	脆弱性是系统遭遇灾害事件时产生不利响应的程度，以及系统处理、应付、适应这些扰动的能力
1985	Kates	脆弱性是度量系统受损害的反应能力
1991	Downing	脆弱性是相对概念，揭示一个反向的结果，在不同社会经济成员及区域中的概念不同
1992	Dow	脆弱性是社会群体或个体应对和处理灾害的不同能力
1993	Cutter	脆弱性是个体或群体面对有害物质威胁和不利影响的可能性

续表

年份	作者	定义
1993	Burton 等	脆弱性是指承灾体对破坏和伤害的敏感性和易损性，敏感性和易损性是衡量灾害损失与受损程度的标准
1994	Blaikie 等	脆弱性是个体和群体所具有的预测、处理、防御自然灾害的不利影响并恢复自我的一种能力特征。它涉及某一不连续的、不可识别的自然或社会事件给人类的生命或生活带来风险大小程度的因子，是不同社会等级面临不同风险的程度
1998	Clark 等	脆弱性评价可通过暴露度和适应能力两方面构成的函数进行表述
2000	Kelly 和 Adger	脆弱性表明该系统、群体或个体对外界的干扰和变化比较敏感，内在不稳定，在外部环境的胁迫下，易遭受某种程度的损害且难以复原
2001	Kasperson 和 Kasperson	脆弱性是个体因为暴露于外界压力而存在的敏感性，以及个体调整、恢复或进行根本改变的能力
2003	Turner 等	脆弱性是指由于危险或者压力的暴露，系统、子系统或者系统的组成部分可能受到伤害的一个度
2003	Sarewitz 等	脆弱性是系统的一种内部属性，该属性是产生潜在破坏的根源，并且与任何灾害或极端事件的出现概率无关
2006	Gallopin	脆弱性是由系统面对外界扰动的敏感性和反应能力构成的，在系统受到扰动和压力时才会显现出来。系统状态的改变是系统的脆弱性、系统对扰动的暴露、系统面临的扰动的属性三者构成的函数
2006	Adger	脆弱性是由系统暴露于外界而产生的干扰或压力、敏感性及适应能力组成的
2008	Dercon 等	脆弱性是由自然、社会、经济和环境共同决定的综合型概念，是系统因受到对外扰动而产生的敏感性，以及自身缺乏相应的应对能力，从而使系统的功能结构易发生改变的一种属性
2009	Ibarguen 等	脆弱性是外部冲击规模与频率、冲击的暴露性、应对冲击的能力三方面因素作用导致的结果

国内对脆弱性的研究起步较晚，但发展较快，表 1-4 总结了国内学者在不同领域提出的具有代表性的脆弱性定义。

表 1-4 国内学者关于不同领域的脆弱性的定义总结

年份	作者	研究领域	定义
1993	刘雪华	灾害学	脆弱性是指在灾害事件发生时，资源环境所产生的不利响应程度；脆弱性是指系统由于暴露于灾害（扰动或压力）而可能遭受损害的程度，强调系统面对不利扰动（灾害事件）的结果
2008	王晓丹	人类生态学	脆弱性是指人的个体或群体预测、处理、抵抗不利影响（气候变化），并从不利影响中恢复的能力
2002	于江龙	气候学	主要解释目前社会、物理或生态系统对气候灾害的脆弱性，通过已经发生的和可能发生的情景识别脆弱人群和灾害危险地带
2006	孙良书	食物安全学	解释粮食歉收和食物短缺对饥饿问题的影响，把脆弱性描述为权利丧失和缺乏能力，着重对灾害产生的潜在影响进行分析

年份	作者	研究领域	定义
2012	王红毅	可持续研究	解释人们变得贫困的原因,突出社会和经济等人文因素对脆弱性的影响
2011	于长永和何剑	人文视角	脆弱性是度量系统在遭受损失或灾害事件发生时产生不利响应的程度以及抵御外界危害的能力

总结国内有关专家学者关于脆弱性的定义,并将其归纳如下。

1)脆弱性是一个相对的概念,是暴露于灾害遭受损失的可能性或威胁的程度。

2)脆弱性是一个综合性概念,脆弱性构成要素主要涉及系统对外部扰动或冲击的暴露、系统的敏感性、系统对外部扰动或冲击的应对能力等要素。脆弱性是系统的内在属性,只会在系统受到扰动时显现出来。

3)脆弱性是承灾体抵御灾害的能力,是系统固有的特性,强调系统遭受灾害的后果。

4)脆弱性研究内容由最初单纯针对自然生态系统方面的脆弱性,逐渐向自然、经济、社会与环境等维度的脆弱性拓展。

2. 脆弱性研究领域

国外对于脆弱性的形成与演化研究基本脉络如下:第一阶段,20 世纪 60 年"脆弱性"一词出现;第二阶段,80 年代脆弱性学术概念逐渐形成并得到应用;第三阶段,90 年代以来脆弱性进一步得到全面发展,研究领域由简单逐步向复杂领域拓展、延伸(Beier et al.,2008;Yarrow et al.,2008)。

(1)自然灾害脆弱性研究

自然灾害脆弱性评价始于 20 世纪 80 年代,Uitto(1998)确立了采用定性分析与建立概念模型的方法,对城市自然灾害脆弱性进行探讨和评估的理论框架。国外自然灾害脆弱性研究以分析灾害的承灾体为主,在相同致灾强度下,灾害的影响会随脆弱性的增强而增大。

(2)生态脆弱性研究

国外学者对生态脆弱性的研究范围由纯生态系统脆弱性研究,转向自然-生态-社会经济系统、社会-生态系统等耦合系统的研究;研究侧重于生态脆弱性理论的形成和生态环境脆弱性评价模型的建立;研究方法普遍采用遥感(remote sensing,RS)、全球定位系统(global positioning system,GPS)和地理信息系统（geographic information system，GIS）等先进技术（Daly et al.，2002）。

（3）水资源脆弱性研究

Vrba 和 Zaporozec（1994）拉开了水资源脆弱性研究的序幕；Vörösmarty 等（2000）、（Rahman，2008）总结了地下水资源脆弱性方法的概念和脆弱性图，并在气候变化和人口增长的条件下，对水资源脆弱性进行了分析和预测；美国国家环境保护局（U.S. Environmental Protection Agency，USEPA）提出了经典的地下水资源脆弱性评价方法（Pathak et al.，2009）。国外学者将研究关注的热点由地下水资源脆弱性转向气候变化下水资源脆弱性研究，水质方面的研究多于水量方面的研究，并逐渐将地理信息系统等高新技术应用到水资源脆弱性评价（陈攀等，2011）。

（4）其他领域脆弱性研究

除了上述研究领域外，国外学者也广泛将脆弱性应用于如政治生态学、灾害管理、可持续生计、恢复力等领域。Kwo-Jean 等（2004）将脆弱性应用于信息系统的综合评价；Montalbano（2011）分别从微观、中观和宏观三个角度研究了未来贸易和脆弱性之间的关系；Imai 等（2011）研究了社会层面脆弱性如何在伴随灾害衍生的健康问题中起作用；以 Holling（1973）为首的著名国际性学术组织恢复力联盟，运用适应性循环理论对社会-生态系统的动态机制进行了描述和分析。这些领域的脆弱性评价逐渐对政策、制度和社会资本等要素在特定个体或群体脆弱性中所产生的影响做出分析。

国内对于脆弱性的研究体现在以下方面。

（1）自然灾害脆弱性研究

研究内容主要包括特定区域的致灾因子发生的强度、频率、持续时间、空间分布等特征以及特定灾害事件引起的影响等方面。周永娟等（2010）利用地理信息系统研究了三峡库区消落带崩塌滑坡的脆弱性。陈香（2008）、张俊香等（2010）对福建和广东地区台风灾害产生的脆弱性进行了评价。程翠云等（2010）、刘毅等（2010）在对自然灾害的区域脆弱性进行分异的基础上，对我国洪涝灾害产生的脆弱性进行了评价。

（2）区域生态环境脆弱性研究

国家"八五"重点科技攻关项目"生态环境综合整治和恢复技术研究"是大规模研究生态环境脆弱性的开始（田亚平和常昊，2012），许多学者对不同典型生态环境区域的脆弱性进行了实证研究。研究集中在西南石灰岩山地、南方丘陵、华北平原、北方半干旱-干旱地区和西北半干旱地区等区域的生态脆弱性。研究方法前期多结合地理信息系统技术进行定量研究，随后普遍应用栅格法地理信息系统技术和遥感技术（李朝奎等，2012）。

（3）水资源脆弱性研究

水资源脆弱性的研究起步于20世纪90年代。刘淑芳和郭永海（1996）、孙才志和潘俊（1999）、孙才志和刘玉玉（2009）、孙才志和奚旭（2014）在阐述地下水本质脆弱性的基础上，分别对河北平原和下辽河平原地下水脆弱性进行了研究。宋承新和邹连文（2001）在分析山东省地表水资源脆弱性的基础上，提出水资源可持续利用的方案。目前，学者逐渐关注气候变化下的水资源脆弱性。王国庆等（2005）研究了在全球气候变化条件下我国淡水资源对气候变化的敏感性以及水资源在气候变化情景下的脆弱性问题。从总体上来说，国内水资源脆弱性研究侧重于地下水脆弱性方面，水资源脆弱性与区域可持续发展和脆弱性分析基础上的水资源系统的风险分析，以及区域地表水资源和气候变化下的水资源脆弱性研究仍处于起步阶段（陈攀等，2011；储毓婷和苏飞，2013）。

（4）经济脆弱性研究

研究对象包括区域经济系统和特殊类型城市。区域经济系统以冯振环和赵国杰（2005）、张炜熙（2006）为代表，从区域经济发展的稳定性、外部经济条件改变反映的敏感性、外部干扰下遭受损失的程度三方面，对区域经济发展的脆弱性进行分析。特殊类型城市经济脆弱性主要分析城市经济发展中的"瓶颈"因素，如苏飞和张平宇（2010）、王士君等（2010）分别从不同角度对大庆市经济系统脆弱性进行了定量评估；孙平军和修春亮（2010）、辛馨和张平宇（2009）对我国矿业城市经济系统脆弱性进行了综合评价和分类。

（5）城市脆弱性研究

主要研究城市内部脆弱性和城市外部脆弱性。城市内部脆弱性研究将城市看作一个有机体，将人类经济社会活动作为城市生长的外界扰动，研究城市系统内部各子系统及要素的结构特征。城市外部脆弱性主要研究城市人群和城市区域对灾害的脆弱性以及脆弱性空间分布特征。李鹤和张平宇（2011）对资源型城市，梁增贤和解利剑（2011）对旅游城市，李博和韩增林（2010a，2010b）、李博等(2012)、韩增林和李博(2013)对沿海城市等城市外部脆弱性进行了研究。

（6）其他领域脆弱性研究

孙才志等（2014）将脆弱性用于景观格局的研究；秦正等（2009）将脆弱

性用于"地质遗迹资源"的研究；王建军和杨德礼（2010）、王航等（2010）分别采用不同的网络脆弱性评价方法，对计算机网络安全领域的网络脆弱性进行评价；方琳瑜等（2009）将脆弱性概念应用到我国中小企业自主知识产权中。

（三）人海关系地域系统脆弱性

1999 年，联合国开发计划署（United Nations Development Programme，UNDP）正式提出"经济脆弱性"的概念，并将其定义为经济发展过程中对因遭受未预料到事件冲击而引起的损害所具有的承受能力（Guillaumont，2000）。海洋经济系统脆弱性的定义，目前尚未有统一的具体表述，赵国杰和张炜熙（2006）提出，海岸带脆弱性的概念与布伦特兰定义的可持续发展概念"既满足当代人的需求，又不损害子孙后代需求能力的发展"紧密联系在一起。可以说，在广义上，海岸带脆弱性被定义为一种度，即海岸带自然系统和社会系统遭受外部环境胁迫下的剩余影响及程度。其内涵主要包含三个方面：①海岸带区域对各类因素变化的敏感性；②外部变化对海岸带自然系统和社会经济系统的影响；③海岸带抵御各种影响的限制因子，以及防止或减轻这种影响的可能性。李博（2014）提出了人海经济系统脆弱性，采用熵权法进行权重赋值，通过建立脆弱性与敏感性、恢复性函数关系，对辽宁沿海地区人海经济系统进行研究和评价，得出目前辽宁沿海地区人海经济系统的脆弱性特征。在经济发展过程中，海岸带地区大量占用资源并污染外界环境。经济社会系统表现出的脆弱性，严重影响了区域可持续发展，甚至造成系统崩溃。张炜熙和李尊实（2006）运用系统动力学理论分析海岸带系统的发展过程，并通过对河北省海岸带的应用考察，论述了其产生脆弱性的成因。王冰（2011）在综合海洋可持续评价指标体系和社会发展指标体系的基础上，全面提出了海洋经济系统评估指标体系，强调海洋经济发展质和量两方面，并落脚于可持续发展的目标，从资源、环境、产业、经济、社会五个方面，构建了比较全面、系统、科学的海洋经济系统评估指标体系，共涵盖 200 个指标。

五、弹性

人们对人类与地理环境关系的研究一直没有停止，地理学的研究对象正是基于此。地理学研究的中心课题在不同的历史时期会有所变化，但人地关系的研究始终是地理学研究的核心问题。随着城市型社会成为社会的主体，当前国际科学前沿更注重城市系统研究。地理学认为城市是一个十分复杂且具有一定空间结构和功能的人地关系地域系统。城市社会生态学认为城市是一个多尺度嵌套的社会-生态系统。这意味着科学把握城市转型问题，要有城市系统的思想方法，相关学科的国际前沿已经显示出这一趋势。脆弱性、弹性、适应性、韧性、可持续性等概念逐渐成为研究的热点。这些概念的内涵和理论在某些方面还没有达成一致，但并未影响这些概念和理论被社会各界使用。对于弹性的研究呈现逐步增加的趋势，逐渐成为各领域研究的焦点。近年来，随着人口逐渐增多，对资源的消耗不断加剧，大自然回报给人类的是极端自然灾害事件的频发和环境的恶化。弹性作为一种全新的理念受到社会各界的广泛重视，把弹性引入城市这一复杂的巨系统，为解决城市面临的各种问题，促进城市可持续发展提供了新的思路。

改革开放以来，我国社会经济有了全新的面貌，现已成为经济总量仅次于美国的世界第二大经济体，城镇化在质和量方面也都有了较大提升。城市是一个复杂的有机生命体，它一般要经历产生、发育、成熟、衰落和复兴的演变过程，具有阶段性的经济、社会和空间特征。中国城市整体上处于城市的发育阶段，农村人口不断涌入城市，使得当今城市在变得越来越强大的同时也显示出脆弱的一面，城市面临的挑战在不断增大。例如，极端气候带来的干旱和洪涝侵扰；重大自然灾害，如海地地震、汶川地震、江苏盐城龙卷风和日本福岛地震带来的城市毁灭；"9·11"恐怖袭击、昆明火车站暴力恐怖事件和严重急性呼吸综合征（severe acute respiratory syndrome，SARS）等带来的社会恐慌。城市如何应对这些突如其来的危机，实现可持续发展，是当前亟待解决的重要问题。人们在探寻城市发展的过程中，提出了诸多城市发展理念与发展模式，如低碳城市、宜居城市、生态城市、智慧城市、适应性城市等。这些城市理念都有一定的侧重点和片面性，显然无法解决当今城市发展面临的复杂问题。在这一背景下，弹性城市理念便应运而生，研究城市弹性可以很好地解决城市存在的各种问题。

近年来，在全球变化研究和若干国际科学计划的推动下，催生了一门整合地理学、生态学、环境科学、经济学和社会学等学科的新兴科学——可持续性科学（Kates et al.，2001；Clark and Dickson，2003），出现了一些从系统论思想出发研究人与环境耦合系统的概念和理论，其中最具代表性的概念有脆弱性、弹性、适应性等（Turner et al.，2003；Adger，2003，2005）。20世纪60年代，由于受到系统理论思想方法的影响，弹性被引入生态学，加拿大生态学家霍林于1973年最早提出生态弹性的概念（Holling，1973）。此外，Martin和Sunley（2011）从四个方面对区域经济弹性进行了阐述：①抵抗能力，是指系统面对干扰或者经济衰退时表现的脆弱性程度；②恢复能力，是指系统面对干扰或者经济衰退时恢复的程度和时效；③再组织能力，是指面对干扰或者经济衰退过程中为主动适应和再定位而重新组合的结构和功能的能力；④再生能力，是指系统更新原有的发展路径，从而实现新的增长极。此外，Martin和Sunley（2014）还指出弹性是涉及脆弱性、抵抗性、鲁棒性、可恢复性的一种过程，目前区域经济弹性主要被用来理解区域经济是如何从突然冲击扰动中恢复的，然而对于从长期的角度来理解区域经济是如何适应"慢性燃烧"的研究却鲜有出现。随着弹性研究的深入，弹性的概念已从早期生态视角扩展到生态、技术、经济和社会等多维视角。近年来，弹性的概念越来越受到重视，其演化大致经历了不同的发展阶段。首先，单一系统中的"工程弹性"是由霍林定义的，为了与他提出的"生态弹性"相区别，Holling（1996）将当时生态学界流行的"稳定性"定义为"工程弹性"。"工程弹性"的研究范围是单一、静态的系统，系统恢复到原有平衡状态的时间成为评价系统弹性强弱的关键指标。其次，在工程弹性的基础上，霍林将生态弹性定义为"系统吸收状态变量、驱动变量及参数带来的变化，仍然维持系统运转的能力"（Holling，1973）。围绕生态弹性，较多学者进行了相应的鲁棒性、多样性、自组织、稳态转换等的研究。20世纪90年代，"生态弹性"的研究演化到"社会-生态弹性"的研究，"社会-生态弹性"的研究将人类和自然界视为一个整体，而不像以前将社会系统和生态系统置于不同的学科分别进行研究（Westley et al.，2002；Berke and Folke，1998）。弹性理论与城市系统结合后，开拓了城市研究的新视野。

国外关于城市弹性的研究主要集中在城市生态、工程、经济和社会弹性四个领域。有关城市生态弹性的研究，生物学家霍林给城市生态弹性下了定义，认为城市生态弹性是一种维持系统稳定的能力（Holling，1996）。城市生态系统受城市化的影响很大，且全球气候变化对其也有较大影响。城市系统中的资源环境与经济社会的相互作用，使得资源消耗不断加大，环境受到严重污染，动植物的生长也受到很大影响，物质循环和能量流动受到一定的阻碍，降低了生态系统的弹性，增加了脆弱性（Kithiia，2011；Sheehan and Spiegelman，2010；

Ernstson and Sander, 2010)。城市生态弹性的研究主要是基于人类系统和生态系统，这两大系统的相互作用是准确合理地评估城市生态系统的基础，如城市的布局、形态以及陆生动物和水生动物多样性之间的关系等，不少模型也都在研究这两大系统功能之间的关系（Alberti and Marzluff, 2004；Alberti, 1999a, 1999b；Roarke and John, 2006；Alberti et al., 2007；Collins et al., 2000；Grimm et al., 2000；Pickett and Cadenasso, 2000）。Alberti 等对城市生态系统的研究比较深入，对城市布局和形态的研究尤其深入，城市布局和形态是由人类系统与生态系统相互影响、相互作用的结果，不少学者利用城市布局和形态、城市规模的扩大、城市土地利用模式等的时间演变和空间分异特征，研究城市布局和形态与生态弹性之间的关系（Alberti and Susskind, 1996；Alberti et al., 2001；Andersson et al., 2007；Colding, 2007）。在城市这一开放、复杂的巨系统中，推动城市系统跨越其所能承载的临界值的关键因素是慢变量（Zeeman, 1977）。关于城市工程弹性的研究，一些学者认为城市基础设施弹性是指通过采取一定的技术手段降低灾害发生时造成的损失，使城市基础设施处于坚固状态，并且配置适当的基础设施，以便在遭受不利因素时能够维持经济系统的正常运转（McDaniels et al., 2008；Allenby and Fink, 2005）。通过更新城市规划理念和设计，人类有望达到防灾减灾的目的（Bruneau, 2006；Stevens et al., 2010；Bosher and Dainty, 2008）。关于城市经济弹性的研究，Rose（2004）研究经济弹性涉及的范围较广，主要是为了避免在灾害发生时或发生以后造成的潜在损失而采取的灵活应对策略，这种弹性是系统对不利因素与生俱来的一种响应与适应能力。经济弹性的研究更多的是借鉴生态弹性相关的评价标准，其视角主要集中在经济地理和城市规划方面，经济弹性研究的主要内容是对经济弹性进行测度（Martin and Sunley, 2007；Pendall et al., 2010；Pike et al., 2010；Rose, 2005, 2006；Rose et al., 2006, 2007；Rose and Liao, 2005；Rose and Benavides, 1999）。有关城市社会弹性的研究，其研究的主题与脆弱性密不可分（Turner, 2010；Berkes, 2007；Miller, 2010）。对于城市社会弹性研究的尺度问题，一般从时间尺度和空间尺度入手（Gilberto, 2006；Cutter et al., 2008；Chatterjee, 2010；Rodrick et al., 2007）。目前，弹性研究具体实施的可操作性还有待提高，而城市管治对弹性研究成果的实践应用有很大帮助，因此日益引起很多学者的关注（Tanner et al., 2009；Duxbury and Dickinson, 2007；Wardekker et al., 2010；Saavedra, 2009）。

从国内研究来看，在国际全球环境变化人文因素计划中，对于弹性、脆弱性和适应性这三个核心概念的研究已十分广泛（方修琦和殷培红，2007）。基于地理学视角，国内对脆弱性的研究已有较多成果，对适应性和弹性的研究相对较少（袁海红等，2015；谢盼等，2015；何艳冰等，2016；方创琳和王岩，2015；温晓金等，2016；万鲁河等，2012；李博等，2015a，2015b；陈晓红和万鲁河，2013；陈晓红等，2014；王岩和方创琳，2014；孙才志等，2016；苏飞等，2013；杨佩国等，2016；权瑞松，2014；杨艳茹等，2015）。其中，关于脆弱性的研究，更多的是对系统进行脆弱性分析。关于适应性的研究，不同的学者进行了不同的研究，如刘焱序等（2015）基于生态适应性循环三维框架对城市景观生态风险进行评价，郭付友等（2016）研究了产业系统的适应性问题，杨德进和徐虹（2014）对城市化进程中城市规划的旅游适应性对策进行了研究。关于弹性的研究，如申悦和柴彦威（2012）对城市居民的通勤弹性进行了研究，秦萍等（2014）基于北京居民出行行为对交通需求弹性进行了估算，蔡建明等（2012）对国外弹性城市研究进行了述评，廖柳文等（2015）基于土地利用转型对湖南省生态弹性进行了研究。国内对城市弹性的研究起步较晚，且对城市弹性的研究更多的是基于弹性城市理念。彭翀等（2015）对区域弹性的理论与实践进行了详细介绍。欧阳虹彬和叶强（2016）对弹性城市理论演化的概念、脉络与趋势进行了梳理。黄晓军和黄馨（2015）、李彤玥等（2014）研究了弹性城市的基本框架，梳理了国外相关研究和规划实践，系统总结了弹性城市的概念内涵与要素特征。

六、海洋渔业可持续发展

（一）国内研究进展

目前，中国海洋渔业发展模式具有脆弱性、不稳固性和不可持续性，并造成了渔业资源的日益枯竭和生态环境的破坏。积极推进海洋渔业可持续发展是渔业现代化发展的客观要求。针对我国海洋渔业可持续发展，学术界现有研究的开展主要围绕以下三方面：海洋渔业可持续发展的概念界定；海洋渔业可持续发展的制约因素研究；海洋渔业可持续发展路径选择研究。

1. 海洋渔业可持续发展的概念界定

对于海洋渔业可持续发展的有关概念，不同学者从不同方面予以界定。王森和张晓泉（2009）从渔业产业结构优化的角度出发，提出海洋渔业可持续发展旨在将海洋渔业由完全依赖于海洋渔业自然资源的开采和加工转向更加多元化产业，实现海洋渔业产业结构以第一产业为主逐步向第二、第三产业转移，大力发展水产品精深加工和海洋渔业流通服务业，使海洋渔业的发展摆脱对海洋渔业资源的过度依赖，从而规避海洋渔业产业衰败和资源的衰竭，最终实现整个产业的可持续发展。徐胜和吕广朋（2006）从技术进步的角度考虑，认为海洋渔业可持续发展是指在资源、环境、市场和产业结构等的挑战下，实现由生产先导型传统海洋渔业向科技先导型现代海洋渔业转型，完成海洋渔业经济增长方式由粗放式向集约式的转变。另外一些学者从兼顾生态环境保护的角度，提出了海洋渔业可持续发展的转型思路（陈新军和周应祺，2001）。

2. 海洋渔业可持续发展的制约因素研究

在政策方面，1982年通过的《联合国海洋法公约》规定，一国可对距其海岸线200海里（约370公里）的海域拥有经济专属权。这一公约的颁布使我国可用海域空间严重缩减，客观上制约了我国海洋渔业的可持续发展（王剑和韩兴勇，2007）。进一步地，为落实专属经济区制度，中日韩三国相继签订三个渔业协定，使我国东海、黄海等渔业管理制度发生了根本性变化，致使大批捕捞渔船撤出传统作业渔场，可用海域空间进一步缩减，海洋捕捞渔业生产量受到极大的限制，加重了我国海洋渔业发展的不可持续性（王淼和宋蔚，2008）。

在粗放捕捞方面，《联合国海洋法公约》关于200海里专属经济区的规定意在鼓励各国对本国专属经济区海洋渔业资源进行可持续开发和保育，但在经济利益的驱动下，我国捕鱼许可证制度和捕捞征税政策落实不力，过度宽松的政策环境导致了对渔业资源的过度开发利用，造成水域渔业资源迅速枯竭（檀学文和杜志雄，2006）。在捕捞强度上，渔船大型化和数量激增形成的高捕捞强度远远超出渔业资源的再生能力，鱼类尤其是传统优质经济鱼类迅速衰竭（杨立敏和杨林，2005）。在捕捞方式上，拖网、张网、非法渔具和渔法的使用，对幼鱼造成了严重的破坏（陈强，2007）。对于渔民是否捕捞幼鱼问题，闫玉科（2009）运用期望效用函数分析得出结论：为追逐利益最大化，有限理性的渔民在不受严格管制下，会使用一切渔具和渔法全力捕鱼，并将幼鱼及时销售获利，导致渔业资源严重衰退。

在生态环境恶化方面，由于捕捞资源的匮乏以及政策上重点发展养殖业的号召，各地一味追求水产养殖的高密度和高产量，大量增加饲料等养殖投入品，并随意排放不经任何处理的养殖污水，对局部特定水域的生态环境造成了严重破坏。过度养殖不顾长远的生态效益和环境效益，以致严重超过环境容纳量（檀学文和杜志雄，2006），大量学者从不同视角对此进行了分析。例如，王芸（2008）分析了水产养殖的种质资源、养殖技术和养殖水域结构，楼东和谷树忠（2005）分析了海洋和内陆的水产养殖发展模式。以各渔业大省为例，丛军（2012）分析了海洋水产养殖业的特点；曾金宇和江毅海（2003）对比分析了福建和台湾在水产养殖方面的差距。

3. 海洋渔业可持续发展路径选择研究

作为传统产业的捕捞业，许多学者从压缩捕捞强度、渔业集团作业、开发新水域等角度论述了捕捞业的结构优化。这些优化措施主要包括：其一，继续实施限额捕捞制度和配套的税收政策，完善法律以严惩非法渔法与渔具的使用，落实禁渔区、禁渔期水产种质资源保护区等制度措施，推进渔船报废拆解补助政策和渔民转产转业政策（叶肖坤，1987；许罕多，2013；尚图强和孙鹏，2010；张红智，2006）。其二，政府应采取相关鼓励性财政措施，促进我国现有渔业捕捞资源进行归并整合，扩大捕捞经营规模，提升渔业集团作业水平，积极开拓远洋捕捞业，提高渔业企业的经营效益，并使其成为渔业经济新的增长点（向清华，2011）。其三，积极拓展国际双边和多边渔业合作，共同开辟新的作业海域和捕捞资源，实现双赢。进一步鼓励优质企业把生产基地延伸到国外，并积极发展水产品精加工和水产品进出口贸易（刘祝君和王勇，1995）。

在养殖业方面，苏昕等（2006）从水产养殖区域布局和品种选择方面，对水产养殖业进行了优化分析，指出应根据水产养殖区域优势对水产养殖业进行合理布局，建立一批水产优质养殖带或养殖区。在养殖品种的选择上，山世英和姜爱萍（2005）指出应提高市场反应能力，积极引进适销对路的具有名、优、特、新的高效品种，对养殖结构进行优化调整，在依托传统养殖品种的基础上，重点培育高附加值产品，形成高、中、低档养殖品种相结合的综合养殖格局。但是杨林（2005）认为，单纯依靠名、优、特品种仍然没有摆脱传统养殖业的观念和模式，进而提出了我国养殖业应向绿色养殖和健康养殖方向发展的理念，这是一种兼顾生态环境和经济效益的可持续发展模式。进一步地，容涵和董俊（2007）对可持续发展的具体实施路径进行探究，指出积极推进先进的水产养殖技术是促进我国渔业可持续发展的根本保证。陈林兴和周井娟（2009）运用灰色关联分析方法，分别计算了 1985～1995 年和 1996～2006 年两个阶段我国海洋渔业第一产业总体产量与海水养殖和海洋捕捞产量之间的关联度。实证证明，我国海洋渔业第一产业内部转型升级的路径为：促进养殖—限制捕捞—在品种上培育高品质的虾蟹类、贝类、藻类。

从科技投入的角度，徐胜等（2013）在探究由粗放式向集约式转变的途径时提出要大力发展知识和技术密集型渔业产业，但具体应在哪些行业重点落实还有待深入研究。首先，第一产业在促进养殖限制捕捞政策的指引下，将最新的生物技术应用于良种培育和水产养殖病害的防御控制，可促进水产养殖业由传统的竞争力不强且效益低下的普通品种为主转向以名、优、特为主的现代品牌养殖业（王芸，2012）。其次，从促进渔业各产业之间的协调性来看，高强和高乐华（2011）提出将先进的加工技术和设备应用于水产品加工行业，可提升其精深加工能力，实现由科技含量少、附加值低的普通水产加工品转向科技含量多、附加值高的多元优质水产品。如何获得这些高新技术，不仅要充分利用现有科研力量，还要鼓励和支持企业自身建立研发机构，企业与院所合作开发新工艺、新技术、新产品。苏昕等（2006）指出，要加强引进国外先进工艺和设备的力度，实现科研成果的国际共享。同时，也要加强我国渔业科技人才队伍的建设，以更加高效地利用渔业资源（董永虹和罗瑛，2001）。

此外，另一些学者从产业生态学的视角研究海洋渔业可持续发展，根据产业生态学理论，不仅要实现资源的循环流动，多层级地利用能量，还要妥善处理人与自然的矛盾，将渔业经济的可持续发展作为长远目标，从而实现经济、社会和自然的协调发展。杨林和苏昕（2010）在渔业资源和环境层面进行研究，提出将渔业资源环境的承载能力作为转型升级的基础，把渔业产业生态多样性作为转型升级的先决条件，实现渔业可持续发展。现代生态渔业在此发展模式中作为一个重要载体发挥着重要作用，如深化水产科研以加强对水生生物资源的养护，掌握渔业资源的演化规律，了解海洋渔业资源与生态系统的关系，合理进行增殖放流活动，以及产权化管理等均可促进现代生态渔业进一步发展（徐君卓，2000；王夕源，2013）。

（二）国外研究进展

美国、英国、澳大利亚、加拿大等是最早开展渔业资源可持续利用研究的国家。20 世纪 50 年代，经济学家 Gordon（1954）建立了渔业资源经济的

Gordon-Schaefer 模型，提出了"生物经济平衡"和"最大经济收益"（maximum economic yield，MEY）的概念及其分析方法。在新古典假设下，该模型的结论是最大持续收益（maximum sustained yield，MSY）大于最大经济收益，并将最大经济收益作为管理渔业资源的目标。此后，Clark（1985）、Cunningham 等（1985）、Anderson（1984），根据渔业资源具有的洄游性、流动性、共享性，从生态、经济、社会三个维度出发，对渔业资源进行评估，并提出相应的管理对策，为今后渔业资源的可持续利用奠定了理论基础。

联合国粮食及农业组织是开展渔业资源可持续利用研究较为全面和权威的国际性机构。在有关国家机构合作下，20 世纪 90 年代以来联合国粮食及农业组织先后开展渔业资源的生物经济模型、渔业资源核算、海洋渔业可持续发展的指标体系、捕捞能力的度量等方面的研究与探索，其目的是为渔业资源可持续开发与利用提供可操作的方法和评价手段，以控制目前世界渔业资源过度捕捞的局面。但是，除了生物经济决策模型方面的研究较为全面与系统之外，其他方面的研究均处在探索与尝试中。

在渔业资源生物经济模型方面，联合国粮食及农业组织先后提出了一系列生物经济分析模型（biology and economic analysis model，BEAM），如 BEAM1、BEAM2、BEMA3、BEMA4 和 BEMA5 软件。20 世纪 90 年代初，又开发了多目标渔业资源动态评估模型，并初步应用到渔业资源的评价上，取得了较好的效果。联合国粮食及农业组织、澳大利亚农林渔业部等以一般可持续发展评价的研究成果为基础，对有关渔业及海洋捕捞业可持续发展的指标体系展开研究，并取得了初步成果。Garcia 和 Staples（2000）、Chesson 和 Clayton（1998）都对渔业资源可持续利用的指标体系及其评价进行了研究。

从目前国外前沿的海洋渔业可持续发展研究来看，Lennert-Cody 等（2013）提出利用自然科学的科研成果来促进渔业可持续发展，并提出建立交叉学科综合研究的科研项目和机构的建议。Pascoe 等（2013）认为利用自然科学的信息可以更好地判断海洋环境管理的适当性，并能为其提供关键环节实施的支撑。从政策管理视角的研究来看，Lawton 等（2013）认为海洋渔业从过度捕捞转变为可持续发展需要一个实施相应政策的过渡时期，并指出解决该时期的渔业融资问题至关重要。

第二章

海洋经济地理学概述

第一节 海洋经济地理学的基本概念

一、海洋经济

自我国著名经济学家许涤新、于光远等于 1987 年提出"海洋经济"新学科以来，较具代表性的观点包括：①程福祐和何宏权（1982）认为海洋经济是人类在海洋活动中以海洋资源为对象进行的社会生产、交换、分配和消费等活动。②徐质斌（1995）认为海洋经济是活动场所、资源依托、销售或服务对象、区位选择和初级产品原料对海洋有特定依存关系的各种经济的总称。③2003 年 5 月，《国务院关于印发全国海洋经济发展规划纲要的通知》将"海洋经济"定义为开发利用海洋的各类产业及相关经济活动的总和，并系统地指出海洋经济的主要产业包括海洋渔业、海洋交通运输业、海洋石油天然气业、滨海旅游业、海洋船舶业、海盐及海洋化工业、海水淡化及综合利用业、海洋生物医药业等，较清晰地代表中国国内海洋经济界定的主流观点（罗朋朝，2018）。

二、海洋经济可持续发展

1. 内涵

海洋经济可持续发展是可持续发展理念在海洋经济领域的体现，是一种技术上应用得当、海洋资源节约利用、生产集约经营、生态环境不退化，可以实现海洋资源的综合利用、深度开发和循环再生、经济上持续发展和社会普遍接受的海洋开发模式（狄乾斌等，2009）。20 世纪 90 年代以来，各个国家普遍认可可持续发展理论，该理论也成为我国实施经济发展的战略思路和指导思想。该理论可描述为在满足当代人需求的同时，又不危害后代人的发展。因此，海洋经济的可持续发展必须具备以下三个基本条件：一是海洋空间和资源的充裕性；二是海洋生态环境的平衡性；三是现代科学技术的保障性（罗朋朝，2018）。同时，还要分别满足海洋经济的可持续性、海洋生态的可持续性、社会发展的可持续性，其目的是达到永续发展。

2. 特点

海洋经济可持续发展理论的外部响应，应当是处理好人与海之间的关系。硬支撑：可持续发展战略的内部响应，应当是处理好人与人之间的关系。软支撑：数量维（发展）、质量维（协调）、时间维（持续）。

（1）整体性

整体性，即在海洋系统各种因果关联的具体分析中，不仅要考虑人海系统发展所面对的各种外部因素，还要考虑其内在关系中必须承认的各个方面的不协调。对一个国家或地区的海洋经济体来说，海洋经济可持续发展的本质在于如何从整体观念上去协调各种不同利益集团、各种不同规模、不同层次、不同结构、不同功能的海洋经济体的存在合理性。

（2）内生性

依照数学上的常规表达，内生性是指描述系统内在关系和状态的方程组的各个依变量，这些变量的调控将影响行为的总体结果。在海洋经济可持续发展中，内生性常被认为是某一海洋经济体的内部动力、内部潜力、内部创造力，如海洋资源储量与承载力、海洋环境容量与缓冲力、海洋科技水平与转化力等。

（3）综合性

综合性是指海洋经济各个要素之间互相作用的组合。海洋经济可持续发展的互相作用组合包含各海洋要素相关关系（线性的与非线性的、确定的与随机的等）的层次思考、时序思考、空间思考、耦合式思考。既要考虑内聚力，也要考虑排斥力；既要考虑向心力，也要考虑离心力；既要考虑幸福指数，也要考虑痛苦指数；既要考虑增量，也要考虑减量。

三、海洋经济转型及相关概念解析

1. 转型与升级

转型是指事物从一种运动形式向另一种运动形式转变的过渡过程，通过改变事物的内在性质或外在形式，实现事物的根本性变化，以促进事物向着更好的方向发展，是事物的结构形态、运转模式和人们观念的根本性转变过程。不同转型主体的状态及其与客观环境的适应程度，决定了转型的内容和方向的多样性（崔正丹，2016）。目前，学术界对转型的研究主要集中在：发展方式转型、发展主体转型、结构转型。

升级强调转型的目标，即改变原有的构成要素，向高级化和合理化方向发展。随着海洋经济的快速发展，转型升级运动出现在发展过程中的各个领域。

2. 经济转型

经济转型是指一种经济运行状态向另一种经济运行状态转变。"经济转型"的概念最早是由布哈林提出的，他认为经济转型是一种国家层面的转型，即市场经济向计划经济的转型，以制度机制变化为主，这是经济转型的最早内涵之一。除此之外，随着经济的发展和演进，有关经济转型的内涵出现了不同的观点。部分学者认为，经济转型是经济增长方式、经济发展模式的变化，在转变过程中带动产业结构的调整、支柱产业的更替，经济的发展由量变到质变的一个过程（崔正丹，2016）。

3. 海洋经济转型

海洋经济转型是使海洋经济发展方式发生根本改变的一种渐进式结构转型，以要素结构调整为路径，以海洋产业结构升级为根本任务，以海洋生态环境可持续发展为目标，使海洋经济提高发展质量与效率，提升海洋资源开发利用能力，实现涉海人口就业层次转变，完善海洋发展支撑体系，促进海洋经济发展由量变到质变的过程。

四、海洋产业生态系统

产业生态系统着重从产业系统与生态环境系统相互作用的视角，对产业生产活动进行重新安置，从而找到自然、经济与社会协调可持续发展的途径。本书在产业生态系统的基础上，结合海洋产业、生态环境的发展特征，提出海洋产业生态系统的概念。海洋产业生态系统是由海洋产业子系统和海洋环境子系统相互作用、相互交织、相互渗透而构成的具有一定结构和功能的特殊复合系统，其中海洋环境子系统是基础，海洋产业子系统是主导。在海洋产业生态系统中，海洋产业子系统主要以海洋资源的开发、利用为核心，主要包括海洋渔业、海洋矿业、海洋化工业、海洋工程建筑业、滨海旅游业等产业部门要素。

海洋环境子系统分为自然资源和社会环境两部分，包括海洋生物、海洋矿产资源、海洋能源、海水资源等自然要素，以及由依托海洋进行生产或生活的人民及其所创造的具有海洋特性的文化、教育、科技、法律、制度等社会要素。海洋的各种生产活动不仅受到海洋自然规律的限制，还受到海洋社会和经济的制约，同时人类社会对海洋产业生态系统具有反馈作用，为海洋产业生态系统提供劳动力和智力支持，因此必须将海洋环境子系统、海洋产业子系统和人类社会的反馈机制联结为一个整体，如图 2-1 所示。

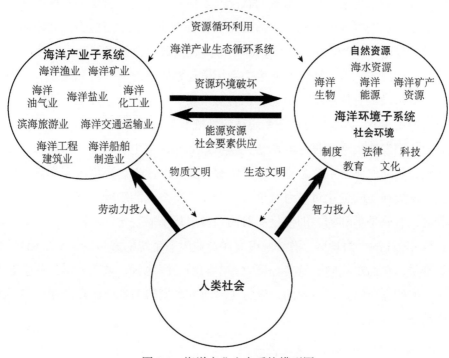

图 2-1　海洋产业生态系统模型图

五、海洋产业生态系统适应性

1. 适应性相关概念

1）适应性是一个动态过程。它是根据当前环境发展的现状、预期可能出现的状况对发展目标进行调整、学习。

2）适应性是一个目标。它是在生态系统和经济系统两个层面下建立的一种预定目标，通过科学的管理和监控，实现各子系统、影响因素的良性互动、循环发展，以满足不断变化的生态系统和社会需求。

3）适应性是一种行动。适应性是指根据生态、社会、经济系统对现实和预期的环境变化驱动及其作用和影响而进行的调整。

2. 海洋产业生态系统适应性内涵

海洋产业生态系统适应性是根据海洋产业的发展现状、发展阶段以及所处的海洋自然、资源、科技、教育、文化、法律、制度、政策等环境的变化，对海洋产业生态系统未来可能出现的状况及发展目标等进行科学的测度和调控，使其对未来预期可能或实际发生的变化具有调整能力、学习能力，并能通过不断调整，降低海洋产业生态系统的脆弱性，提升其可持续发展能力。

从适应内容来看，海洋产业生态系统适应性既有对海洋资源衰减、生态破坏、环境污染等自然环境的适应，也有对市场、体制等社会环境的适应。从适应应对策略来看，海洋产业生态系统适应性既有对短期发展战略和目标的调整，也有对长期发展战略和目标的调整，其中短期的调整主要是基于短期的社会环境变化，长期的调整主要是基于海洋资源储量、海洋生态环境等海洋自然环境变化。发展环境的变化对沿海城市海洋产业生态系统的影响是不同的，有些是有利的，有些是不利的。即使是面对同一发展环境的变化，不同类型、不同地域、不同阶段的沿海地区、沿海城市海洋产业生态系统的影响也是不尽相同的。也就是说，在面对相同的发展环境时，不同的沿海地区、城市海洋产业生态系统所采取的适应对策是不同的，这也正是研究不同沿海地区海洋产业生态系统适应性的根本所在。

3. 海洋产业生态系统适应性特征

海洋产业生态系统适应性具有目的性、动态性、整体性和可控性。

（1）目的性

海洋产业生态系统外部环境的变化会引起系统内部组织结构、发展策略的调整，无论以何种方式进行调整都是为了减少系统可能受到的损失，提高系统总体的发展能力。就沿海地区而言，随着海洋资源枯竭、海洋环境污染等发展环境的变化，不仅出现了资源衰退、生态破坏、环境恶化，而且还诱发了失业等一系列社会问题。因此，在海洋环境子系统、海洋产业子系统脆弱性的共同压力下，必须以海洋资源环境承载能力为依据，重组海洋产业生态系统，实现海洋经济与环境的协调发展，提高海洋产业生态系统的自我发展能力。由此可见，海洋产业生态系统适应性的目的在于提高沿海地区的海洋经济可持续发展能力，推动沿海地区人与自然的和谐发展。

（2）动态性

海洋产业生态系统的发展是一个不断变化的动态过程。在不同的发展时期，面临着不同的海洋资源环境以及政策和市场等发展环境，因此海洋产业生态系统的适应方式、策略会存在差异。例如，在沿海地区海洋产业发展初期，海洋产业生态系统的调整措施主要包括增加海洋生产总值、提高海洋经济效益、完善海洋基础设施等；在沿海地区海洋产业发展兴盛期，海洋产业生态系统的调整方式应集中维持海洋生产总值、培育海洋新兴产业、加强生态环境整治、提高科学技术创新能力，同时还要努力实现海洋社会经济、海洋生态环境协调发展。因此，只有适应不断动态变化的发展环境，沿海地区海洋产业生态系统才能不断向前发展，海洋产业生态系统适应性才能不断增强，才能实现海洋经济与环境的协调发展。

（3）整体性

海洋产业生态系统与外部要素的适应是整体性的适应，即海洋产业生态系统内的所有要素都要与外界环境整体相适应。如果只是在某一方面或某一要素相适应，则可能会导致海洋产业生态系统的畸形发展，只有整体的适应才能促进海洋产业生态系统的整体协调发展。因此，要提高沿海地区海洋产业生态系统的适应能力，降低其脆弱性，必须坚持全面适应、整体适应的思想，综合考虑海洋经济与海洋资源环境的适应、海洋产业与市场的适应、海洋产业与科学技术的适应、海洋产业与劳动力素质的适应。由此可见，整体性是沿海地区海洋产业生态系统适应性的重要特征，是沿海地区得以持续、稳定发展的根本保证，是沿海地区可持续发展的动力来源。

（4）可控性

沿海地区海洋产业生态系统对内外发展环境变化的适应并不是任意适应，而是必须有利于沿海地区海洋经济发展、海洋生态环境改善、沿海地区居民生活质量提高。也就是说，海洋产业生态系统的适应性必须在人的意愿和控制下进行调整，即人类可以根据发展环境变化的不同程度、影响因素，对适应措施和适应方式进行控制，对不同的影响因素采取不同的调整策略。即通过人为手段对沿海地区海洋产业生态系统适应性进行控制。

第二节 海洋经济地理学的基础理论

一、陆海统筹理论

陆海统筹主要是将陆地与海洋看作两个相互独立但又不完全分开的系统，并对其相互作用、相互影响进行研究。陆海统筹首次表述于 2004 年北京大学"郑和下西洋 600 周年"报告会上，并被提到重中之重的位置（王倩和李彬，2011）。陆海统筹主要是指在海洋经济与陆地经济、海洋产业与陆地产业两个方面进行统筹协调发展，与其相关的理论主要如下。

1. 产业关联理论

产业关联理论又被称作产业联系理论或投入产出理论。起源于古典经济学家威廉·配第及其同时代的早期作者提出的一系列观点和方法，包括将生产看作一种循环流，不同经济部门间生产中的相互联系，是研究两个产业之间（或产业与产业之间）中间投入和中间产出及其之间的内在依存关系的理论（Kurz and Salvadori，2000）。产业关联的核心是生产要素的流动性和关联性。产业联系的形式多样，如产品联系、劳务联系、价格联系、投资联系等，在实际应用中更多的使用价值形态来描述联系和联系方式，方便量化分析。

一方面，从产业结构来看，海洋产业与陆域产业在相应的三次产业中具有一定的对应性。例如，陆域经济的农、牧、渔业对应海域经济的海洋种植业、海水养殖业、海洋捕捞业；陆域经济的制造业对应海域经济的设备制造业；陆域经济的化工业对应海域经济的海洋化工业等。

另一方面，海洋产业的发展依托于陆域产业的先进技术、资金流和能量流，这是二者联系的根本所在。因此，海洋产业和陆域产业不仅存在简单的对应关系，还相互联系、相互作用，进而促进二者之间的互动发展。然而，无论是陆域产业的发展还是海洋产业的发展，都需要生产要素作为支撑（于颖，2016）。它们所需要的资本、劳动力等生产要素在某种程度上具有很大的相似性，这种相似性将海洋产业和陆域产业紧紧地结合在一起。此外，二者更在资源、产品、技术、劳动力、信息等方面相互关联，不断对双方的发展产生作用（于颖，2016）。

2. 产业互动理论

产业互动是产业之间的一种社会合作关系，其以产业联系为基础。产业互动思想产生于工业革命前期，并随着工业化的深入而不断发展（彭亮，2011）。工业革命使社会分工更加细化，一方面工业革命促进了技术进步，技术运用于工业生产，大大提高了劳动生产率，原有的产业规模不断发展和壮大，于是相关联的新兴产业部门出现并分立发展；另一方面工业革命带来的变化不仅是某个部门和行业的变化，还是全局性和系统性的，经济活动中的三次产业部门之间都发生了深刻变化，而且三次产业之间的作用方式和途径也变得多样化。此时，各个产业之间在分立发展的过程中同时也存在复杂的关联关系，如何让这些具有明显差异的产业能够协调发展成为当时学者研究的重点。在这一背景下，产业互动思想随之得到关注。由于两个区域之间存在资源条件、发展基础、经济结构等方面的差异，合理分工能够实现优势互补，发挥整体经济效益（黎鹏，2003）。陆域和海域可以看作不同的区域发展载体，陆海产业要向更高层次发展就要求二者打破产业边界，而区域产业互动理论能够很好地解决这一问题，指导海陆分工协作，实现优势互补，促进资源的合理利用。

3. 可持续发展理论

20 世纪 80～90 年代，在当时资源与环境的双重约束下，从保护自然资源与环境的角度出发，"可持续发展"概念应运而生。1992 年《关于环境与发展的里约热内卢宣言》和《21 世纪议程》两个纲领性文件出台后，可持续发展理论更是被全球普遍认同。经过近几十年的发展，可持续发展已经从生态领域拓展到社会、经济、科技等更为广泛的领域。①生态领域，可持续发展旨在让人们意识到生态环境对人类社会发展的危害，从而采取行动有意识地保护人类生存家园的生态环境；②社会领域，可持续发展不仅注重当前的发展，还注重未来子孙后代永续、可持续的发展；③经济领域，可持续发展旨在从注重高速增长向注重经济高质量发展转变；④科技领域，可持续发展是通过科技创新，使经济生产在技术效率提高的同时实现零污染排放的发展方式（高扬，2013）。从区域属性的角度，可持续发展要求一个区域内经济社会系统的经济-社会-生态三方面永续、健康的发展。区域性海陆经济的统筹发展更需要可持续发展作为其理论基础。可持续发展理论是一个系统的管理体系，海陆经济要想统筹发展就必须在发展过程中完善监管队伍，在资源与环境承载力范围内进行必要的合理配置，不仅要实现海洋资源向陆域经济的转移，还要达到资源循环利用的目的，同时还要进行环境的联动保护与治理，进而建设良好的生态环境，实现生态环境的可持续发展（高扬，2013）。

4. 共生理论

"共生"一词来源于生态学且被许多学科广泛应用，是指两种生物彼此互动地生活在一起，缺失一方都会导致另一方无法生存。共生具有以下四个典型特征：①存在于两种生物之间的共生关系；②至少对一方有利；③形成共生体这种特殊结构形态；④是生物体适应环境的结果（李玉，2013）。

袁纯清（1998）是首个较为系统地提出社会科学共生理论的学者，他构建了共生理论的基本分析框架，同时提出了描述共生关系的三要素：共生单元、共生模式和共生环境。共生理论主要有以下几个特性：①共生是一种社会普遍现象；②共生的本质是协商合作；③互惠共生是自然与社会发展的必然趋势。

应用共生理论分析海陆产业统筹发展问题不难发现，影响海陆产业可持续发展的重大问题是共生关系。海陆产业共生单元的构成主要是海洋产业和陆域产业，在陆海统筹发展进程中，资金、技术和信息等构成要素发挥着重要作用，从而奠定了海陆共生的形成。这种共生关系的形成需要一定的共生方式进行衔接，这是对海洋产业与陆域产业之间关系的一种反映。海陆产业的协调发展需要建立共生关系，并形成一定的共生发展模式。因此，共生理论对海陆产业可持续发展研究具有重要的理论指导意义。

5. 系统论

系统论最早由 Bertalanffy（1950）创立，主要用于研究复杂生命系统。然而，由于系统论与哲学密切相关而被看作具有横断科学性质的一种基本理论。系统是由具有各种特殊性质的各元素组成，各元素既相互区别，又具有一定的联系。由系统的定义可知，任何一种经济或社会形态都可以构成一个系统。海陆经济作为社会形态的一种，存在以下相互联系的纽带关系：①生产要素流动性，海洋经济在资源禀赋、基础开发条件等方面都存在一定的差异，这些差异使生产要素在海陆经济间流动；②科学技术依赖性，海洋经济开发技术的发展和创新依赖于陆域经济开发技术的进步。

因此，可以将经济这一巨系统看作由海洋经济子系统和陆域经济子系统共同构成。首先，海洋经济子系统与陆域经济子系统在空间上的邻近、交叉决定了它们不可能孤立地存在于海陆经济复合系统中。其次，孤立存在的二者都不能充分发挥其各自的经济效益。只有当突破两类资源边缘界限，充分协调合理配置海域资源和陆域资源时，海陆经济系统才能处于最优状态，各种要素才能发挥自身最大功能，系统的生产效率才能达到最高（于颖，2016）。

6. 相互依赖理论

相互依赖理论是最早由美国经济学家理查德·库珀（Richard Cooper）于20世纪60年代针对第二次世界大战后新的国际关系从理论角度提出的理论。之后，相互依赖理论从单一经济学研究拓展到政治、生态、军事安全等多个领域。综合各方面来看，相互依赖理论大致有以下几个特性：①不对称性，其是相互依赖理论的核心，任何两个体系之间的相互依赖关系都是不对称的，没有绝对平等的相互依赖；②敏感性，相互依赖的两个个体在依赖强度和依赖速度上具有一定的反应关系；③脆弱性，任何两个个体若要获得一定的收益都需要付出相应的代价或成本。

相互依赖理论对海陆经济统筹发展具有重要意义。海洋产业与陆域产业间并非简单的一一对应关系，而是相互依赖、互动发展的。首先，从产业结构来看，海洋经济子系统和陆域经济子系统具有相似性，且各产业部门之间具有相互联系的依赖性；其次，从要素流动来看，陆域经济中先进的技术、资金流、信息流、能量流等向海洋产业源源不断地流动，使海洋产业向更好的方向发展，而海洋中丰富的物质和空间资源也给陆域经济的进一步发展提供了帮助；最后，从竞争与合作关系来看，可依据相互依赖理论制定有利于海陆经济和谐发展、共赢的协调管理机制，从而达到可持续发展的目的。

二、耗散结构理论

20世纪60～70年代，布鲁塞尔学派在伊利亚·普利高津（Ilya Prigogine）

的带领下将耗散结构理论发展为一门非线性系统科学。该理论是研究远离平衡态的开放系统从无序到有序的演化规律的一种理论，被誉为20世纪70年代化学的辉煌成就之一，1977年普利高津也因此荣获了诺贝尔化学奖（苏桂凤，1986）。随后，耗散结构理论作为新三论（耗散结构理论、协同理论、突变理论）之一，成为系统科学领域的基本理论之一，并广泛应用于各种自然科学和社会科学领域中。

耗散结构理论是指一个远离平衡态的非线性的开放系统（不论是物理的、化学的、生物的，还是社会的、经济的系统），通过与外界交换物质和能量，在系统内部某个参量的变化达到一定阈值时，系统可能发生突变，由原来的混沌无序状态转变为一种在时间上、空间上或功能上的有序状态。这种在远离平衡态的非线性区形成的新的稳定的宏观有序结构就称为耗散结构（蔡绍洪等，1999）。系统是否有序及有序程度则用熵来量度，熵值越小，系统的有序程度越高。耗散结构解释了开放系统如何自组织地从无序状态演变为有序状态。对于一个与外界有物质和能量交换的开放系统来说，熵的变化可以分为两个部分：一部分是系统本身由于不可逆过程引起的熵增加（dis），这一项永远是正的；另一部分是系统与外界交换物质和能量引起的熵流（des），这一项可正、可负、可为零。整个系统的熵变化 ds=dis+des。在 des<0 的情况下，如果负熵流足够强，就会使系统的总熵 ds 减少，从而使系统从无序趋向新的有序状态（崔和瑞等，2005）。

耗散结构的形成条件包括：①系统开放，存在物质、能量或者信息的相互交换；②系统远离平衡态；③系统内部存在非线性相互作用；④出现涨落现象，通过非线性作用形成"巨涨落"。

海陆经济系统是一个复杂的开放性耗散系统，包括海洋经济子系统和陆域经济子系统两个子系统。

首先，海陆经济系统是一个开放系统。从陆域经济子系统来看，其向内陆延伸的经济腹地广阔，能从内陆腹地吸收抵御系统熵增的物质、能量和信息等负熵流；从海洋经济子系统来看，其向外延伸有广阔的海洋物质与空间资源，能从海洋中吸收抵御系统熵增的负熵流；从整个海陆经济巨系统来看，海洋是一个国家与外部世界联系的纽带，其流动性将沿海地区连接起来，使得一个巨系统与其他不同地域的巨系统之间进行"流"交换。此外，海陆经济巨系统内部存在复杂的相互作用，政府决策者可以通过政府政策引导等手段增加系统负熵流，强化巨系统自组织能力，稳固耗散结构体系。

其次，海陆经济系统是一个非平衡态系统。在海陆经济系统中，资源匮乏与生态环境日益恶化之间的矛盾使得巨系统不可能长期处于近似平衡态，其必须与外界进行物质、能量交换，进而转化为非平衡态，使巨系统从无序朝着更有序或从低级向高级有序发展。

再次，海陆经济系统内部存在非线性相互作用。由于海陆经济系统具有高度开放性，其内部如空间和物质资源、人力资本、资金供应、信息和技术生产要素等之间会发生耦合作用，从而加强复杂因素或削弱某一因素进而推翻原有的旧结构，使系统形成新的更高级的有序结构。各要素发生耦合具有一定条件：①系统内部各要素具有相干性，即它们之间存在相互作用的普遍联系；②系统内部各要素具有非均匀性，海陆经济巨系统中存在两个子系统，时间地点不同，两个子系统内部各要素相互作用的方式也不相同；③系统内部各要素具有非对称性，如人力资本对技术的影响远大于技术对人力资本的影响，同样地，系统内部各要素之间的相互影响作用也是不对等的。

最后，"涨落"会促使海陆经济系统的形成和发展。海陆经济系统内部各要素之间存在相互耦合作用，而一个微小的扰动就会使系统产生"涨落"，在耦合作用的影响下演变为"巨涨落"，从而使巨系统远离原有的旧结构，随着涨落起伏达到一个新的更高级的有序结构。

海洋经济可持续发展也满足形成耗散结构理论的四个条件，也应从耗散结构的角度进行分析。①具有开放的系统。海洋经济子系统是一种典型的开放系统，不仅是对内部地域和内部子系统的开放，还保持对外的区域之间的交流与沟通，属于全方位的开放系统。②远离平衡态。适中的海洋经济可持续发展必定是远离平衡态的，因为只有非平衡态才能使海洋经济可持续发展摆脱原本海洋经济低效率的发展局面。③非线性作用。与线性的海洋经济可持续发展相比，非线性海洋经济可持续发展应是系统内部各要素间的高度耦合。④涨落。重视对涨落过程的监控，协调好暂时"涨落"与"先污染后治理"的区别，捕捉海洋经济可持续发展的良好"涨落"契机，推进海洋经济可持续发展从有序→无序→新的有序进化。

综上所述，海陆经济系统在经济流动、地理位置等诸多因素的影响下形成了高度开放的巨系统。随着人类对海陆空间和物质等资源的开发利用，海陆经济系统向着非平衡态发展，在资源、劳动力、信息、技术等要素的非线性相互作用下，海陆经济通过各类人为或非人为突发事件，使系统内出现"巨涨落"，从而使海陆经济系统不断变化，并得以发展。

三、资源永续利用理论

资源永续利用的提出最早可追溯到《联合国人类环境会议宣言》，在此之后1987年的《我们共同的未来》报告等纲领性文件对永续利用做出了更加明确的内容界定，使之后来成为可持续发展理论的核心思想之一。

资源永续利用是指在经济快速发展的同时，应该做到科学合理地开发利用资源，不断提高资源的开发利用水平和能力，力求形成一个科学合理的资源开发利用体系；通过加强环境保护、改善社会生态环境，来维护社会资源系统的良性循环，实现资源-经济-环境的协调发展，力争交给下一代一个良好的社会资源环境。

海洋经济可持续发展同样需要海洋资源永续利用理论作为支撑，同时海洋资源的永续利用和良好的海洋生态环境也是海洋经济可持续发展的标志。

究其理论本身，海洋资源永续利用理论应从以下几个层面来理解：

1）对海洋资源的开发利用进行适当管理，使其能持续供人类使用。

2）海洋资源是所有人类共有的，不应只考虑一代人的利益，还应考虑子子孙孙的生存发展问题，这是永续利用的本质。

3）海洋环境保护是海洋资源永续利用的关键一环，如抛开海洋生态环境保护而单独谈海洋资源的永续利用是万万不行的，只有将环境保护与资源合理利用相结合，才能使海洋资源实现永续利用。

4）海洋资源的永续利用要求海洋资源的耗竭速度要低于资源的再生速度，将人类的发展控制在地球可承受的范围内。

5）对海洋资源的利用应根据资源是否可再生，通过政府"看不见的手"进行调控。

6）建立合适的管理机制和保护制度，使各国能在资源利用与生态环境保护两方面进行协调，并充分合作。

四、外部性理论

外部性思想最早源自亚当·斯密（Adam Smith）对人类和社会利益的探讨，1887年韦斯特·西奇科威（West Chicway）从个人财富权利与社会贡献关系中认识到了外部性的存在。而真正提出这一理论并将其丰富发展的是马歇尔（Marshall）与他的学生庇古（Pigou）。1890年，马歇尔从经济角度提出"外部经济"是外部性概念的源泉（马歇尔，2009）。他还指出，内部经济和外部经济共同使企业生产规模扩大、生产效率提高，最终实现企业产量不断增加。1920年，庇古在《福利经济学》一书中论证了外部性，并主张通过"庇古税"来治理外部性（庇古，1971）。之后，科斯（Coase）从产权理论角度提出了"科斯定理"，用以解决外部性问题。

外部性，就是行为个体的行动不是通过价格而影响到其他行为个体的情形。当某个人的行动所引起的个人成本不等于社会成本、个人收益不等于社会收益时，就存在外部性。外部性有两种，一种是负外部性，即它把一些成本转嫁给社会；另一种是正外部性，即它对社会发展产生有利影响。

在海陆经济系统中，政府等行为主体，为了借助海运价格低廉的优势，将各工业区在沿海地区布局，这使得海陆各要素充分协调配置，海陆产业合作发展，从而发挥了海陆经济系统的正外部性效应；然而，随着海陆经济的联动发展，资源匮乏和生态环境恶化等问题逐渐显露，这些问题的产生将间接影响海产品和沿海地区人民的生活质量，同时水质恶化也会对居民健康产生影响，这些均是海陆经济系统的负外部性效应。面对上述情况，管理者可对产生正外部性的行为者给予奖励，对产生负外部性的行为者给予罚款等相应惩罚，从而平衡各行为者的成本利益。

五、财富代际公平理论

1. 概念内涵

财富代际公平理论是海洋经济可持续发展理论中的核心思想，该理论认为人类社会出现不可持续发展现象是由于当代人过多占有和使用了后代人的财富，特别是自然财富。基于这一认识，财富代际公平理论致力于探讨财富（包括自然财富）在代际能够得到公平分配的理论和方法。

代际公平理论在不同的学科背景下有不同的含义，在许多学科如哲学、经济学、法学、伦理学中都有涉及。代际公平最早是由佩基（Page）提出的，其内涵为如果执行当下的政策结果会涉及好几代人的相关利益，那么该政策应该对涉及的各代人进行公平分配。同时，佩基还提出了代际多数规则以实现代际公平。代际多数规则可解释为：执行当下的政策结果会涉及好几代人的相关利益，该项政策应该交由这几代人中的多数来做出选择，也就是交由繁衍不绝的子孙后代来选择（相对于当代人来说，后代是多数）。代际公平的基本原则如下：①保存选择原则，当代人为了保护后代人的权利，应该注重保护资源的完整性、多样性，使后代人拥有和前代人相似的选择权利。②保存接触和使用原则，当代人拥有平行接触和使用前代人遗产的权利，后代人同样保存这项接触和使用的权利。③保存质量原则，每代人都应该保护地球，当代人传承给下代人时要保证地球的质量，没有破坏地球。在做到财富代际公平分配的同时，需要特别注重保护海洋资源的完整无缺，以实现海洋经济的可持续发展（李若澜，2014）。

2. 研究现状

代际公平是可持续性科学、可持续发展中经常见到的概念。引用可持续发展的标准来评估代际公平：当前最有力的支持和选择是通过保留或提升机会与能力来使子孙后代可持续地生活。国外最早提出代际公平这一理论的是美国国际环境法学家魏伊丝，她在2000年《公平地对待未来人类：国际法、共同遗产与世代间衡平》一书中提出，在任何时候，当代人作为委托人或者受益人，不仅拥有受后代人委托保管地球的权利，还拥有这种行为结果的受益权利（魏伊丝，2000）。美国当代女哲学家弗莱切特（Fletcher）在其环境伦理研究中论证了代际伦理的可能性。美国当代伦理学家约翰·罗尔斯（John Rawls）在《正义论》一书中，对代际公平问题进行了阐述：功利主义不仅违背了享乐主义，而且其在实际生活中也是不现实的，我们不能牺牲当代人的利益去保障后代人的利益（王颖心等，2018）。廖小平和成海鹰（2004）提出，代际公平最初是指资源在每代人之间的公平分配和当代人应该尽到保护环境的义务以维护后代人的利益。舒基元和姜学民（1996）提出，当代人如果不注重保护环境质量，无限地浪费地球资源，只注重眼前利益，不考虑后代人的利益，将会带来严重的后果：后代人的生活环境将会越来越糟糕、生活空间将会越来越小。总体来说，国内外学者对代际公平的理解有不同的角度和不同的侧重点，但都提出了在实现当代利益的同时有为后代负责的义务。

《中华人民共和国国民经济和社会发展第十三个五年规划纲要》提出了创新、协调、绿色、开放、共享的发展理念，其中的共享发展理念就包含了注重解决社会公平正义的问题。由此可见，在当前形势下，对海洋经济可持续发展理念中的财富代际公平相关理论进行研究，具有十分重要的意义。

六、海洋区划理论

1. 概念内涵

海洋区划理论是根据地理位置、资源环境、社会经济等自然和社会综合因素，将一个海域划分成不同类型的区域。对于不同的区域，可因地制宜地采取不同的管理模式、发展方式，实现海洋经济社会生态的最大效益和海洋资源的优化配置，最终达到海洋经济可持续快速发展的目标。主要手段包括海洋功能区划、海洋经济区划、海洋行政区划、海洋特殊区划等。海洋功能区划是根据控制、引导海洋区域的发展方向，将海洋区域划分为海洋保护区、海水资源利用区、矿产资源利用区等十大类。海洋经济区划是依照海洋的经济发展现状和未来发展趋势，将海洋区域划分为海洋重点开发经济区、海岸带经济区、沿海开放经济区等。海洋行政区划是根据海洋的行政管理需要，按照区、县、乡三级行政层次划分海洋区域。海洋特殊区划是按照海洋开发利用的特殊要求，将海洋区域划分为海洋军事区、海洋自然保护区、休渔区等。

2. 理论基础

（1）海域可持续利用

海域可持续利用是指海域在开发利用的过程中，要以海洋经济可持续发展为原则，既要满足当前海域经济发展的需求，又要保证海洋资源的完整性和多样性，不会破坏海洋环境，从而不损害到后代人发展的利益，实现海域的可持续利用与发展。海域可持续利用的主体是海洋经济的发展和海域的开发，海域可持续利用需要处理好开发利用和环境保护的关系，遵循可持续发展的原则，协调好海域开发的各方面利益，制定科学合理的海域管理制度。

（2）系统论

系统论是从系统的角度出发，从不同的侧面分析物质世界的本质和运动规律。系统论主要是由系统的整体性、层次性、开放性、目的性、突变性、稳定性原理和结构功能相互组合而成，海洋功能区划作为海洋复杂系统的一部分，同时也具有系统的特性。由此看来，系统论适用于海洋区划。海洋区划作为海洋系统的一部分，两者相互联系、相辅相成，且海洋系统本身具有一定的自我稳定和修复功能。在海洋区划发展过程中，只要不超过海洋系统稳定和修复能力的最大承载力，适度开发海洋经济，就可以保持海洋功能的完整性，恢复海洋资源的多样性。一旦发展超过海域承载力限度，将会丧失海洋部分功能、破坏海洋资源，影响海洋经济的可持续发展。海洋区划系统中不同功能和层次的区划与整体区划密不可分，不仅相互联系，而且互相影响。从系统论和联系的视角对海洋区划进行研究分析，可以发现各类区划系统都具有不同的功能，彼此相互联系、作用、影响，共同构成了海洋区划整体。

（3）基于生态系统的海洋管理

基于生态系统的海洋管理是以海洋经济可持续发展为前提，以充分了解海洋生态系统的构成、功能等常识为基础，通过政策的制定、管理的落实，来实现海洋开发利用的合理化、科学化（张宏声，2004）。在开发利用海洋的同时，要明确海洋生态系统之间的相互联系和影响、海洋生态系统的结构和功能，这有利于实现海洋生态系统的保护。

（4）"反规划"

"反规划"以生态基础设施作为一个城市规划建设的基础，优先控制不建设区域进行城市空间规划。具体地，当应用到可持续发展的海洋区划时，首先确定一个海洋保护区域，然后对其进行优先控制和管理，同时将该海洋区域划分为不同的功能区，以进一步发展海洋经济。

七、生命周期理论

1. 概念内涵

生命周期是指生命体经历出生、成长、成熟、衰退、死亡的过程，是生物学范畴的概念。一些研究者将其应用到产品生产过程中，用来描述企业产品的变化过程，进而衍生出了产品生命周期理论。Vernon（1966）首次提出产品生命周期理论，他将产品的发展分为新产品阶段、成熟产品阶段、标准化产品阶段三个阶段。此外，还有一些比较经典的产业生命周期理论，如 Gort 和 Klepper（1982）提出了 G-K 产业生命周期理论，将产业的发展分为引入阶段、大量进入阶段、稳定阶段、淘汰阶段、成熟阶段五个阶段。国内主要从传统和现代两个角度对产品生命周期进行了划分与研究，从传统角度可将其发展划分为形成期、成长期、成熟期、衰退期四个阶段。从现代角度可将其发展划分为垄断阶段、竞争阶段、重组阶段、创新阶段四个阶段。综合来看，产业生命周期描述了产业从发展到衰落退出市场的一个动态演变过程，产业在不同的发展阶段会受到不同的社会和自然环境因素的影响，从而表现出不同的阶段特征，以适应该阶段的市场需求。目前，普遍认同的观点是将产业生命周期划分为与生命周期类似的四个阶段：幼年阶段、成长阶段、成熟阶段、衰退阶段，产业在发展的不同时期会受到市场潜力、需求量大小、品牌竞争、科技创新等因素的影响。

2. 海洋产业集群生命周期框架

产业集群生命周期理论的研究是以产业生命周期理论为基础的，付韬和张永安（2010）将产业集群生命周期划分为产生阶段、增长阶段、成熟阶段、衰退阶段，并介绍了各阶段的特征和成因。王恩才（2013）认为，产业集群系统包括海洋产业集群子系统，而海洋产业集群生命周期同样也具有产业集群生命周期的部分特征，因此借鉴产业集群生命周期的划分将海洋产业集群生命周期划分为初创阶段、发展阶段、成熟阶段、升级阶段四个阶段。同时，详细罗列了海洋产业集群发展的影响因素：海洋资源约束海洋产业集群的发展，尤其是对资源型海洋产业集群的影响更为突出，海洋资源的变化会影响海洋产业集群发展速度的增加或者减小，在意识到海洋资源的重要性之后注重保护海洋资源，从而实现海洋产业集群的可持续发展；海洋政策在海洋经济发展过程中起着重要的支撑作用，科学合理的海洋发展政策可以加速海洋产业集群生命周期的发展，在海洋政策的驱动和鼓励下，提升一些区域的海洋产业竞争力，从而加速生命周期的演进；并通过采用科学技术手段实现产业升级，从而避免产业从成熟阶段进入衰退阶段，实现海洋产业集群式的创新发展（王恩才，2013）。

八、点–轴理论

1. 概念内涵

点–轴理论是由著名地理学家陆大道根据中心地理论和增长极理论提出的具有中国特色的空间理论，对国家经济结构的布局和完善起着重要的科学指导作用。

点–轴理论中的"点"是指区域中的中心城市。不同层级的中心城市对周围城镇和区域有不同的吸引力与凝聚力。"轴"是指连接不同区域的交通干线、输水输电线等基础设施而形成的一个经济发展轴带。区域内的中心城市具有不同的等级，轴带同样也分等级，轴带的实质就是产业发展带，不同等级的中心城市和产业发展带具有不同程度的吸引力与凝聚力。点–轴理论不仅可用于海洋区域发展规划中，还可用于海洋经济可持续规划发展中，以海洋区域发展规划中的中心海域为"点"，以海洋工程线路经过的地带为"轴"形成海洋区域开发带。

2. 点–轴理论的特性

（1）方向性和时序性

在空间和时间的发展过程中，点–轴渐进扩散过程具有一定的连续性，这是极化力量弱化向整个空间发展的第一步。

（2）过渡性

点–轴开发在发展过程中逐渐由发展点转变为重点发展轴线，多个点轴系统交错发展就会形成网络发展格局。同时，在发展过程中空间极化作用不断减弱，扩散作用随之增强，使区域的发展趋势趋向平衡发展。

九、复杂适应系统理论

复杂适应系统也称复杂性科学。1994 年，霍兰·约翰（Holland John）提出复杂适应系统理论，迅速引起了学界的关注，然后被广泛运用于观察和研究各种不同领域的复杂系统，成为当代系统科学引人注目的一个热点（陈理飞等，2007）。

1. 基本思想

复杂适应理论认为，复杂适应系统的复杂性起源于其中个体的适应性。系统中的个体（元素）被称作主体，主体是具有自身目的性与主动性，有活力和适应性的个体。主体可以在持续不断地与环境以及其他主体的交互作用中"学习"和"积累经验"，并且根据学到的"经验"改变自身的结构和行为方式。正是这种主动性以及主体与环境的、其他主体的相互作用，不断改变着它们自身，同时也改变着环境，才是系统发展和进化的基本动因。整个系统的演变或进化，包括新层次的产生、分化和多样性的出现、新聚合的形成、更大主体的出现等，都是在个体适应性基础上派生出的（谭跃进和邓宏钟，2001）。复杂适应系统由大量具有主动性的元素组成。这些元素在形式上和性能上各不相同，但它们具有一些共同特征，即主动适应环境和其他元素的变化而调整自己的行为，不断"学习"和"积累经验"。

2. 适应性主体和复杂适应系统理论的 7 个基本点

1）聚集：个体具有聚集特性，它们可以在一定条件下，在双方彼此接受时，通过"黏合"形成一个新的个体——聚集体，在系统中像一个单独的个体那样行动。

2）非线性：是指个体及其属性在发生变化时，并非遵从简单的线性关系。在与系统的反复交互作用中，这一点表现得更为明显。

3）流：在个体与环境之间存在物质、能量、信息流，这些流的渠道是否通畅、周转迅速到什么程度，直接影响着系统的演化过程。

4）多样性：在适应过程中，由于多种因素，个体之间的差别会发展与扩大，最终形成分化，这是复杂适应系统的一个显著特点。

5）标识：在个体与环境的相互作用中，个体标识非常重要，因此在建模和实际系统中，标识的功能是必须要认真考虑的因素。

6）内部模型：在复杂适应系统中，不同层次的个体都有预期未来的能力，每个个体都有复杂的内部机制。对于整个系统来说，这就统称为内部模型。

7）积木块：复杂系统通常是由一些相对简单的部分通过改变组合方式而形成的。因此，事实上的复杂性往往不在于木块的大小和多少，而在于原有构筑块的重新组合（成思危，1999；王琦妍，2011a）。

3. 复杂适应系统不同于一般复杂系统的特点

复杂适应系统不同于一般复杂系统的特点包括以下 5 个方面。

1）层次性：各层之间具有明显的界限。

2）相对独立性：层与层之间直接关联作用小，主要是各层的个体之间进行交互。

3）智能性：系统中的个体可以自动调整自身的状态、参数以适应环境，或与其他个体进行合作或竞争，以获得最大的生存机会或利益。这一特性同时也反映出，复杂适应系统是一个基于个体的、不断演化发展的演化系统。在这个演化系统中，个体的性能参数、功能、属性随着环境而发生改变，整个系统的功能、结构也发生相应的变化。

4）并发性：系统中的个体与个体并行地对环境中的各种刺激做出合理有效的反应。

5）可读性：在构建系统模型时，还可引进随机因素，以使系统具有更强的表达能力。

以上这些特点使得复杂适应系统具有许多与其他方法不同的功能和特点（张永安和李晨光，2010）。

4. 复杂适应系统的研究方法

与复杂适应系统思考问题的独特思路相对应，其研究问题的方法与传统方法也有不同之处（表2-1）。复杂适应系统建模方法的核心在于，通过在局部细节模型与全局模型（整体行为）间的循环反馈和矫正，研究局部细节变化如何突出整体的全局行为。它体现了一种自底向上的建模思想，与传统的从系统分析与描述、建立系统的数学模型、建立系统仿真模型到模型的验证、确认这样一种从顶向下的建模思路是不同的。

表 2-1　复杂适应系统研究方法对比

项目	传统方法	复杂适应系统方法
运行结果	确定性的	随机的
设计方法	分配式的（自顶向下）	集成式的（自底向上）
模型组成	基于方程的公式	适应性
解释能力	不具备	具备
模型参数	少量	大量
主要手段	负反馈	正反馈
主要思路	预测、控制	适应
复杂原因	结构的复杂性	适应性造就复杂性
环境特点	环境是固定的	环境是演化的
与环境的关系	被动对环境做出反应	主动从环境中学习

十、人地关系协调理论

近年来，经济的发展已使人类越来越严重地感受到地球的有限性以及无法满足人类日益增长的需求的威胁，人均地域空间和自然资源急剧减少、地球环境日趋恶化、生态系统的失衡加剧等问题，已经成为人类社会与自然环境和谐持续发展的桎梏。人地关系是地理学科古老又年轻的话题，其内涵随着人类社会的发展不断丰富，具体表现形式具有鲜明的时代特性。自吴传均提出人地关系地域系统理论以来，人地关系在学科建设和国家重大发展战略制定研究中发挥着基础科学支撑作用，其作为地理学研究核心的地位逐步被强化（刘毅，2018）。人地关系理论是人们对人类与自然环境之间关系的一种简称，对它的经典解释是人类社会及其活动与自然环境之间的关系（卓玛措，2005）。

1. 人地关系演变历程

人地关系演变与人整体系统功能的拓展及其表现出来的改造自然能力紧密相关，大致可以分为人与自然原始共生阶段、人类利用自然的农业社会阶段、改造自然的工业时代阶段、现代人地关系理论即可持续发展理论阶段四个阶段（焦宝玉，2011）。

2. 人地关系系统的特性

（1）协同性

人地关系系统内各系统之间的联系并不是简单的加和关系，而是通过各种物质流、能量流和信息流等有机地结合在一起，具有系统、整体、完善的功能，系统与系统之间相互协调、相互融合。

（2）独立性

人地关系系统具有独立的结构组成，能够实现独立的功能，不仅包括各组成部分（要素）间的时空组织形式，还包括各组成部分（要素）间的物质、能量、信息"流"的形式。

（3）层次性

人地关系系统的层次性可从两个角度进行考虑。微观角度：要素子系统层次，如可分为人类社会子系统、资源子系统、环境子系统、生态子系统等；宏观角度：区域子系统层次，如全球整体系统可分为陆地子系统和海洋子系统，陆地子系统又可分为亚洲子系统、欧洲子系统，亚洲子系统又可继续分为中国区域人地关系系统乃至某一层面的某一个区域人地关系系统。

（4）动态性

动态性是指人地关系系统内部存在各种复杂的物质、能量、信息流的交互作用行为，而且系统本身为了适应人类发展的需要与自然环境变化处在不断的转化和发展中（焦宝玉，2011）。

3. 人地关系的基本原理

（1）人地耦合原理

耦合作为物理学概念，是指两个（或者两个以上）体系或运动形式通过各种相互作用彼此影响的现象（黄金川和方创琳，2003）。人类对自然环境的影响，会随着人类对社会的改造日益强烈，正是由于人类与自然环境的相互协同作用，在人类历史演进的过程中，人类与自然环境才会耦合发展演进。

（2）人地矛盾原理

人与地作为相对独立的一个整体系统的不同构成部分，存在客观差异和矛盾的对立。主要表现如下：人与地不同的发展秩序和节奏的对立；人类对满足自身发展无限需求与地能够供给的资源环境要素在数量上存在一定的矛盾；自然生态系统中人类与其他生物物种在生存空间和生存资源上的相互竞争、相互融合。人地矛盾原理表明：人地系统发展过程中出现的人与地之间的矛盾是难以避免的，人地关系的发展过程实际上是系统内部矛盾不断产生、不断克服转化的辩证发展过程。通过提高土地资源承载力，改善社会生产力方式，人地关系在改造—适应、适应—超越、超越—制约、制约—转化的循环过程中得以进步和发展。

（3）人地作用加速原理

加速原理是当代西方经济学中关于收入或消费量的变动如何引起投资量变动的一种理论（张健君，1985）。在人地关系系统发展过程中，采用提高技术水平、增加要素投入、科学调配资源等方式，可使人地关系中的相互作用程度迅速升级。在经历了以地为核心、以人为核心、以人地共同体为核心的转移过程后，科学技术生产力的加速发展推动了人地关系的演进历程；人类对"地"的作用速度及其累积效应呈指数递增；自然环境对人类的反馈效应和人类对自然环境的依赖越来越强；人地关系系统朝着速度加快、程度加深、影响愈深、作用方式日益复杂化的态势发展。

十一、循环经济理论

1. 循环经济的概念内涵

"循环经济"一词由美国经济学家波尔丁（Boulding）于 1966 年提出，按照波尔丁的观点，循环经济是指在人、自然资源和科学技术的大系统内，在资源投入、企业生产、产品消费及废弃的全过程中，将传统的依赖资源消耗的线性增长模式转变为依靠生态循环来发展的模式，以缓解自然资源枯竭和生态环境破坏的问题（周兵和黄志亮，2006）。诸大建（1998）在总结国外生态效率、生态产业园区、静脉产业等思想的基础上，首次对循环经济的概念、内涵、原则以及构建循环经济的产业体系等方面进行了比较全面的介绍。此后，国内循环经济的理论研究和实证分析不断深入（曾绍伦等，2009）。关于循环经济的不同表述方法实际上是对循环经济的不同认识，在此可以把它们归纳为三类。

1）人与自然环境关系角度，循环经济主张人类的社会经济活动要自觉遵守自然生态规律，维持生态动态平衡。从这一角度出发，循环经济的本质为尽可能地少用不可替代资源和较多利用循环可替代资源。

2）生产技术层次角度，循环经济主张清洁生产和环境保护，在技术层次上，循环经济是与传统经济活动的"资源消费→产品→废物排放"开放（或称为单程）型物质流动模式相对应的"资源消费→产品→再生资源"闭环型物质流动模式。其技术特征表现为资源消耗的减量化、再利用和资源再生化。其核心是提高生态环境的利用效率（解振华，2004）。这类观点认为，循环经济是一种新经济形态，但它们所说的经济形态实际上是技术层面上的物质循环模式，而没有涉及生产关系和生产要素问题。

3）生态经济角度，循环经济是一种新的经济形态，可将循环经济看作一种现代生态经济，认为它建立在可持续发展战略思想的指导下。这类观点特别强调"资源消费→产品→再生资源"的循环反馈经济流程（王缉林，2016）。资源消耗的减量化、再利用、资源再生化都是生态经济模式的表征形式。循环经济的本质是对人类生产关系进行调整，目标是追求可持续发展。

2. 循环经济发展模式的基本准则

国内大多数学者认为，"3R"（reduce, reuse, recyle，也有人认为第三个 R

是 resource）原则是循环经济的基本原则（李兆前和齐建国，2004）。①减量化原则：减少进入生产和消费流程的物质，又称减物质化。换言之，必须预防废弃物的产生而不是产生后治理。②再利用原则：尽可能多次以及尽可能多种方式地使用物品。通过再利用，可以防止物品过早成为垃圾。③再循环（资源化）原则：尽可能多地再生利用或资源化。资源化能够减少对垃圾填埋场和焚烧场的压力。资源化包括原级资源化和次级资源化两种方式。其中，原级资源化是将消费者遗弃的废弃物资源化后形成与原来相同的新产品；次级资源化是将废弃物变成不同类型的新产品。

3. 循环经济的测度方法

生态效率是目前国内测度循环经济发展水平的核心方法，实践中主要基于生态效率，通过构建指标体系达到全面测度循环经济发展水平的目的。目前，指标体系的构建侧重资源产出、资源消耗、资源综合利用、废物处置量四大类指标，但经济社会发展指标、生态环境质量指标、绝对减量指标、预防性指标等也逐渐受到关注。以生态效率为核心的测度方法对指导循环经济实践做出了重大贡献，但这种"效率中心"的测度方法仍存在亟须完善的地方（陆学和陈兴鹏，2014）。

十二、危机与创新

工业革命以来，科学技术改变了人类的生产和生活方式，赋予了人类改造自然的强大力量。但是，由于人类不加限制地使用这种力量从自然环境中获取利益，在全球范围内已经造成了不可逆转的生态危机、环境危机和资源危机。生态危机主要表现为由生物多样性锐减导致的生态失衡。环境危机主要表现为全球性的气候变化和多形态的环境污染。资源危机主要表现为化石能源和矿物资源的衰竭。这三类危机并非相互独立，而是相互联系、相互影响的（卢风和陈杨，2018）。

为了应对人类社会出现的危机，经济增长与资源消耗"脱钩"，在经济发展过程中，经济增长与资源消耗之间的依赖程度从强关联到弱相关，并逐渐减弱，最后呈现不相关态势（王泽宇等，2017）。危机主要包括：资源短缺、资源比较优势丧失、环境承载力超限（图 2-2）。为应对危机，资源利用形式相应发生了三大转变：①从开发资源生产潜力向保护资源生产潜力转变；②从依赖自然资源向依靠人力资本转变；③从资源基础型向科学基础型转变。也就是说，随着科技进步对经济增长贡献率的不断增大，经济增长将摆脱传统粗放式消耗资源型增长模式。

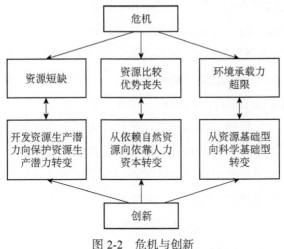

图 2-2　危机与创新

十三、扰沌模型

扰沌是一个概念性的词语，于 1860 年由比利时植物学家和经济学家保罗·埃米尔（Paul Emile）首次提出，指的是一种包含所有其他事物的具体治理形式。

扰沌理论是研究系统涨落机制的一种理论与方法。扰沌是描述复杂适应性系统进化本质的术语，提供了跨尺度的联结模式，嵌套在适应性循环中（王琦妍，2011b）。适应性循环大致可以看作某个复杂系统的一个生命周期，可分为四个阶段，即 γ 阶段、κ 阶段、Ω 阶段、α 阶段（图 2-3）。在 γ 阶段（开发 γ），系统经历比较快的增长，然后进入一个缓慢而保守的 κ 阶段（保护 κ）。在此期间，系统的连接度和稳定性增加，并且积累了资本。对于经济或社会系统，其积累了资本如技术、人际关系网等。这些增加的资本不仅能被本系统使用，也可能被其他系统使用。当进入 κ 阶段时，聚集的养分和生物量越来越为系统所固持，而排斥其他竞争者对其的使用，即系统的连接度增加、控制力越来越强，而这最终导致过度连接和僵硬的控制，系统的恢复力降低，最后意外不可避免地发生。这时系统进入 Ω 阶段（释放 Ω），此时，在某种外界的干扰下，系统将发生一种突然变化，释放其逐渐积累和固持的资源，而系统的组织严密性丧失。随后，系统进入 α 阶段（更新 α），系统进行重新组织，有可能重复上一循环，也可能进入新的不同的循环。此外，也可把适应性循环看作由两个半环组成，即 γ 阶段和 κ 阶段组成前半环，Ω 阶段和 α 阶段组成后半环。在前半环，系统的发展基本上是确定的、可预测的，而后半环则是不确定的、不可预测的，发生了一种"创造性毁灭"。而扰沌则是以适应性循环为层次组成的一个等级系统（Gunderson and Holling，2002；Walker et al.，2004；Beisner et al.，2003）。

在扰沌不同层次之间的不同阶段，会存在各种联系，尤其是当高层次处于 κ 阶段，且处于僵化和脆弱状态时。在此过程中，存在比较关键的两类：一类是"反抗"，用来描述小尺度的变化，但可穿越到更广泛的空间尺度或更长时间尺度，使低层次的相互作用在一定时间产生高层次的适应性循环（余中元等，2014）。另一类是"记忆"，即在某一层次发生灾变后的重生过程中，适应性循环处于 κ 阶段的上一层次，对其具有很大影响。

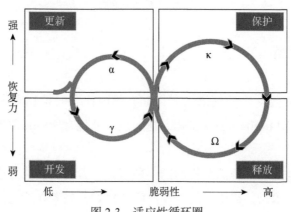

图 2-3　适应性循环圈

在扰沌结构的最后一个阶段，适应性循环既是创新的，不断适应变化；也是保守的，保存了自身，在低层次上的适应性循环可看作高层次的某种试验，创新和保守不断博弈。具体表现在：背景创新；增量创新，即前向回路阶段；间断创新，即适应性循环圈的 Ω 阶段。

十四、生命有机体

1. 概念内涵

生命是最复杂的自然现象，是物质运动达到的最高境界。有机体是具有生命的个体的统称，包括植物和动物，如最低等、最原始的单细胞生物，以及最高等、最复杂的人类。在不同的学科背景下，关于有机体的定义会有不同的含义，在许多学科如心理学、生物学、经济学中都有涉及。在心理学中，有机体被定义为：广义上的"学习"乃是有机体适应环境的手段，泛指有机体因经验而发生的行为的变化。在生物学中，有机体又被称为机体，泛指一切有生命的、能实现全部生命活动的生物个体。例如，病毒、原核生物、真核原生生物、植物和动物等。在经济学中，企业作为生态系统中的生命有机体，与生物个体存在诸多相同点，同样具有生存与发展的欲望，具有成长、衰老和死亡的生命周期过程以及遗传与变异的特性，必须不停地与外界进行物质、能量和信息交换，并遵从优胜劣汰的自然法则（张燕，2007）。

2. 生命有机体的具体特征

（1）整体性

有机世界的系统比无生命有机体系统复杂得多，每个有机体系统都具有不同的内部结构、潜在的联系通道，各个子系统与有机世界的系统之间彼此联系、互相影响、共同发展。从细胞到个体、社会、生态系统，每一个环节都存在复杂性，生命有机体系统还具有一定的反馈机制，这是无生命有机体系统不具备的特性。但是，生命系统的复杂性不是随机的，而是有一定组织的。生命有机体系统在发展过程中需要遵循一定的科学规律，适应社会和自然环境，有组织、有序地发展。

（2）遗传与变异

所有的有机体都有从历史上进化的遗传程序，遗传程序的一个特性是其可以控制自身准确地复制自己和其他生命系统（如细胞）。创新是生命有机体的生存之本，生命有机体需要不断地进行改革，打破一切束缚其发展的枷锁，不断注入新的活力。

（3）竞争性

有机体只有适应环境才能生存。生命有机体必须遵从竞争规则，适应社会发展的要求，才能在激烈的竞争中生存和发展。大多数有机体都会按照自身发展规律、竞争原则、社会发展变化的需求，不断调整策略，改变自身的经营方案。

（4）应激性

当环境发生变化时，生命有机体将采取相应的措施改变策略，以便适应变化了的环境。不断地加强应激反应能力，可使生命有机体结构趋于优化且保持相对稳定。

（5）新陈代谢

新陈代谢是生命有机体进行一切生命活动的基础，不断与外界环境进行能量、物质信息交换，获得自身的积累，才能维持自身的生存和发展，并不断壮大自身。

第三章

海洋经济可持续发展的分析方法

第一节　海洋产业生态系统适应性研究方法

一、集对分析

集对是由具有一定联系的两个集合组成的基本单位。集对是集对分析和联系数学中最基本的一个概念，是由赵克勤在 1989 年正式提出的一种定量分析理论（赵克勤，2000），用于解决多目标决策和多属性评价。

集对分析的基本思路是：在一定的问题背景下，对所论两个集合所具有的特性做同、异、反分析并加以度量刻画，得到这两个集合在所论问题背景下的同异反联系度表达式。例如，将有关联集合 Q、T 看作一个集对 B，并按照集对的某一特性在问题 E 的背景下，建立其确定与不确定关系。联系度 μ 用公式表示为

$$\mu = \frac{S}{N} + \frac{F}{N}i + \frac{P}{N}j = a + bi + cj \qquad (3\text{-}1)$$

集对 B 中，有 N 个特性数，其中 S、F 和 P 分别为集合 Q 与 T 的同一、差异性和对立个数，且 $N=S+F+P$。i 和 j 是差异度和对立度系数，且规定 i 取值在 $[-1,1]$，j 值恒为 -1。$a=S/N$、$b=F/N$、$c=P/N$ 分别为同一度、差异度、对立度，$a+b+c=1$。

根据集对分析思想，设人海关系地域系统脆弱性问题为 $E = \{H, I, W, X\}$，评价方案 $H = \{h_1, h_2, \cdots, h_m\}$，每个评价方案有 n 个指标 $I = \{i_1, i_2, \cdots, i_n\}$，指标权重 $W = \{w_1, w_2, \cdots, w_n\}$，评估指标值记为 $d_{kp}(k=1, 2, \cdots, m;\ p=1, 2, \cdots, n)$，则问题 E 的评价矩阵 D 为

$$D = \begin{pmatrix} d_{11} & d_{12} & \cdots & d_{1n} \\ d_{21} & d_{22} & \cdots & d_{2n} \\ \vdots & \vdots & & \vdots \\ d_{m1} & d_{m2} & \cdots & d_{mn} \end{pmatrix} \qquad (3\text{-}2)$$

确定最优方案集 $X = \{x_1, x_2, \cdots, x_n\}$ 和最劣方案集 $Y = \{y_1, y_2, \cdots, y_n\}$。集对 $B\{H_k, U\}$ 在区间 $\{X, Y\}$ 上的联系度 μ 为

$$\begin{cases} \mu_{(H_k, U)} = a_k + b_k i + c_k j \\ a_k = \Sigma w_p a_{kp} \\ c_k = \Sigma w_p c_{kp} \end{cases} \qquad (3\text{-}3)$$

式中，a_{kp} 和 c_{kp} 分别为评价矩阵 D 中 d_{kp} 的同一度和对立度。

当评价指标（d_{kp}）为正向时：

$$\begin{cases} a_{kp} = \dfrac{d_{kp}}{x_p + y_p} \\ c_{kp} = \dfrac{x_p y_p}{d_{kp}\left(x_p + y_p\right)} \end{cases} \qquad (3\text{-}4)$$

当评价指标（d_{kp}）为负向时：

$$\begin{cases} a_{kp} = \dfrac{x_p y_p}{d_{kp}\left(x_p + y_p\right)} \\ c_{kp} = \dfrac{d_{kp}}{x_p + y_p} \end{cases} \qquad (3\text{-}5)$$

方案 H_k 与最优方案的贴近度 r_k 定义式为

$$r_k = \frac{a_k}{a_k + c_k} \qquad (3\text{-}6)$$

r_k 反映了被评价方案 H_k 与最优方案集合 X 的贴近度。r_k 越大，表明贴近度越高，待评价对象就越接近最优评价标准。

二、适应性函数法

1. 计算子系统适应性评价指数

由于海洋产业生态系统适应性评价指标体系的结构层次特征明显，为了充分反映这一特征，本书采用递阶多层次综合评价方法计算海洋产业子系统和海洋环境子系统两个子系统的适应性评价指数，公式为（王明涛，1999）

$$AB^Z = \prod\left[\sum\left(Z_{ij} w_i\right)\right]^{w_r} \qquad (3\text{-}7)$$

式中，AB^Z 为子系统适应性指数；Z 为海洋产业子系统和海洋环境子系统；Z_{ij} 为各具体指标的标准化值；w_i 为各具体指标的权重值；w_r 为第三层次指标的权重值。

2. 计算系统适应性评价综合指数

海洋产业生态系统的整体特征是通过海洋产业子系统和海洋环境子系统两个子系统复合相互作用而表征的，因此采用加权求和方法计算海洋产业生态系统适应性综合指数。具体计算公式如下（戴全厚等，2005）：

$$AB = \sum_{k=1}^{2}(AB^{Z} w_{k}) \tag{3-8}$$

式中，AB 为海洋产业生态系统适应性综合指数；w_{k} 为第二层次指标的权重值；AB^{Z} 为子系统适应性指数。

借鉴物理学中的容量耦合（capacitive coupling）概念及容量耦合系数模型，可以得到海洋产业生态系统及各子系统耦合度：

$$C = \left\{ \frac{m(x) \times l(y)}{\left[m(x) + l(y)\right] \times \left[m(x) + l(y)\right]} \right\}^{1/2} \tag{3-9}$$

式中，C 为海洋产业子系统与海洋环境子系统耦合度；$m(x)$为海洋产业子系统适应性指数；$l(y)$为海洋环境子系统适应性指数。

耦合度是反映海洋产业生态系统耦合程度的重要指标，对于判别海洋产业生态系统及各子系统耦合作用的强度具有重要意义。然而，在某些情况下，耦合度对海洋产业生态系统及各子系统的整体"功效"与"协同"效应难以做出有效反应（刘耀彬和宋学锋，2005）。特别是在区域内部对比研究的情况下，仅依靠耦合度判断可能产生误导，因为每个省（自治区、直辖市）的海洋产业生态系统都有其动态和不平衡的特性。因此，进一步构造耦合协调度公式：

$$H = \sqrt{C \times \left[\alpha \cdot m(x) + \beta \cdot l(y)\right]} \tag{3-10}$$

式中，H 为海洋产业生态系统的耦合协调度；α、β 分别为海洋产业子系统和海洋环境子系统的权重，取 $\alpha=0.578$，$\beta=0.422$。根据前人的研究经验（胡喜生等，2013）和海洋产业生态系统的发展特征，对海洋产业生态系统耦合协调度进行分类：当 $0<H \leqslant 0.4$ 时，为低度协调耦合；当 $0.4<H \leqslant 0.6$ 时，为中度协调耦合；当 $0.6<H \leqslant 0.8$ 时，为高度协调耦合；当 $0.8<H \leqslant 1$ 时，为极度协调耦合。

第二节　海洋经济转型研究方法

一、熵权法

熵权法是指通过构建判断矩阵进行归一化处理，进而确定评价指标的熵，最终确定相关指标权重的一种客观赋权法。相对主观赋权法，熵权法具有客观性强、精确度高、适应性广的优点。海洋经济增长质量影响因素复杂多样，因此采用熵权法更有利于提高指标权重的客观性和准确性,减少人为因素的干扰。其主要步骤如下：

1）构建原始指标数据矩阵。m 为样本，X_{ij} 为第 i 年第 j 个指标的指标值。

2）数据标准化处理。

正向评价指标，其函数为

$$Y_{ij} = \frac{X_{ij} - X_{j\min}}{X_{j\max} - X_{j\min}} \tag{3-11}$$

逆向评价指标，其函数为

$$Y_{ij} = \frac{X_{j\max} - X_{ij}}{X_{j\max} - X_{j\min}} \tag{3-12}$$

式中，X_{ij} 为第 i 年第 j 个指标的指标值；$X_{j\max}$、$X_{j\min}$ 分别为同一指标的最大值和最小值。

3）计算第 j 个指标下第 i 年指标值的比重 P_{ij}：

$$P_{ij} = \frac{Y_{ij}}{\sum_{i=1}^{m} Y_{ij}} \tag{3-13}$$

4）计算第 j 个指标的信息熵 E_j：

$$E_j = -k \sum_{i=1}^{m} P_{ij} \ln P_{ij}, \quad k = \frac{1}{\ln m} \tag{3-14}$$

5）计算第 j 个指标的效用值 D_j：

$$D_j = 1 - E_j \tag{3-15}$$

6）计算第 j 个指标的权重 W_j：

$$W_j = \frac{D_j}{\sum_{i=1}^{m} D_i} \qquad (3\text{-}16)$$

7）对各项指标进行加权求和，计算各指标的数值。

二、空间相关性检验

Anselin（1988）认为，在分析科学模型中由于空间因素造成的特殊性，本书选择的研究对象是沿海 11 省（自治区、直辖市），它们在空间上具有密切的关联，因此可以运用空间计量模型进行研究。

地理事物之间在空间分布上具有相关性，且距离越近的区域相关性越强。以此为前提，在研究中国海洋经济转型影响因素及其空间效应之前，选取普遍认可的 Moran's I 进行空间相关性检验。Moran's I >0，表明海洋经济转型存在正相关，Moran's I <0，表明海洋经济转型存在负相关，Moran's I=0 表明海洋经济转型不相关，其绝对值越大空间相关性越强。计算公式如下：

$$\text{Moran'I} = \frac{\sum_{i=1}^{n}\sum_{j=1}^{n}(Y_i - \overline{Y})(Y_j - \overline{Y})}{S^2 \sum_{i=1}^{n}\sum_{j=1}^{n} w_{ij}} \qquad (3\text{-}17)$$

式中，$S^2 = \frac{1}{n}\sum_{i=1}^{n}(Y_i - \overline{Y})$，$\overline{Y} = \frac{1}{n}\sum_{i=1}^{n} Y_i$ 为 i 地区海洋经济增长质量，n 为地区总数；w_{ij} 为空间权重矩阵。

三、空间杜宾模型

空间相关性分析虽能检验不同空间样本间海洋经济转型是否存在空间交互行为，但对要素空间作用程度以及是否存在空间集聚或溢出效应不能进行准确判断。因此，需引入解释变量空间滞后项的空间杜宾模型（spatial Durbin model），来解决普通线性回归无法解释的空间依赖性问题，进而定量识别海洋经济转型空间特征的形成机制，为海洋经济精准化调整提供建议，其公式为

$$Y = \alpha + \rho WY + \beta X + \theta WX + \varepsilon \qquad (3\text{-}18)$$

式中，Y 为被解释变量；X 为解释变量；W 为空间权重；WX 为解释变量的空间滞后项；θ 为解释变量的空间滞后项系数；ε 为随机扰动项；α 为一般常数项；ρ 为滞后被解释变量的回归系数；β 为解释变量的回归系数。海洋经济转型的发展进程是海洋相关要素集聚与扩散的作用过程，空间回归系数（$W*dep.var$）显著为正表明海洋经济转型存在正向溢出的扩散效应，反之显著为负则为集聚效应（图 3-1）。同时，空间杜宾模型可估计解释变量的直接效应与间接效应。直接效应是指海洋要素对本地海洋经济转型的作用程度，间接效应亦为空间溢出效应，既包括本地区海洋要素对其他地区海洋经济转型的影响，也包括其他地区海洋要素对本地区海洋经济转型的影响。

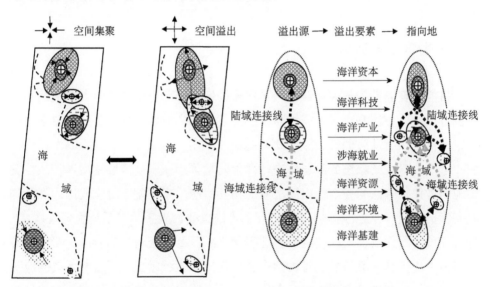

（a）海洋要素的空间效应示意图　　　　（b）海洋要素的空间溢出效应示意图

图 3-1　海洋经济空间效应形成示意图

在空间权重矩阵的选择上，"团状、块状"区域多以"0-1"矩阵、k 邻近算法等空间邻接矩阵为基础，并综合地理距离、交通时间、经济规模等构建空间权重矩阵。考虑到沿海地区地理分布特点和海洋经济差异性发展特征，对基于距离函数的空间邻接矩阵进行相应改善，将海洋经济生产总值异质性特征纳入空间权重构造过程，综合地理距离下沿海地区海域平均交通时间和海洋经济体规模大小对海洋经济增长质量的空间影响，构建海洋经济-地理距离权重矩阵：

$$W_{ij} = \begin{cases} 0, & i = j \\ \left(\dfrac{GOP_i}{GOP_j} \right)^{1/2} \cdot \dfrac{1}{d_{ij}}, & i \neq j \end{cases} \quad (3\text{-}19)$$

式中，GOP 为地区海洋经济生产总值；d 为两沿海城市海域平均交通时间；i 和 j 为不同沿海城市的空间样本。

第三节　人海关系地域系统脆弱性研究方法

一、脆弱性函数模型

目前，脆弱性函数模型评价法是在脆弱性评价研究中备受学者关注的一种评价方法。该方法基于对脆弱性内涵的理解，首先对脆弱性的各构成要素进行定量评价，然后从脆弱性构成要素间的相互作用关系出发，建立脆弱性评价模型。本书在对各子系统的脆弱性进行评价时均采用脆弱性函数模型评价法，突出脆弱性评价方法与脆弱性内涵之间的相互对应关系。基于对脆弱性内涵及构成要素的分析，从系统脆弱性的两个主要构成要素入手，对系统脆弱性（V）进行评价：①系统面对扰动的敏感性程度（S）；②系统对扰动所产生影响的应对能力（R）。作为系统脆弱性的两个主要构成因素，敏感性程度与系统的应对能力对系统脆弱性的作用方向是不同的。一个脆弱性较高的系统不仅对扰动影响的敏感性响应程度大，并且应对扰动影响的能力十分有限；一个脆弱性较低的系统对扰动影响的敏感性响应程度小，应对扰动影响的能力较强。因此，本书假设敏感性响应程度与应对能力对系统脆弱性的贡献是均等的，系统在扰动影响下的敏感性程度越高，应对扰动影响的能力越弱，则系统的脆弱性越高，即

$$V_i = \frac{S_i}{R_i} \quad (3\text{-}20)$$

式中，V_i 为子系统 i 的脆弱性程度；S_i 为子系统 i 的敏感性程度；R_i 为子系统 i 应对扰动影响的能力（苏飞和张平宇，2010）。

二、脆弱性的状态空间法

状态空间是欧氏几何空间用于定量描述系统状态的一种有效方法，通常由表示系统各要素状态向量的三维状态空间轴组成。该方法最初由毛汉英引入区域环境承载力评价研究中，并将其作为定量描述和测度区域承载力与承载状态的重要手段。

状态是系统科学常用的而不加定义的概念之一，指系统可以被观察和识别的状况、态势、特征等。如果能够正确区分和描述状态，就可以把握系统（邓波等，2004）。状态是定性描述系统性质的概念，一般可以用若干变量来表征，这些变量称为状态变量，以状态变量为元素组成的向量则称为状态向量。设 t_0 时刻系统的一组状态变量为 $x_1(t_0)$，$x_2(t_0)$，$\cdots$，$x_n(t_0)$，则相应的状态向量为 $X(t_0)=\left[x_1(t_0),\ x_2(t_0),\ \ldots,\ x_n(t_0)\right]^{\mathrm{T}}$。以状态向量为坐标轴支撑起来的欧氏几何空间即状态空间，状态空间中的每一个点称为状态点或相点，每一个相点对应着系统的一个具体状态。

沿海城市人海关系地域系统脆弱性状态空间是由沿海城市人海社会系统脆弱性（P）、人海经济系统脆弱性（E）、人海资源环境系统脆弱性（N）三个状态向量为坐标轴支撑起来的欧氏几何空间。在每个沿海城市人海关系地域系统的所有脆弱性状态中，原点的状态点是最稳定的（脆弱性趋于无穷小），沿海城市人海关系地域系统对应的社会子系统脆弱性（P_V）、经济子系统脆弱性（E_V）、资源环境子系统脆弱性（N_V）指数值在状态空间中就显示为三维状态空间中的一个状态点（V_i），用原点与三维空间状态点（V_i）所构成的矢量模（M）代表沿海城市人海关系地域系统脆弱性的大小。考虑到子系统的脆弱性对沿海城市人海关系地域系统整体脆弱性的贡献不同，分别赋予不同子系统的脆弱性以不同的权重，则沿海城市人海关系地域系统脆弱程度可表示为

$$V_i=|M|=\sqrt{W_1\mathrm{OP}_i^2+W_2\mathrm{OE}_i^2+W_3\mathrm{ON}_i^2} \tag{3-21}$$

式中，V_i 为沿海城市 i 的人海关系地域系统脆弱性指数；$|M|$ 为从原点 O 到状态点 V_i 的矢量模；W_1、W_2、W_3 分别为人海社会子系统脆弱性、人海经济子系统脆弱性、人海资源环境子系统脆弱性的权重（分别是 0.3、0.4、0.3）；OP_i 为沿海城市 i 人海社会子系统脆弱性指数值；OE_i 为沿海城市 i 人海经济子系统脆弱性指数值；ON_i 为沿海城市 i 人海资源环境子系统脆弱性指数值（苏飞和张平宇，2010）。

三、BP 神经网络法

（一）BP 神经网络基本原理

反向传播（back propagation，BP）神经网络是由以 Rumelhart 和 McCelland 为首的科学家小组于 1986 年提出，是目前应用最广泛的神经网络模型之一。BP 神经网络（图 3-2 和图 3-3）是一种按误差逆传播算法训练的、具有一层或一层以上隐含层神经元的多层前馈网络。网络模型拓扑结构包括输入层、若干个隐含层和输出层，每一层包含若干个神经元，层与层间的神经元通过权重和阈值相互连接。例如，给出第 j 个基本 BP 神经元（节点），它只模仿了生物神经元所具有的三个最基本也是最重要的功能：加权、求和与转移。其中，来自神经元 1，2，$\cdots$，i，$\cdots$，n 的输入，则分别表示神经元 1，2，$\cdots$，i，$\cdots$，n 与第 j 个神经元的连接强度，即权值为阈值，一般 BP 神经网络的权值和偏差的初始值最好取（-1，1）内的随机数为传递函数。一般地，隐含层可以是双曲正切 S 型函数等，输出层可以是线性函数、对数 S 型函数等，为第 j 个神经元的输出（王世春，2003）。

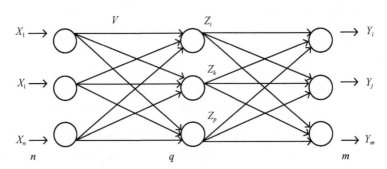

图 3-2   三层 BP 神经网络结构示意图

n 为输入层；q 为隐含层；m 为输出层

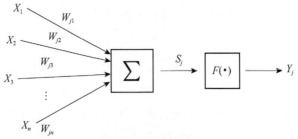

图 3-3   BP 神经元

X_1，X_2，$\cdots$，X_n 代表来自神经元的 1，2，$\cdots$，n 的输入；W_{j1}，W_{j2}，$\cdots$，W_{jn} 分别为 1，2，$\cdots$，n 与第 j 个神经元的连接强度；$F(\cdot)$ 为传递函数；Y_j 为第 j 个神经元的输出

第 j 个神经元的净输入值 S_j 为

$$S_j = \sum_{i=1}^{n} w_{ji} \times x_i + b_j = W_j X + b_j \quad (3\text{-}22)$$

式中，$X = \begin{bmatrix} x_1, & x_2, & \cdots, & x_i, & \cdots, & x_n \end{bmatrix}^{\mathrm{T}}$，$W_j = \begin{bmatrix} w_{j1}, & w_{j2}, & \cdots, & w_{ji}, & \cdots, & w_{jn} \end{bmatrix}$。$b_j$ 为阈值。若令 $x_0 = 1$，$w_{j0} = b_j$，则

$$X = \begin{bmatrix} x_0, & x_1, & x_2, & \cdots, & x_i, & \cdots, & x_n \end{bmatrix}^{\mathrm{T}}$$

$$W_j = \begin{bmatrix} w_{j0}, & w_{j1}, & w_{j2}, & \cdots, & w_{jn} \end{bmatrix}$$

于是，第 j 个神经元的净输入值 S_j 可表示为

$$S_j = \sum_{i=0}^{n} w_{ji} x_i = W_j X \quad (3\text{-}23)$$

净输入 S_j 通过传递函数 $F(\cdot)$ 后，便得到第 j 个神经元的输出 Y_j：

$$Y_j = F(S_j) = F\left(\sum_{i=0}^{n} w_{ji} x_i \right) = F(W_j X) \quad (3\text{-}24)$$

BP 神经网络能学习和存储大量的输入-输出模式映射关系，而无须事前揭示描述这种映射关系的数学方程。网络按有导师学习的方式进行训练，训练模式包括若干对输入模式和期望的目标输出模式。当将一对训练模式提供给网络后，网络先进行输入模式的正向传播过程，输入模式从输入层经隐含层处理向输出层传播，并在输出层的各神经元获得网络输出。当网络输出与期望的目标输出模式之间的误差大于目标误差时，网络训练转入误差的反向传播过程，网络误差按原来正向传播的连接路径返回，从输出层经隐含层修正各个神经元的权值，最后回到输入层，然后再进行输入模式的正向传播过程。这两个传播过程在网络中反复进行，使得网络误差不断减小，从而不断提高网络对输入模式响应的正确率，当网络误差不大于目标误差时，网络训练结束。BP 神经网络的工作流程如图 3-4 所示。

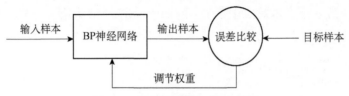

图 3-4 BP 神经网络工作流程图

（二）BP 神经网络评价的训练

BP 算法由数据流的前向计算（正向传播）和误差信号的反向传播两个过程

构成。正向传播时，传播方向为输入层→隐含层→输出层，每层神经元的状态只影响下一层神经元。若在输出层得不到期望的输出，则转向误差信号的反向传播过程。通过这两个过程的交替进行，使网络误差函数达到最小值，从而完成信息提取和记忆过程。

1. 正向传播

设 BP 神经网络的输入层有 n 个节点，隐含层有 q 个节点，输出层有 m 个节点，输入层与隐含层之间的权值为 V_{ki}，隐含层与输出层之间的权值为 W_{jk}，隐含层的传递函数为 $F_1(\cdot)$，输出层的传递函数为 $F_2(\cdot)$，则隐含层节点 Z_k 的输出为

$$Z_k = F_1\left(\sum_{i=0}^{n} V_{ki} X_i\right), \quad k=1, 2, \ldots, q \qquad (3\text{-}25)$$

输出层节点的输出为

$$Y_i = F_2\left(\sum_{k=0}^{q} W_{jk} Z_k\right), \quad j=1, 2, \ldots, m \qquad (3\text{-}26)$$

至此，BP 神经网络就完成了 n 维空间向量对 m 维空间的近似映射。

2. 反向传播

（1）定义误差函数

输入 P 个学习样本，用 x^1，x^2，x^3，$\cdots$，x^P 来表示，当第 p 个样本输入网络后得到输出 $y_j^p = (j=1, 2, \cdots, m)$。采用平方型误差函数，于是得到第 p 个样本的误差 E_p：

$$E_p = \frac{1}{2}\sum_{j=1}^{m}\left(t_j^p - y_j^p\right)^2 \qquad (3\text{-}27)$$

式中，t_j^p 为第 p 个样本对应于第 j 个的期望输出；y_j^p 为第 p 个样本对应于第 j 个的实际输出。

对于 p 个样本，全局误差为

$$E = \frac{1}{2}\sum_{p=1}^{p}\sum_{j=1}^{m}\left(t_j^p - y_j^p\right)^2 = \sum_{p=1}^{p} E_p \qquad (3\text{-}28)$$

（2）输出层权值变化

采用累计误差 BP 算法调整 W_{jk}，使全局误差 E 变小，即

$$\Delta W_{jk} = -\eta \frac{\partial E}{\partial W_{jk}} = -\eta \frac{\partial}{\partial W_{jk}} \left(\sum_{p=1}^{p} E_p \right) = \sum_{p=1}^{p} \left(-\eta \frac{\partial E_p}{\partial W_{jk}} \right) \qquad (3-29)$$

式中，η 为学习速率。

定义误差信号为

$$\delta_{y_j} = -\frac{\partial E_p}{\partial S_j} = -\frac{\partial E_p}{\partial Y_i} \cdot \frac{\partial Y_i}{\partial S_j} \qquad (3-30)$$

式中，等号右侧第一项，$\dfrac{\partial E_p}{\partial Y_i} = \dfrac{\partial}{\partial Y_i} \left[\dfrac{1}{2} \sum_{j=1}^{m} \left(t_j^p - y_j^p \right)^2 \right] = -\sum_{j=1}^{m} \left(t_j^p - y_j^p \right)$，等号右侧

第二项 $\dfrac{\partial y_i}{\partial S_j} = F_2'\left(S_j \right)$ 为输出层传递函数的偏微分。

于是

$$\delta_{y_j} = \sum_{j=1}^{m} \left(t_j^p - y_j^p \right) F_2'\left(S_j \right) \qquad (3-31)$$

由链定理得

$$\frac{\partial E_p}{\partial W_{jk}} = \frac{\partial E_p}{\partial S_j} \cdot \frac{\partial S_j}{\partial W_{jk}} = -\delta_{y_j} Z_k = -\sum_{j=1}^{m} \left(t_j^p - y_j^p \right) F_2'\left(S_j \right) Z_k \qquad (3-32)$$

于是，输出层各神经元的权值调整公式为

$$\Delta W_{jk} = \sum_{p=1}^{p} \sum_{j=1}^{m} \eta \left(t_j^p - y_j^p \right) F_2'\left(S_j \right) Z_k \qquad (3-33)$$

（3）隐含层权值变化

$$\Delta V_{kj} = -\eta \frac{\partial E}{\partial V_{ki}} = -\eta \frac{\partial}{\partial V_{ki}} \left(\sum_{p=1}^{p} E_p \right) = \sum_{p=1}^{p} \left(-\eta \frac{\partial E_P}{\partial V_{ki}} \right) \qquad (3-34)$$

定义误差信号为

$$\delta_{zk} = -\frac{\partial E_p}{\partial S_k} = -\frac{\partial E_p}{\partial Z_k} \cdot \frac{\partial Z_k}{\partial S_k} \qquad (3-35)$$

式中，等号右侧第一项 $\dfrac{\partial E_p}{\partial Z_k} = \dfrac{\partial}{\partial Z_k} \left[\dfrac{1}{2} \sum_{j=1}^{m} \left(t_j^p - y_j^p \right)^2 \right] = -\sum_{j=1}^{m} \left(t_j^p - y_j^p \right) \dfrac{\partial y_i}{\partial Z_k}$，等号右

侧第二项 $\dfrac{\partial Z_k}{\partial S_k} = F_1'\left(S_k \right)$ 为隐含层传递函数的偏微分。

由链定理得

$$\frac{\partial y_i}{\partial Z_k} = \frac{\partial y_i}{\partial S_j} \cdot \frac{\partial S_j}{\partial Z_k} = F_2'\left(S_j \right) W_{jk} \qquad (3-36)$$

于是

$$\delta_{zk} = \sum_{j=1}^{m} \left(t_j^p - y_j^p\right) F_2'\left(S_j\right) W_{jk} F_1'\left(S_k\right) \tag{3-37}$$

由链定理得

$$\frac{\partial E_p}{\partial V_{ki}} = \frac{\partial E_p}{\partial S_k} \cdot \frac{\partial S_k}{\partial V_{ki}} = -\delta_{zk} x_i = -\sum_{j=1}^{m} \left(t_j^p - y_j^p\right) F_2'\left(S_j\right) W_{jk} F_1'\left(S_k\right) x \tag{3-38}$$

从而得到隐含层各神经元的权值调整公式为

$$\Delta V_{ki} = \sum_{p=1}^{p} \sum_{j=1}^{m} \eta \left(t_j^p - y_j^p\right) F_2'\left(S_j\right) W_{jk} F_1'\left(S_k\right) x_i \tag{3-39}$$

（三）BP 神经网络建模条件和步骤

1. 建模条件

为建立合理的 BP 神经网络模型，理论界提出了六个基本建模条件。

1)对于三层网络,输入层和隐含层节点数必须少于 $N-1$(N 为训练样本数),否则易造成系统误差与训练样本特性无关而趋于 0，同时网络模型可能没有泛化能力。

2）为尽可能地避免出现"过拟合"现象，在满足精度的前提下，取尽可能少的隐含层及其节点数。

3）目前，能且只能用从总样本中随机抽取的检验样本来监控训练过程，使其在出现"过拟合"现象前结束或取出现"过拟合"现象前的网络连接权值。

4)在一般情况下，要求训练样本数至少要多于网络连接权值数，通常为2～10 倍。

5）训练样本数少于网络连接权值数时，必须将所有样本分成几部分并将各部分轮流作为训练样本和检验样本(称为"轮训")，以避免网络训练时出现"过拟合"现象和多模式现象。

6）对一定的网络结构，可通过不断改变网络连接权值的初始值（一般是几十次）比较系统误差值的大小而得到全局最小值。

2. 建模步骤

1）样本数据的收集和分组。采用 BP 神经网络方法建模，要求收集尽可能多的和典型性好的样本数据，并将收集到的数据随机分成训练样本、检验样本（10%以上）和测试样本（10%以上）三个部分。

2）网络结构的确定方法。确定网络结构大小的最基本原则是，在满足精度要求的前提下，取尽可能紧凑的结构，即取尽可能少的隐含层数和隐含层节点数。一般地，取一个隐含层。隐含层节点数不仅与输入/输出层节点数有关，还与需解决问题的复杂程度和转换函数形式等因素有关。目前，各种文献提出的确定隐含层节点数的计算公式都是针对训练样本任意多和最坏的情况，一般不宜采用。合理的隐含层节点数可在综合考虑网络结构复杂程度和误差大小的情况下，用节点删除法和扩张法确定。

3）网络初始权值。网络初始权值直接决定了 BP 算法收敛到全局极小点还是局部极小点，因此要求程序必须能够改变网络初始权值。

4）网络模型的训练。BP 神经网络模型的训练就是通过不断调整网络权值，使网络模型输出值与已知训练样本输出值之间的误差平方和达到最小或小于某一期望值。目前，在给定有限个训练样本的情况下，如何设计一个合理的 BP 神经网络模型，并通过向所给的有限个训练样本的学习来逼近样本所蕴含的规律（函数关系）（不仅仅是使训练样本的误差达到很小）的问题，在很大程度上还需要依靠先验知识和设计者的经验。因此，通过训练样本的学习（训练）建立合理的 BP 神经网络模型的过程，是一个复杂而又十分烦琐和困难的过程。由存在性结论可知，即使每个训练样本的误差都很小，也不意味着建立的模型已有效逼近训练样本所蕴含的规律。判断建立的模型已有效逼近样本所蕴含的规律，应该也必须用随机抽取的非训练样本（本书称为检验样本和测试样本）误差的大小来表示和评价。最直接和客观的指标是，非训练样本误差（通常是均方根误差等）和训练样本误差一样小或稍大，若相差很多，则说明建立的模型没有有效逼近训练样本所蕴含的规律，只是在这些训练样本点上逼近而已。对于同一网络结构，通过选取多组不同的网络初始权值（通常是几十组，由问题的复杂程度而定）对网络进行训练，选取没有发生"过拟合"现象时的精度较高的网络连接权值。

5）合理网络模型的确定。一般地，随着网络结构的变大，误差变小。通常，在网络结构扩大（隐含层节点数增加）的过程中，误差会出现一个迅速减小然后趋于稳定的阶段，合理隐含层节点数应取误差迅速减小后基本稳定时的隐含层节点数。具有合理隐含层节点数时的网络连接权值构成的模型就是合理网络模型。总之，合理网络模型是具有合理隐含层及其节点数、训练时没有发生"过拟合"现象、求得全局极小点，同时考虑网络结构复杂程度和误差大小的综合结果。

第四节　弹性研究方法

一、综合指数法

1）数据标准化处理。由于各指标之间量纲的不同，为确保数据之间具有可比性，首先对其进行标准化处理，具体如下：

正向评价指标，其函数为

$$Y_{ij} = \frac{X_{ij} - X_{j\min}}{X_{j\max} - X_{j\min}} \qquad (3\text{-}40)$$

逆向评价指标，其函数为

$$Y_{ij} = \frac{X_{j\max} - X_{ij}}{X_{j\max} - X_{j\min}} \qquad (3\text{-}41)$$

式中，Y_{ij} 为第 j 个城市第 i 个指标的标准化值；$j = 1, 2, \cdots, n$ 为城市的总个数；X_{ij} 为第 j 个城市第 i 个指标的原始值；$X_{j\max}$、$X_{j\min}$ 分别为同一指标的最大值和最小值。

2）熵权法确定权重系数。为了避免主观因素对评价结果造成偏差，在此采用熵权法确定指标权重。首先对原始数据进行标准化处理，然后利用第 i 个指标的效用值除以各指标效用值之和，从而得到权重指数，具体方法如下：

$$W_j = \frac{H_j}{\sum_{j=1}^{m} H_j}, \ 1 \leqslant j \leqslant m \qquad (3\text{-}42)$$

式中，W_j 为第 j 个指标的权重值；H_j 为第 j 个指标的效用值。

3）通过数据标准化处理和权重计算，现将城市分系统各指标的标准化值与其权重相乘再求和，得到辽宁省城市分系统弹性指数，进而求得辽宁省城市弹性指数，计算公式如下：

$$\mathrm{CRI}_i = \sum_{i=1}^{n} r_i W_i \qquad (3\text{-}43)$$

式中，CRI_i 为城市分系统弹性指数；W_i 为指标的权重；n 为分系统弹性指数包含的指标数；r_i 为指标的量化指标值。

$$\mathrm{CRI} = \sum_{j=1}^{m} (\mathrm{CRI}_i)_j W_j \qquad (3\text{-}44)$$

式中，CRI 为城市弹性指数；$(\mathrm{CRI}_i)_j$ 为城市分系统弹性指数；m 为准则层的个数；W_j 为准则层要素的权重；i、j 分别为第 i 个指标和第 j 个城市。

二、灰色关联分析

　　万事万物都是相互联系的，因此剖析事物的内部联系是必要的，而对于事物之间的影响因素，有时只需分清主次，对其排序即可，不一定需要特别复杂的量化。依据排序结果，便可区分出主要因素和次要因素，从而为相关领域提出合理建议。在这一背景下，灰色关联分析便应运而生，其计算方法不仅简单而且使用方便，基本思想是根据序列曲线几何形状的相似程度来测度因素序列与特定序列间联系的紧密程度。城市系统是一个开放的巨系统，其弹性的影响因素是复杂多变的。由于各指标是依据城市弹性的内涵选取的，城市弹性与各指标是总体和组分的关系，弹性大小的影响因素直接体现在各个指标上，而灰色关联分析能很好地对各指标的影响大小进行排序，对于提高城市弹性程度具有更直接的意义。灰色关联计算步骤如下：

　　第一步，确定特征序列和因素序列。进行灰色关联分析，首先要确定参照的特征序列和被比较的因素序列。记特征序列为 $X_0(k)$，共采集 n 个数据，即 $X_0(k) = \{X_0(1),\ X_0(2),\ \cdots,\ X_0(n)\}$，$k = 1,\ 2,\ \cdots,\ n$，记因素序列为 $X_i(k)$，其中有 m 个子序列，即 $X_i(k) = \{X_i(1),\ X_i(2),\ \cdots,\ X_i(m)\}$，$i = 1,\ 2,\ \cdots,\ n$。

　　第二步，求各序列的初值像。

$$X_i' = [x_i'(1), x_i'(2), \cdots, x_i'(m)]^T, i = 1, 2, \cdots, n \qquad (3\text{-}45)$$

　　第三步，求差序列。

$$\Delta_i(k) = |x_0(k) - x_i(k)|, \Delta_i = [\Delta_i(1), \Delta_i(2), \cdots, \Delta_i(n)], k = 1, \cdots, m; i = 1, 2, \cdots, n \quad (3\text{-}46)$$

式中，n 为被评价对象的个数。

　　第四步，求两极最大差与最小差。

$$M = \max_i \max_k \Delta_i(k), m = \min_i \min_k \Delta_i(k) \qquad (3\text{-}47)$$

　　第五步，求关联系数。

$$\xi_i(k) = \frac{\min\limits_{i}\min\limits_{k}\Delta_i(k) + \rho \cdot \max\limits_{i}\max\limits_{k}\Delta_i(k)}{\Delta_i(k) + \rho \cdot \max\limits_{i}\max\limits_{k}\Delta_i(k)}, k = 1, 2, \cdots, m \qquad （3-48）$$

式中，ρ 为分辨系数，在（0,1）内取值，若 ρ 越小，数间差异越大，区分功能越强，通常 ρ 取 0.5。

第六步，计算关联度。

$$r_i = \frac{1}{m}\sum_{k=1}^{m}\xi_i(k) \qquad （3-49）$$

第五节　海洋渔业经济可持续发展研究方法

一、模糊综合评价模型

模糊评价是根据给出的评价标准和实测值，经过模糊变换对事物做出评价的一种方法。海洋渔业可持续发展受到生态环境、经济和社会发展的综合影响，因此评价可持续发展必须同时考虑多种因素，这种评价难以用一个简单的数值来表示，即常常带有模糊性，这时就可以采用模糊综合评价。

设给定两个有限域：

$$U = \{U_1, U_2, \cdots, U_n\}, V = \{V_1, V_2, \cdots, V_n\} \qquad （3-50）$$

式中，U 为综合评价因素所组成的集合；n 表示各个要素；V 为最终评语所组成的集合。取 U 上的模糊子集 A 和 V 上的模糊子集 B，通过模糊关系矩阵 R，则有如下模糊变换：

$$A \cdot R = B \qquad （3-51）$$

式中，A 为 U 中诸因素 U_i 按其对各事务的影响程度，分别赋予不同权重所组成的模糊子集；R 为总的单因子判别矩阵；模糊子集 $B=（B_1, B_2, \cdots, B_m）$ 即最终综合评价的结果，由模糊子集 A 与模糊关系矩阵 R 合成而得。

综合考虑海洋渔业可持续发展的各项因素，得到可持续发展水平的总体评价结果，其模糊综合评价的步骤如下：

1）分析影响因素，建立可持续利用指标体系和单项指标的评价标准。

2）计算评价指标权重，建立权重模糊子集 A。采用评价因素贡献率的方法确定权重向量，考虑各种指标对可持续发展的影响，根据其在综合作用中的大小分别赋予不同的权重，其计算公式为

$$W_{ij} = \frac{X_{ij}}{\sum\limits_{j=1}^{m} S_{j0}} \qquad (3\text{-}52)$$

式中，W_{ij} 为第 i 个地区第 j 个指标的权重值；X_{ij} 为第 i 个地区第 j 个指标的特征值；S_{j0} 为第 j 个指标标准值的平均值。利用式（3-52）计算出的权重值可能出现大于 1 的情况，而模糊数学运算只允许在[0，1]连续取值，因此各单项权重值还需做归一化处理，归一化公式为

$$A_{ij} = \frac{W_{ij}}{\sum\limits_{j=1}^{m} W_{ij}, \sum\limits_{j=1}^{m} A_{ij} = 1} \qquad (3\text{-}53)$$

以此求得各项指标的权重值后，组成一个权重值的模糊矩阵 A。

3）计算隶属度，建立模糊关系矩阵 R。

进行可持续发展评价的因子有 j 个，评价标准由 k 个类别组成，用 S_{jk} 表示第 j 个指标的第 k 级标准值，用 r_{ij} 表示第 i 个地区第 j 个指标可以被评价为第 k 级标准的可能性，即 j 对 k 的隶属度（$k=1，2，\cdots，p$），由此，可持续发展评价因子与评价标准的模糊关系矩阵 R 为

$$R = \begin{bmatrix} r_{11} & r_{12} & \cdots & r_{1p} \\ r_{21} & r_{22} & \cdots & r_{2p} \\ \vdots & \vdots & & \vdots \\ r_{j1} & r_{j2} & \cdots & r_{jp} \end{bmatrix} \qquad (3\text{-}54)$$

对于第 i 个地区来说，其隶属函数公式如下：

$$r_{jk} = \begin{cases} 0, & X_{ij} \leqslant S_{jp} \text{或} X_{ij} \geqslant S_{jp} \\ \dfrac{X_{ij} - S_{j(k-1)}}{S_{jk} - S_{j(k-1)}}, & S_{j(k-1)} < X_{ij} < S_{jk} \text{或} S_{j(k-1)} > X_{ij} > S_{jk} \\ \dfrac{S_{j(k+1)} - X_{ij}}{S_{j(k+1)} - S_{jk}}, & S_{jk} < X_{ij} < S_{j(k+1)} \text{或} S_{jk} > X_{ij} > S_{j(k+1)} \\ 1, & X_{ij} \geqslant S_{j1} \text{或} X_{ij} \leqslant S_{j1} \end{cases} \qquad (3\text{-}55)$$

式中，r_{jk} 为第 j 个指标的特征值对第 k 级标准的隶属度；S_{j1}、$S_{j(k-1)}$、S_{jk}、$S_{j(k+1)}$、

S_{jp} 分别为第 j 个指标的第 1 级、$k-1$ 级、k 级、$k+1$ 级、p 级的标准值。

4）建立综合评价模型，合成模糊子集，求得综合评价值。

$$B=A \cdot R \tag{3-56}$$

5）根据最大隶属度原则，判定可持续发展水平的等级。

二、灰色综合评估模型 GMI（1，1）

海洋渔业可持续发展的灰色评估基于这样一个事实：海洋渔业可持续发展系统是一个信息不完全或者不确知的灰色系统，其数学模型的关键是建立灰类型的白化权函数，即评估对象隶属某个灰色的程度。白化权函数分为高、中、低三种基本类型，其数学模型描述如下：

设高类下限为 H，中类中限为 M，低类上限为 L。记 d_{ij} 为 i 样点 j 指标的值，则各灰类白化权函数类别权系数计算公式分别为

$$f_1 = \begin{vmatrix} 1, & d_{ij} < H \\ \dfrac{d_{ij}-M}{H-M}, & M < d_{ij} < H \\ 0, & d_{ij} \leqslant M \end{vmatrix}, \quad f_2 = \begin{vmatrix} 0, & d_{ij} \geqslant H \\ \dfrac{H-d_{ij}}{H-M}, & M < d_{ij} < H \\ 1, & d_{ij} = M \end{vmatrix},$$

$$f_3 = \begin{vmatrix} 1, & d_{ij} \leqslant H \\ \dfrac{M-d_{ij}}{M-L}, & L < d_{ij} < M \\ 0, & d_{ij} \geqslant M \end{vmatrix} \tag{3-57}$$

灰色综合评估的计算步骤如下：

1）整理与归纳数据资料，构造样本矩阵。设评估样点数为 m，评估指标数为 n，则原始数据的样本矩阵如下：

$$D = \begin{vmatrix} d_{11} & d_{12} & ... & d_{1m} \\ d_{21} & d_{22} & ... & d_{2m} \\ \vdots & \vdots & & \vdots \\ d_{m1} & d_{m2} & ... & d_{mn} \end{vmatrix} \tag{3-58}$$

2）确定各指标的测度，并进行等级性或等测度变换。

3）确定各指标的类别界限，若分三类，可参考数据的平均值与标准差来确定，即以平均值为中类中限，加标准差为高类下限，减标准差为低类上限。

4）根据类别界限，分别构造各指标的白化权函数，并分别计算出各样点的指标类别权系数向量 σ：

$$\sigma_i = |\sigma_{i1}, \ \sigma_{i2}, \ \sigma_{i3}| \qquad (3\text{-}59)$$

式中，σ_{i1}、σ_{i2}、σ_{i3} 分别为样点 i 的高、中、低三个灰类的权系数。

5）确定各评估体系的指标权重，根据指标对评估目标的相对重要程度，对各指标赋予不同的权重，但不宜过细、过小、过偏，一般分为 2～3 个档次（如主要、次要、辅助）较为适宜，应在平均权重左右浮动，差距不要太大，最小值也不要低于 0.05，否则将会使整个指标有名无实。

6）计算评估样点的综合权系数矩阵，即将每个样点各指标的类别权系数进行同类加权求和，得到评估综合矩阵 δ，其行向量为

$$\delta_i = \left| \sum_{j=1}^{n} w_j \sigma_{i1}, \ \sum_{j=1}^{n} w_j \sigma_{i2}, \ \sum_{j=1}^{n} w_j \sigma_{i3} \right| \qquad (3\text{-}60)$$

式中，样点 $i=1, 2, \cdots, m$；指标 $j=1, 2, \cdots, n$；w_j 为指标权重。

7）判别各样点所属类型并画出三角坐标图。判断各样点所属灰类，即取综合权系数矩阵中各评估样点的行向量，其最大值所对应的灰类即该样点所属类型。为直观形象地表示评估结果的高、中、低三个类型，令权系数为 100%，其对边为各自权系数的起点 0，再将各边按 10% 等分，用权系数向量的值将各样点对应的点标在三角坐标中，再根据评估结果并结合实际情况，将相近的样点划分为同一类型。

8）利用归一化的权系数向量计算各样点的综合评分（采用百分制），评分计算公式为

$$F_i = (0.5\sigma_{i1} + 0.3\sigma_{i2} + 0.2\sigma_{i3}) \times 100 \qquad (3\text{-}61)$$

式中，F_i 为 i 样点的综合得分。

9）根据分值大小，对评估样点进行排序。

三、非期望产出的基于松弛测度模型

在测度决策单元的效率方面，数据包络分析（data envelopment analysis，DEA）方法已被证明是一种相当有效的工具。传统数据包络分析方法的应用主要集中于 CCR（A. Charnes & W.W. Cooper & E. Rhodes）等径向的或者角度的模型，这些模型的产出多基于期望产出，没有充分考虑投入、产出的冗余和松

弛性问题，也未能准确度量存在非期望产出时的效率值。Tone 提出了基于松弛测度（slacks-based measure，SBM）模型来处理非期望产出。将 n 个独立的决策单元（decision making unit，DMU）表示成 DMU$_j$（j=1，2，…，n）。x 和 y 分别为输入和输出变量，m 和 r 分别为输入变量和输出变量的个数。每个决策单元消耗 m 个投入 X_{ij}（i=1，2，…，m），生产 S_1 个期望产出 Y_g 和 S_2 个非期望产出 Y^b，则投入、期望产出和非期望产出三个向量分别用 $X \in R^m$、$Y^g \in R^{S_1}$、$Y^b \in R^{S_2}$ 来表示，定义矩阵 X、Y^g、Y^b 分别如下：

$$X = \left[x_1, \cdots, x_n \right] \in R^{m \times n} \tag{3-62}$$

$$Y^g = \left[y_1^g, \cdots, y_n^g \right] \in R^{S_1 \times n} \tag{3-63}$$

$$Y^b = \left[y_1^b, \cdots, y_n^b \right] \in R^{S_2 \times n} \tag{3-64}$$

其产生的可能集 P 定义如下：

$$P = \left\{ (x, y^g, y^b,) | \ x \geqslant X\lambda, y^g \leqslant Y^b \lambda, y^b \geqslant Y^b \lambda, \lambda \geqslant 0 \right\} \tag{3-65}$$

以 Tone 提出的考虑非期望产出的基于松弛测模型可表示为

$$p = \min \frac{1 - \dfrac{1}{m} \displaystyle\sum_{i=1}^{m} \dfrac{S_i^-}{x_{i0}}}{1 + \dfrac{1}{S_1 + S_2} \left[\displaystyle\sum_{r=1}^{S_1} \dfrac{S_r^g}{y_{r0}^g} + \displaystyle\sum_{r=1}^{S_2} \dfrac{S_r^b}{y_{r0}^b} \right]} \tag{3-66}$$

$$\text{s.t.} \begin{cases} x_0 = X\lambda + S^- \\ y_0^g = Y^g \lambda - S^g \\ y_0^b = Y^b \lambda - S^b \\ S^- \geqslant 0, S^g \geqslant 0, S^b \geqslant 0, \lambda \geqslant 0 \end{cases} \tag{3-67}$$

式中，$S = （S^-，S^g，S^b）$ 分别为投入、期望产出和非期望产出的松弛变量；λ 为权重向量；P 为目标函数，关于 S^-、S^g、S^b 是严格递减的，且 $0 \leqslant P \leqslant 1$。对于每一个被评价的决策单元，当且仅当 P=1 时，即 S^-=0、S^g=0、S^b=0 时，被评价的决策单元才是有效率的；若 P<1，说明被评价的决策单元是无效率的，在投入和产出方面还存在一定的改进空间。

关于海洋渔业可持续发展的分析方法较多，以上仅选取几种主要方法进行阐述。此外，如绿色 GDP 核算法，可以通过经济发展的货币化指标，衡量经济发展的真正质量；生态系统能值分析法，可以通过生态系统能值产出率与环境负载率的相对比较，判定海洋渔业经济可持续发展的水平。

四、三轴图法

　　海洋渔业经济可持续发展的研究需要明晰海洋渔业产业结构演变规律。海洋渔业包括海洋渔业第一产业、海洋渔业第二产业、海洋渔业第三产业。其中，海洋渔业第一产业包括海洋捕捞业、海洋养殖业等；海洋渔业第二产业包括海洋渔业、工业、建筑业；海洋渔业第三产业包括海洋渔业流通和服务业。可利用三轴图法对海洋渔业产业结构演变规律进行剖析，进而对海洋渔业经济可持续发展进行探讨。三轴图法是一种利用三次产业结构重心轨迹的动态变化来描述区域产业结构升级过程的方法。首先，在平面上选定一个原点，并从此点引出三条互成120°夹角的射线，分别记为 X_1 轴、X_2 轴、X_3 轴，轴尺度分别表示为三次产业产值占地区生产总产值的比重。其次，在分析时把一个地区某年的三次产业结构比重按第一、第二、第三产业依次标注在相应轴上，连接轴上各点便可得到一个年度结构三角形。最后，将不同年度的结构三角形绘在同一个三轴图上，则可通过三角形的变化形象地描述一个地区三次产业的构成分布与变化情况（图3-5）。

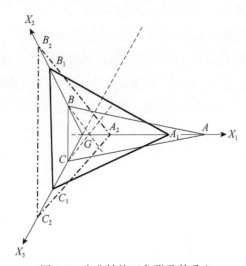

图 3-5　产业结构三角形及其重心

　　将三轴图的 X_1 轴和 X_2 轴作为平面仿射坐标系的坐标轴（轴尺度不变），建立仿射坐标系，则平面上任意一点都可以用其仿射坐标（X_1，X_2）表示。这样，仿射坐标轴和两轴角（120°）的角平分线把平面分为六个区域，依次记为区域1~6（图3-6）。利用仿射坐标单比的性质，容易证明：在仿射坐标系中，设一个三角形的三个顶点仿射坐标分别为 A_1（a_1，b_1）、A_2（a_2，b_2）、A_3（a_3，b_3），那么这个三角形的几何重心仿射坐标为 $[(a_1+a_2+a_3)/3, (b_1+b_2+b_3)/3]$，在此坐标系下，结构三角形的三个顶点坐标分别为 $A_1(X_1, 0)$、$A_2(0, X_2)$、$A_3(-X_3, -X_3)$，因此，重心 G 的仿射坐标为 $[(X_1-X_3)/3, (X_2-X_3)/3]$。从结构三角形形状的变化可以看出，国内生产总值在三次产业中分布情况的变化。进一步地，还可以通过结构三角形重心位置的变化轨迹形象地看出某一时期产业结构的变化状态，因此中心轨迹就是这一时期产业结构的变化轨迹。由此可知，重心落在哪一区域，仅与 X_1、X_2、X_3 的大小顺序相对应。例如，当重心落在第 1 区域时，$(X_1-X_3)/3>0$，$(X_2-X_3)/3>0$，$(X_1-X_3)/3>(X_2-X_3)/3$，化简得 $X_1>X_2>X_3$，对其他区域做类似分析可得到以下结论：

当且仅当，$X_3<X_2<X_1$ 时，G 落在第 1 区域；

$X_3<X_1<X_2$ 时，G 落在第 2 区域；

$X_1<X_3<X_2$ 时，G 落在第 3 区域；

$X_1<X_2<X_3$ 时，G 落在第 4 区域；

$X_2<X_1<X_3$ 时，G 落在第 5 区域；

$X_2<X_3<X_1$ 时，G 落在第 6 区域。

同时，仿射坐标轴和两轴角的角平分线把平面分为六个区域，分别记作区域 1~6。根据三角形重心的计算公式可知，当重心落在不同区间时，三次产业所占比重的大小顺序不同，于是可以通过每个年度结构三角形重心的变化轨迹，判断一段时期内地区产业结构的升级过程。当重心位置在同一区域内变化时，产业结构只发生了量的变化；而当重心位置跨区域变化时，产业结构则发生了质的变化。产业结构高级化的变化过程在三轴图中表现为重心由区域 1 逐步向区域 4 转移的过程，这一过程又有左旋和右旋两种模式（图 3-7）。

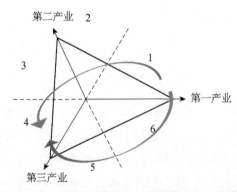

图 3-6 产业结构演进模式：左旋模式与右旋模式

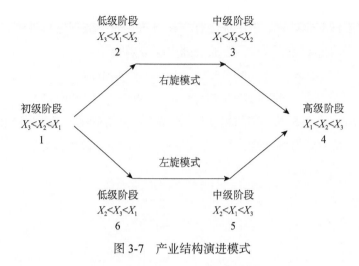

图 3-7　产业结构演进模式

1) 左旋模式：年度结构三角形的重心由区域 1 经区域 2、区域 3 最终进入区域 4。即某地区的产业结构起初以传统农业为主体，随后在工业化进程中第二产业所占比重不断上升并占据统治地位，最后随着经济的发展、收入水平的提高，人们对"服务"的需求不断增加，消费需求出现"超物质化"，第三产业所占比重不断上升，并最终占据主体地位。

2) 右旋模式：年度结构三角形的重心由区域 1 经区域 6、区域 5 最终进入区域 4。即某地区的产业结构起初第一产业占主体，但受地区发展条件、环境等因素的影响，第三产业在一定时期内超过第二产业先发展起来，但最终同样可以达到产业高级化阶段。

五、熵权 TOPSIS

熵权 TOPSIS（technique for order preference by similarity to an ideal solution）法是熵权法和 TOPSIS 法的组合。熵权法依托决策信息量来提高指标分辨率，可较为客观、真实、全面地反映指标数据中的隐含信息。TOPSIS 模型即为逼近理想解排序方法，是一种适用于解决有限方案中多目标决策问题的综合评价法。传统 TOPSIS 模型的权重是事先确定的，而基于熵权法改进的 TOPSIS 模型能很好地消除这一主观赋权对分析结果的影响。基于熵权 TOPSIS 的环渤海地区人海经济系统环境适应性评价方法基本步骤如下：

1）数据标准化处理。采用极差标准化方法对原始数据进行处理，对于指标性质为"+"和指标性质为"-"的处理方法分别为

$$r_{ij} = \frac{v_{ij} - \min(v_{ij})}{\max(v_{ij}) - \min(v_{ij})}, \quad r_{ij} = \frac{\max(v_{ij}) - v_{ij}}{\max(v_{ij}) - \min(v_{ij})} \tag{3-68}$$

式中，v_{ij} 为第 i 个指标第 j 年的初始值；r_{ij} 为第 i 个指标第 j 年的标准化值；$i=1$，2，$\cdots$，m，m 为评价指标数；$j=1$，2，$\cdots$，n，n 为评价年份数。

2）确定指标权重：

$$w_i = \frac{1 - H_i}{m - \sum\limits_{i=1}^{m} H_i} \tag{3-69}$$

式中，信息熵 $H_i = -1 \Big/ \ln n \sum\limits_{j=1}^{n} f_{ij} \ln f_{ij}$，$f_{ij}$ 为指标的特征比重。

3）构建评价矩阵。运用熵权 w_i 构建加权规范化评价矩阵 Y，计算公式为

$$Y = \left(y_{ij} \right)_{m \times n}, \quad y_{ij} = r_{mn} \times w_n \tag{3-70}$$

式中，y_{ij} 为第 i 个指标在第 j 年加权后的规范值；m 为评价指标数；n 评价年份数。

4）确定正负理想解。设 Y 评价数据中第 i 个指标在第 j 年的最大值，即最偏好的方案，称为正理想解；Y^- 则为最不偏好的方案，称为负理想解，计算公式为：

$$Y^+ = \left\{ \max_{1 \leqslant i \leqslant m} y_{ij} \,|\, i=1,2,\cdots,m \right\} = \left\{ y_1^+, y_2^+, \cdots, y_m^+ \right\} \tag{3-71}$$

$$Y^- = \left\{ \min_{1 \leqslant i \leqslant m} y_{ij} \,|\, i=1,2,\cdots,m \right\} = \left\{ y_1^-, y_2^-, \cdots, y_m^- \right\} \tag{3-72}$$

5）距离计算。令 D_j^+ 为第 i 个指标与 y_j^+ 的距离，D_j^- 为第 i 个指标与 y_j^- 的距离，计算公式为

$$D_j^+ = \sqrt{\sum_{i=1}^{m} \left(y_i^+ - y_{ij} \right)^2}, \quad D_j^- = \sqrt{\sum_{i=1}^{m} \left(y_j^- - y_{ij} \right)^2} \tag{3-73}$$

6）计算适应性要素与理想解的贴近度。令 T_j 为第 j 年适应性要素接近最优的程度，称为贴近度，T_j 越大，表明准则层指标越接近最优水平，计算公式为

$$T_j = \frac{D_j^-}{D_j^+ + D_j^-} \tag{3-74}$$

7）核算适应性得分。采用均方差赋权法分别测度系统层和准则层指标权重值。通过加权求和方法分别得出各系统层和人海经济系统环境适应性得分。

第四章

不同尺度下中国海洋产业生态系统可持续性的实证研究

第一节　环渤海地区海洋产业生态系统可持续性研究

一、研究区概况

环渤海地区自然地理条件优越，自然资源较为丰富，海域面积约 33 万平方公里，海岸线长度为 5956 公里，海洋经济密度为 3.01 亿元/公里（黄盛，2013）；环渤海地区是我国六大海洋经济区之一，海洋生产总值在六大海洋经济区中名列首位。随着天津滨海新区、河北曹妃甸区、渤海新区、山东蓝色半岛经济区、辽宁沿海经济带等海洋经济区域布局的形成，环渤海经济圈海洋经济发展速度加快，逐渐成为沿海地区转变经济发展方式的新引擎。2007 年，环渤海地区海洋生产总值为 9542 亿元，占全国海洋生产总产值的比重为 38.3%[①]。经过多年的发展，环渤海地区已建立起较完备的海洋产业体系，海洋渔业、海洋盐业、海洋化工业、海洋船舶业、海洋生物医药业、滨海旅游业等尤为突出。但近年来，环渤海地区的海洋经济发展并不稳定，海洋经济增长速度有所下滑。2014 年，环渤海地区海洋生产总值为 22 152 亿元，占全国海洋生产总值的比重为 37.0%，相比 2007 年下降了 1.3 个百分点[②]。究其原因，具体表现如下：①海洋产业结构不合理、海洋新兴产业比重小、过度依靠传统海洋产业、发展缓慢、呈现后劲不足的现象；②区域发展差异较大，海洋产业发展不平衡；③在海洋产业发展过程中产生的海洋生态破坏、环境污染等问题日益显性化，并随之产生了一系列社会问题。因此，增强海洋产业生态系统的可持续发展能力和耦合性，已成为环渤海地区迫在眉睫的任务，科学测度海洋产业生态系统的可持续发展能力则成为科学发展观背景下准确把握环渤海地区开发方向与目标、海陆统筹的关键所在。本章以环渤海地区三省一市（河北省、辽宁省、山东省、天津市）为研究区域进行海洋产业生态系统可持续发展能力及耦合性测度研究，具有明显的代表性。

[①]《辽宁统计年鉴 2008》。
[②]《辽宁统计年鉴 2015》。

二、研究方法与数据获取

（一）评价指标体系构建

构建科学合理的指标体系是对环渤海地区海洋产业生态系统可持续发展能力做出科学、系统、合理判断的基础。遵循可持续发展的科学性原则、层次性和可比性原则、完备性与简明性原则、相关与动态性原则，根据海洋产业生态系统的概念及可持续性的特征，可将海洋产业生态系统可持续发展能力评价指标体系分成四个层次。第一层次反映海洋产业生态系统总体可持续发展水平。第二层次为系统层，反映海洋各子系统的可持续发展能力状况，包含海洋产业、海洋生态、海洋社会三个子系统可持续发展能力指标。第三层次为结构层，反映各子系统可持续发展能力的影响要素，其中海洋产业子系统包含海洋产业规模、产业活力、产业结构三个影响要素；海洋生态子系统包含海洋生态压力、生态响应、生态条件三个影响要素；海洋社会子系统包含社会人口、生活质量、教育和科研三个影响要素。第四层次为基础指标，绝大部分指标可以通过统计资料直接获取，部分指标需要通过计算获得，主要包括：①产业系统结构熵，反映产业系统的结构发育程度，计算公式为 $X_1 = -\sum_{k=0}^{n} P_i \cdot \ln P_i$，$P_i$ 为第 i 种产业占地区生产总值的比重，n 为第 n 种产业；②海洋第三产业增长弹性系数，计算公式为海洋第三产业增长弹性系数＝海洋第三产业增长率/海洋生产总值增长率；③非渔产业结构指数，计算公式为非渔产业结构指数＝海洋第二、第三产业产值之和/海洋就业人口；④海洋产业竞争优势指数，为海洋产业劳动生产率与海洋产业资本产出率之乘积；⑤产业结构转换速率，反映产业系统对环境变化的调整能力，计算公式为 $X_2 = \sqrt{\sum (C_i - C_j)^2 \cdot M_i / C_j}$，$C_i$ 为第 i 产业平均增长速率，C_j 为地区生产总值年均增长速率，M_i 为第 i 产业占地区生产总值的比重；⑥海洋产业区位熵，本地区海洋生产总值占全部地区海洋生产总值的比重与本地区生产总值占全部地区生产总值的比重之比。

（二）数据标准化

正向评价：

$$Z_{ij} = \frac{Z_{ij} - Z_{j\min}}{Z_{j\max} - Z_{j\min}} \tag{4-1}$$

负向评价：

$$Z_{ij} = \frac{Z_{j\max} - Z_{ij}}{Z_{j\max} - Z_{j\min}} \tag{4-2}$$

式中，Z_{ij} 为具体指标的标准化值；$Z_{j\max}$、$Z_{j\min}$ 分别为同一指标的最大值和最小值；i 为第 i 个样本；j 为第 j 个指标。

（三）权重确定

由于主观因素会带来误差，为了增强研究的客观性，在此采用均方差赋权法来确定环渤海地区海洋产业生态系统可持续发展能力评价体系中各层次指标的权重。

1. 基础层指标权重的确定

随机变量的均值：

$$E(G_i) = \frac{1}{n} \sum_{i=1}^{n} Z_{ij} \tag{4-3}$$

G_i 的均方差：

$$\partial(G_i) \sqrt{\sum_{i=1}^{n} \left[Z_{ij} - E(G_i) \right]^2} \tag{4-4}$$

指标 G_j 的权重系数：

$$w_i = \frac{\partial(G_i)}{\sum_{i=1}^{n} \partial(G_i)} \tag{4-5}$$

式中，w_i 为各具体指标的指标权重。

2. 要素层指标权重的确定

为提高评价结果的客观性，增强研究的科学性，对系统层（D_k）和结构层（A_r）指标采用客观赋权方法计算其权重。

（1）计算系统层和结构层指标属性值

采用线性加权求和方法计算系统层和结构层指标的属性值。计算公式为

$$D_k = A_r w_r \tag{4-6}$$

$$A_r = \sum Z_{ij} w_i \tag{4-7}$$

式中，D_k 为系统层指标属性值；w_r 为结构层指标权重；w_i 为各具体指标的指标权重；Z_{ij} 为具体指标的标准化值；A_r 为结构层指标属性值。

（2）计算系统层和结构层指标权重

采用均方差赋权方法，以系统层和结构层指标属性值为随机变量，计算出系统层和结构层指标的权重值 w_k 和 w_r（表4-1）。

表 4-1 环渤海地区海洋产业生态系统可持续发展能力评价指标体系

一层	系统层	权重	结构层	权重	具体指标	单位	权重
海洋产业生态系统可持续发展指标	产业子系统可行性	0.2013	产业规模	0.1132	海洋生产总值占地区生产总值的比重	%	0.0429
					人均固定资产投资	万元	0.0357
					人均海洋生产总值	万元	0.0356
			产业结构	0.0694	海洋第三产业增长弹性系数		0.0218
					海洋第二产业增长弹性系数		0.0205
					海洋产业结构熵		0.0422
			产业活力	0.0782	海洋产业竞争优势指数		0.0185
					非渔产业结构指数		0.0307
					海洋产业区位熵		0.0417
	生态子系统可协调性	0.4324	生态状态	0.1578	海洋观测台数	个	0.0344
					涉海湿地面积占国土面积的比重	%	0.0486
					人均海岸线长度	米	0.0506
			生态响应	0.1230	工业固体废物综合利用量	万吨	0.0445
					工业废水综合利用率	%	0.0340
					海洋自然保护区面积	平方公里	0.0402
			生态压力	0.1047	万元地区生产总值能耗	吨标准煤	0.0355
					工业废水排放量	万吨	0.0424
					工业固体废物产生量	万吨	0.0316
	社会子系统可接受性	0.3663	生活质量	0.0879	城镇居民人均可支配收入	万元	0.0335
					人均绿地面积	平方米	0.0356
					沿海地区风能发电能力	万千瓦	0.0318
			社会人口	0.1411	人口密度	人/公里^2	0.0418
					涉海就业人口	万人	0.0450
					城镇化水平	%	0.0411
			教育和科研	0.1247	海洋科技研究人员比重	%	0.0381
					海洋专业硕博生在校人数	人	0.0429
					海洋科技创新能力	—	0.0391

（四）评价方法与模型构建

1. 可持续发展能力评价

设环渤海地区海洋产业生态系统可持续发展能力为 S，则有

$$S=\alpha_1 S_1 + \alpha_2 S_2 + \alpha_3 S_3 \tag{4-8}$$

式中，S_1、S_2、S_3 分别为海洋产业子系统、海洋生态子系统、海洋社会子系统的可持续发展能力；α_1、α_2、α_3 分别为海洋产业子系统、海洋生态子系统、海洋社会子系统的权重。

以 S_1 为例：

$$S_1 = \sum_{m=1}^{n} \beta_m \sum_{i=1}^{Z} w_i Z_{ij} \tag{4-9}$$

式中，β_m 为海洋产业子系统中第 m 个结构层的权重；n 为海洋产业子系统中结构层个数；Z_{ij} 为海洋产业子系统中第 m 个结构层中第 i 项指标第 j 年的标准化值；w_i 为海洋产业子系统中第 m 个结构层第 i 个基础指标权重；Z 为该具体指标层指标数。S_2、S_3 的计算公式与 S_1 类似。

2. 耦合度模型

耦合是指两个或者两个以上系统或运动形式通过各种相互作用而彼此影响的现象，耦合度就是描述系统或要素相互影响的程度（刘耀彬和宋学锋，2005）。海洋产业子系统、海洋生态子系统、海洋社会子系统之间同样存在相互依存、相互制约的耦合关系，表现为压力-状态-响应之间的互动关系。海洋产业结构的演变会对海洋生态和社会带来压力，海洋生态的破坏也会制约海洋产业结构和社会的发展与提升。运用耦合度分析环渤海地区海洋产业子系统、海洋生态子系统、海洋社会子系统三者之间的相互关系可知，耦合度越高，海洋产业子系统、海洋生态子系统、海洋社会子系统发展越协调，海洋产业生态系统发育越好，海洋产业生态系统可持续发展能力越强。

由于海洋产业子系统、海洋生态子系统、海洋社会子系统是三个不同而又相互作用的系统，对各系统的耦合度进行评价一般采用几何平均法和线性加权法（胡喜生等，2013）。

海洋产业子系统综合评价函数为

$$m(x)=\sum_{i=1}^{m} a_j x_j \tag{4-10}$$

式中，a_j 为海洋产业子系统特征的指标权重；m 为指标个数；x_j 为海洋产业子系统第 j 个指标的标准化值。若计算的 $m(x)$ 数值越高，海洋产业结构的发展水平越合理；数值越低，海洋产业结构的发展水平越不合理。

海洋生态子系统综合评价函数为

$$l(y) = \sum_{i=1}^{m} b_j y_j \qquad (4\text{-}11)$$

式中，b_j 为海洋生态子系统特征的指标权重；m 为指标个数；y_j 为海洋生态子系统第 j 个指标的标准化值。若计算的 $l(y)$ 数值越高，海洋生态环境的发展状况越好；数值越低，海洋生态环境的发展状况越差。

海洋社会子系统综合评价函数为

$$n(z) = \sum_{i=1}^{m} c_j z_j \qquad (4\text{-}12)$$

式中，c_j 为海洋社会子系统特征的指标权重；m 为指标个数；z_j 为海洋社会子系统第 j 个指标的标准化值。若计算的 $n(z)$ 数值越高，海洋社会子系统的发展状况越好；数值越低，海洋社会子系统的发展状况越差。

借鉴物理学中的容量耦合（capacitive coupling）概念及容量耦合系数模型，可以得到海洋产业生态系统及各子系统的耦合度。

$$C = 2 \left(\frac{m(x) \times l(y)}{\left[m(x) + l(y) \right]^2} \right)^k \qquad (4\text{-}13)$$

式中，C 为海洋产业子系统与海洋生态子系统的耦合度；$m(x)$ 为海洋产业子系统指数；$l(y)$ 海洋生态子系统指数；k 为调节系数，$k=1/2$。

在环渤海地区内部对比研究的情况下，单纯根据耦合度判别有可能产生误导，因为不同省份的海洋产业生态系统都有其动态性和不平衡性。进一步地，构造海洋产业子系统与海洋生态子系统的耦合度公式：

$$H = \sqrt{C \times \left[\alpha \cdot m(x) \beta \cdot l(y) \right]} \qquad (4\text{-}14)$$

式中，H 为海洋产业子系统与海洋生态子系统的耦合度；α、β 分别为海洋产业子系统、海洋生态子系统的权重，取 $\alpha=0.578$，$\beta=0.422$。海洋产业子系统与海洋社会子系统的耦合度、海洋生态子系统与海洋社会子系统的耦合度含义同上。

根据前人的研究经验和环渤海地区海洋产业生态系统的发展特征，对耦合度进行分类：当 $0 < H \leqslant 0.4$ 时，为低度协调耦合；当 $0.4 < H \leqslant 0.5$ 时，为中度协调耦合；当 $0.5 < H \leqslant 0.65$ 时，为较高度协调耦合；$0.65 < H \leqslant 8$ 时，为高度协调耦

合；当 $0.8 \leqslant H < 1$ 时，为极度协调耦合。

（五）数据获取

研究涉及数据主要来自 2007～2014 年的《中国海洋统计年鉴》、《天津统计年鉴》、《河北经济年鉴》、《辽宁统计年鉴》、《山东统计年鉴》以及国家相关部门的统计公报。

三、结果分析

采用以上方法，计算出环渤海地区三省一市（河北省、辽宁省、山东省、天津市）海洋产业生态系统及各子系统可持续发展能力指数，并对海洋产业生态系统及各子系统进行耦合测度。

（一）环渤海地区可持续发展能力分析

1. 空间维度分析

山东省海洋产业生态系统可持续发展能力指数最高为 0.4168，辽宁省为 0.3367，天津市为 0.3333，最低的河北省为 0.1567；从海洋产业子系统可持续发展能力指数来看，呈现天津市>山东省>辽宁省>河北省的空间分布特征，天津市海洋产业子系统可持续发展能力指数最高为 0.5487，河北省海洋产业子系统可持续发展能力指数最低为 0.2668，两者相差 0.2819，差距较大。从海洋生态子系统可持续发展能力指数来看，呈现山东省>天津市>辽宁省>河北省的空间分布特征，最高的山东省海洋生态子系统可持续发展能力指数为 0.4211，天津市和辽宁省海洋生态子系统可持续发展能力指数分别为 0.3411 和 0.3221，最低的河北省海洋生态子系统可持续发展能力指数为 0.2494。从海洋社会子系统可持续发展能力指数来看，呈现山东省>辽宁省>天津市>河北省的分布特征，其中山东省海洋社会子系统可持续发展能力指数为 0.4189，辽宁省海洋社会子系统可持续发展能力指数为 0.3143，天津市海洋社会子系统可持续发展能力指数为 0.2152，河北省海洋社会子系统可持续发展能力指数为 0.2138。

2. 时间维度分析

如图 4-1 所示，环渤海地区海洋产业生态系统可持续能力不断增强，海洋产业生态系统可持续发展能力指数由 2006 年的 0.3677 上升到 2013 年的 0.5252；海洋产业子系统可持续发展能力指数由 2006 年的 0.3098 上升到 2013 年的 0.4224，其中 2006～2007 年和 2008～2009 年出现下降，主要原因是区域内部海洋第二、第三产业增长弹性系数下降；海洋生态子系统可持续发展能力指数由 2006 年的 0.4917 上升到 2013 年的 0.6222，其中 2007～2008 年出现下降，主要原因是工业废水排放量增加；海洋社会子系统可持续发展能力指数由 2006 年的 0.3017 上升到 2013 年的 0.5311。

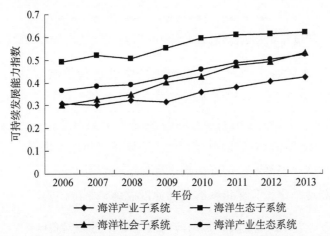

图 4-1　2006～2013 年环渤海地区海洋产业生态系统及各子系统可持续发展能力指数

3. 可持续发展能力分析

如图 4-2 所示，环渤海地区各省（直辖市）海洋产业生态系统可持续发展能力不断增强。天津市海洋产业生态系统可持续发展能力指数由 2006 年的 0.4003 上升到 2013 年的 0.5327；河北省海洋产业生态系统可持续发展能力指数由 2006 年的 0.2196 上升到 2013 年的 0.3359；辽宁省海洋产业生态系统可持续发展能力指数由 2006 年的 0.3854 上升到 2013 年的 0.5559；山东省海洋产业生态系统可持续发展能力指数由 2006 年的 0.4660 上升到 2013 年的 0.6763。2009 年以前辽宁省海洋产业生态系统可持续发展能力指数低于天津市，2009～2013 年辽宁省可持续发展能力指数高于天津市。2008 年后辽宁省海洋产业生态系统可持续发展能力发展较快，2012～2013 年发展速度放缓。

设 V_A、V_B、V_C 分别为海洋产业子系统、海洋生态子系统、海洋社会子系统可持续发展的演化速度。

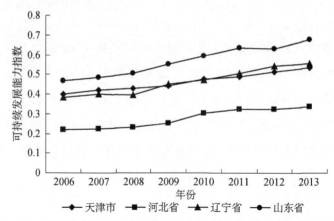

图 4-2　2006～2013 年环渤海地区各省（直辖市）海洋产业生态系统可持续发展能力指数

　　对环渤海地区海洋产业生态系统可持续性进行等级划分，划分标准见表 4-2。如表 4-3 所示，环渤海地区海洋产业生态系统的等级为：2007 年为产业衰退型；2008 年为生态脆弱型；2009 年为产业衰退型；2010～2013 年为综合可持续型。虽然环渤海地区海洋产业生态系统可持续发展能力等级较高，但近几年来海洋产业子系统、海洋生态子系统、海洋社会子系统、海洋产业生态系统处于不断波动中，且变化率的增加速度总体呈下降趋势。

表 4-2　环渤海地区海洋产业生态系统可持续评价标准

V_A	V_B	V_C	特点	类型
>0	>0	>0	海洋产业增长较快；海洋生态适宜；海洋社会稳定	综合可持续型
>0	>0	<0	海洋产业增长较快；海洋生态适宜；产业与生态相互制约较小；海洋社会发展落后	社会滞后型
>0	<0	>0	海洋生态环境恶化；海洋产业和社会对海洋生态的压力较大	生态脆弱型
<0	>0	>0	海洋生态环境和海洋社会环境稳定；海洋产业发展缓慢滞后	产业衰退型
>0	<0	<0	海洋产业增长较快；海洋生态恶化；海洋社会发展滞后	生态社会落后型
<0	<0	>0	海洋社会发展快速稳定；海洋生态恶化；海洋产业落后或衰退	产业生态落后型
<0	>0	<0	海洋生态适宜；海洋产业增长缓慢或倒退；海洋社会落后或倒退	产业社会落后型
<0	<0	<0	海洋生态恶化；海洋产业和海洋社会落后或倒退	不可持续型

表 4-3　2007～2013 年环渤海地区海洋产业生态系统可持续变化率

年份	海洋产业子系统可持续变化率	海洋生态子系统可持续变化率	海洋社会子系统可持续变化率	海洋产业生态系统可持续变化率
2007	−0.0304	0.0553	0.0875	0.0403
2008	0.0751	−0.0264	0.0580	0.0241
2009	−0.0192	0.0935	0.1606	0.0825
2010	0.1342	0.0771	0.0640	0.0873

年份	海洋产业子系统可持续变化率	海洋生态子系统可持续变化率	海洋社会子系统可持续变化率	海洋产业生态系统可持续变化率
2011	0.0563	0.0261	0.1100	0.0599
2012	0.0701	0.0044	0.0354	0.0315
2013	0.0402	0.0144	0.0781	0.0421

（二）环渤海地区海洋产业生态系统耦合分析

1. 空间维度分析

如表 4-4 所示，海洋产业子系统与海洋生态子系统耦合协调度呈现山东省>天津市>辽宁省>河北省的空间分布特征；海洋产业子系统与海洋社会子系统耦合协调度呈现山东省>辽宁省>天津市>河北省的空间分布特征；海洋生态子系统与海洋社会子系统耦合协调度呈现山东省>辽宁省>天津市>河北省的空间分布特征；海洋产业生态系统耦合协调度呈现山东省>辽宁省>天津市>河北省的空间分布特征；环渤海地区海洋产业生态系统耦合度与海洋产业生态系统可持续发展能力空间分布基本一致。其中，天津市海洋产业子系统与海洋生态子系统为较高度协调耦合，海洋产业子系统与海洋社会子系统、海洋生态子系统与海洋社会子系统、海洋产业生态系统的耦合度均为中度协调耦合；河北省海洋产业子系统与海洋生态子系统耦合度为中度协调耦合，海洋产业子系统与海洋社会子系统、海洋生态子系统与海洋社会子系统、海洋产业生态系统耦合度均为低度协调耦合；辽宁省海洋产业子系统与海洋社会子系统耦合度为较高度协调耦合，海洋产业子系统与海洋生态子系统、海洋生态子系统与海洋社会子系统、海洋产业生态系统耦合度均为中度协调耦合；山东省海洋生态子系统与海洋社会子系统耦合度为中度协调耦合，海洋产业子系统与海洋生态子系统、海洋产业子系统与海洋社会子系统、海洋产业生态系统耦合度均为较高度协调耦合。

表 4-4　环渤海地区海洋产业生态系统耦合协调度指数

地区	海洋产业子系统与海洋生态子系统耦合协调度	海洋产业子系统与海洋社会子系统耦合协调度	海洋生态子系统与海洋社会子系统耦合协调度	海洋产业生态系统耦合协调度
天津市	0.5001	0.4695	0.4126	0.4571
河北省	0.4018	0.3925	0.3177	0.3707
辽宁省	0.4661	0.5044	0.4392	0.4702
山东省	0.5131	0.5792	0.4844	0.5271

2. 时间维度分析

如表 4-5 所示，2006～2013 年环渤海地区海洋产业生态系统耦合度及各子系统耦合度总体均呈现上升趋势。其中，海洋产业子系统与海洋生态子系统耦合度由 0.4502 上升到 0.5463，由中度协调耦合上升到较高度协调耦合；海洋产业子系统与海洋社会子系统耦合度由 0.5794 上升到 0.6970，由较高度协调耦合上升到高度协调耦合；海洋生态子系统与海洋社会子系统耦合度由 0.4478 上升到 0.5450，由中度协调耦合上升到较高度协调耦合；海洋产业生态系统耦合度由 0.4606 上升到 0.6147，由中度协调耦合上升到较高度协调耦合。其中，海洋产业子系统与海洋社会子系统耦合协调度最好，耦合协调度等级最高，海洋生态子系统与海洋社会子系统耦合协调度最差。

表 4-5　2006～2013 年环渤海地区海洋产业生态系统耦合协调度指数

年份	海洋产业子系统与海洋生态子系统耦合协调度	海洋产业子系统与海洋社会子系统耦合协调度	海洋生态子系统与海洋社会子系统耦合协调度	海洋产业生态系统耦合协调度
2006	0.4502	0.5794	0.4478	0.4606
2007	0.4577	0.5907	0.4543	0.4721
2008	0.4590	0.5954	0.4647	0.4802
2009	0.4863	0.6281	0.4847	0.5183
2010	0.5075	0.6468	0.5130	0.5542
2011	0.5267	0.6700	0.5305	0.5843
2012	0.5393	0.6826	0.5298	0.5960
2013	0.5463	0.6970	0.5450	0.6147

（三）因子分析

1. 海洋产业子系统分析

环渤海地区海洋产业规模不断扩大，海洋产业结构不断优化，海洋产业活力不断增强；海洋生产总值、人均固定资产投资不断增加，2006～2013 年，天津市人均固定资产投资由 1.69 万元上升到 6.20 万元，河北省人均固定资产投资由 0.79 万元上升到 3.16 万元，辽宁省人均固定资产投资由 1.33 万元上升到 5.72 万元，山东省人均固定资产投资由 1.19 万元上升到 3.78 万元[①]。但环渤海地区海洋产业结构不尽合理，山东省、天津市、河北省都是"二、三、一"的海洋产业结构，与其他地区"三、二、一"的海洋产业结构相比不合理，辽宁省虽然形成了"三、二、一"的海洋产业结构，但海洋第二、第三产业产值较低，

---

① 2007～2014 年的《天津统计年鉴》《河北统计年鉴》《辽宁统计年鉴》《山东统计年鉴》。

海洋第一产业比重大。海洋第二产业比重始终居高不下且呈上升态势，使得环渤海地区海洋经济依然对海洋资源具有高度依赖性，海洋产业结构调整成效尚不能得到有效发挥，产业结构需要进一步优化调整。

2. 海洋生态子系统分析

环渤海地区海洋生态环境不断改善，海洋生态子系统可持续发展能力不断增强。海洋工业固体废物排放量减少，废弃物利用量不断增加，工业废水利用率不断提升；2013年天津市工业废水利用率已达到100%，河北省和山东省的工业废水利用率都达到99%，辽宁省工业废水利用率达到94%[①]；万元地区生产总值能耗不断下降，天津市万元地区生产总值能耗由2006年的1.069下降到2013年的0.563，河北省万元地区生产总值能耗由2006年的1.895下降到2013年的1.195，辽宁省万元地区生产总值能耗由2006年的1.775下降到2013年的1.031，山东省万元地区生产总值能耗由2006年的1.231下降到2013年的0.768[②]。但环渤海地区地形闭塞，海水交换能力差，海洋灾害频发，加之人口、工业密集，导致海洋自然保护区面积和人均海岸线长度减小，海洋生态环境压力很大。

3. 海洋社会子系统分析

环渤海地区区位条件优良，城镇化水平高，科技和创新水平领先，人口素质高，社会发展基础好。随着海洋产业的不断发展，沿海地区科技水平继续提升，基础设施建设进一步完善，人民生活质量不断提高，各项社会事业显著进步。城镇居民人均可支配收入、人均绿地面积、涉海就业人口不断增加。其中，天津市城镇居民人均可支配收入由2006年的14 283元上升到2013年的32 658元；河北省城镇居民人均可支配收入由2006年的10 305万元上升到2013年的22 580万元；辽宁省城镇居民人均可支配收入由2006年的10 370万元上升到2013年的25 578万元；山东省城镇居民人均可支配收入由2006年的12 192万元上升到2013年的28 264万元[③]。但区域内部海洋科技和人才实力差距较大，山东省的海洋科技实力具有绝对优势，天津市和辽宁省的海洋科技实力处于中上游水平，河北省的海洋科技实力最弱，山东省海洋科技对海洋经济的贡献率为50%，远远高出全国平均水平（20%）[④]，天津市、辽宁省和河北省的海洋科

---

① 《天津统计年鉴2014》《河北统计年鉴2014》《山东统计年鉴2014》《辽宁统计年鉴2014》。

② 《中国统计年鉴2014》。

③ 2007年和2014年的《天津统计年鉴》《河北统计年鉴》《辽宁统计年鉴》《山东统计年鉴》。

④ 《山东统计年鉴2014》。

技成果转化率较低，人才类型中从事基础海洋科技研究的人员居多，具有交叉学科知识的应用型研究人员和高层次海洋技术人员较少。海洋社会子系统与海洋生态子系统耦合度较低，在海洋社会发展过程中要注重海洋生态环境保护。

四、结论与讨论

本章提出了海洋产业生态系统的概念，设计了用以描述海洋产业生态系统可持续发展能力的评价指标，尝试运用耦合度模型确定了环渤海地区海洋产业生态系统及各子系统的耦合度，并对可持续发展能力及耦合度进行分类。通过对环渤海地区进行实例分析，可以得出环渤海地区海洋产业生态系统可持续发展能力及耦合度的特征。

1. 海洋产业生态系统可持续发展能力分析

从空间维度分析，环渤海地区可持续发展能力呈现山东省>辽宁省>天津市>河北省的空间分布特征。

从时间维度分析，环渤海地区海洋产业生态系统可持续发展能力不断增强，可持续能力等级提升。发展过程为：产业衰退型—生态脆弱型—产业衰退型—综合可持续型。

2. 海洋产业生态系统耦合度分析

从空间维度分析，环渤海地区海洋产业生态系统耦合协调度呈现山东省>辽宁省>天津市>河北省的空间分布特征，天津市海洋产业生态系统耦合协调度指数为 0.4571，为中度协调耦合；河北省海洋产业生态系统耦合协调度指数为 0.3707，为低度协调耦合；辽宁省海洋产业生态系统耦合协调度为 0.4702，为中度协调耦合；山东省海洋产业生态系统耦合协调度为 0.5271，为较高度协调耦合。

从时间维度分析，2006～2013 年环渤海地区海洋产业生态系统耦合协调度水平不断提升，海洋产业生态系统耦合度由 0.4606 上升到 0.6147，耦合度类型由中度协调耦合上升到较高协调耦合。

3. 因子分析

由环渤海地区海洋产业生态系统可持续发展能力及耦合度的影响因子分析，可以发现环渤海地区海洋产业生态系统可持续发展的优势和劣势，对环渤海地区的可持续发展具有一定的参考意义。

第二节　辽宁省海洋产业生态系统可持续性研究

一、研究区概况

辽宁省位于欧亚大陆东岸，我国东北地区南部，南临黄海、渤海，东与朝鲜一江之隔，与日本、韩国隔海相望，是东北地区唯一的既沿海又沿边的省份，也是东北地区对外开放的门户。辽宁省海岸线漫长曲折，类型复杂多样，东起鸭绿江口，西至山海关老龙头，海岸线长约 2100 公里，在沿海各省市中居第 5 位，占全国海岸线长的 12%，海域面积约 15 万平方公里，占全国海域面积的 3%[①]。沿海岛屿众多，辽宁省有海洋岛屿 506 个，占全国海洋岛屿总数的 7.7%，居全国第 5 位（王文翰和王冬，2002）。辽宁省海岸、海岛资源丰富，开发潜力大，海洋资源禀赋优良，海洋产业实力较强，陆域和海域交通体系发达，其发展对振兴东北老工业基地，完善我国沿海经济布局，促进区域协调发展和扩大对外开放，具有重要的战略意义。2014 年，辽宁省海洋经济生产总值近 4219 亿元，人均海洋生产总值为 0.96 万元[②]，然而随着经济发展与海洋环境协调发展的矛盾不断突出，海洋越来越成为陆域污染输出的空间载体。生活污水和工业废水入海排放量的增加、污染治理力度较弱，导致海水污染物浓度上升、海洋生物资源减少、海洋生态灾害频发，并随之产生了一系列海洋生态、环境问题，严重影响了辽宁省的可持续发展。因此，增强海洋产业生态系统的适应性，已成为辽宁省可持续发展迫在眉睫的任务。

二、研究方法与数据获取

具体方法详见本章第一节第二部分，在此不再过多赘述。

---

①《辽宁统计年鉴 2015》。
②《辽宁统计年鉴 2015》。

三、结果分析

（一）评价结果

计算辽宁省海洋产业生态系统及各子系统适应性指数，对海洋产业生态系统及各子系统适应性进行耦合协调测度并进行适应性分类。

1. 海洋产业生态系统总体分析

如图 4-3 和表 4-6 所示，2006～2013 年辽宁省海洋产业生态系统适应性整体呈逐渐上升趋势。总体来说，海洋产业生态系统三个子系统中海洋社会子系统适应性指数最高，适应能力最强；海洋产业子系统适应指数次之；海洋生态子系统适应性指数最低，适应能力最弱。

如图 4-3 和图 4-4 所示，2009～2012 年辽宁省海洋产业生态系统适应性指数上升较快，这主要得益于辽宁省沿海经济带的辐射带动。主要表现在：辽宁省海洋经济总量持续增长，海洋产业增加值不断增加，海洋产业结构得到进一步优化，海洋基础设施不断完善，货运量不断增加，海洋科技实力不断增强，海洋专业硕博士、海洋科技研究人员数量不断增加，海洋生态环境得到改善。

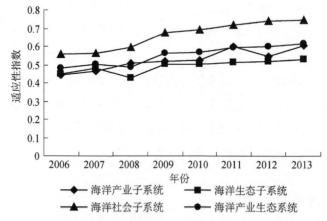

图 4-3　2006～2013 年辽宁省海洋产业生态系统及各子系统适应性指数

表 4-6　2006～2013 年辽宁省海洋产业生态系统适应性评价结果

年份	a_k	b_k	r_k
2006	0.1447	0.1569	0.4797
2007	0.1479	0.1461	0.5030

续表

年份	a_k	b_k	r_k
2008	0.1393	0.1472	0.4861
2009	0.1695	0.1308	0.5644
2010	0.1718	0.1296	0.5701
2011	0.1843	0.1254	0.5951
2012	0.1942	0.1288	0.6013
2013	0.1967	0.1227	0.6159

注：a_k为同一性；b_k为对立性；r_k为适应性

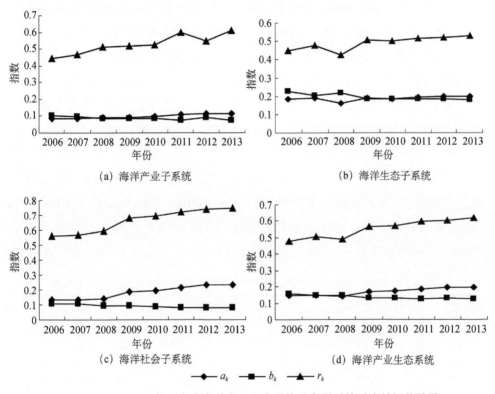

图 4-4　2006～2013 年辽宁省海洋产业生态系统及各子系统适应性评价结果

2. 海洋产业生态系统各子系统分析

（1）海洋产业子系统分析

在海洋产业子系统中，同一性由 2006 年的 0.0833 上升到 2013 年的 0.1160；对立性由 2006 年的 0.1036 下降到 2013 年的 0.0749，2009～2010 年和 2011～2012 年出现上升趋势，2009～2010 年由 0.0853 上升到 0.0873，2011～2012 年由 0.0744 上升到 0.0937；适应性由 2006 年的 0.4459 上升到 2013 年的 0.6076，

其中 2011~2012 年由 0.5985 下降到 0.5455,其主要原因是海洋产业生产总值占 GDP 的比重下降;海洋产业竞争优势指数及海洋产业区位熵的下降(表 4-7)。

(2)海洋生态子系统分析

在海洋生态子系统中,同一性由 2006 年的 0.1854 上升到 2013 年的 0.2006,2007~2008 年和 2009~2010 年出现下降趋势,2007~2008 年由 0.1878 下降到 0.1616,2009~2010 年由 0.1894 下降到 0.1863;对立性由 2006 年的 0.2270 下降到 2013 年的 0.1797,2007~2008 年出现上升趋势,由 0.2041 上升到 0.2188;适应性由 2006 年的 0.4496 上升到 2013 年的 0.5274,2007~2008 年和 2009~2010 年出现下降趋势,2007~2008 年由 0.4791 下降到 0.4248,2009~2010 年由 0.5038 下降到 0.5010。2007~2008 年,辽宁省海洋自然保护区面积锐减,涉海湿地面积占中国国土面积的比重和工业废水排放达标率的下降,使得海洋生态子系统适应性下降,但在 2008~2009 年海洋生态子系统适应性指数增长迅速,2010 年以后持续低速增长(表 4-7)。

(3)海洋社会子系统分析

在海洋社会子系统中,同一性由 2006 年的 0.1302 上升到 2013 年的 0.2366;对立性由 2006 年的 0.1035 下降到 2013 年的 0.0816,2006~2007 年出现上升趋势,由 0.1035 上升到 0.1051;适应性由 2006 年的 0.5572 上升到 2013 年的 0.7436,2008~2009 年增速最快,2009 年以后增速平稳,2012~2013 年增速放缓(表 4-7)。

表 4-7   2006~2013 年辽宁省海洋产业生态系统各子系统适应性评价结果

年份	海洋产业子系统			海洋生态子系统			海洋社会子系统		
	a_k	b_k	r_k	a_k	b_k	r_k	a_k	b_k	r_k
2006	0.0833	0.1036	0.4459	0.1854	0.2270	0.4496	0.1302	0.1035	0.5572
2007	0.0841	0.0960	0.4670	0.1878	0.2041	0.4791	0.1357	0.1051	0.5635
2008	0.0907	0.0869	0.5107	0.1616	0.2188	0.4248	0.1396	0.0959	0.5927
2009	0.0915	0.0853	0.5177	0.1894	0.1865	0.5038	0.1889	0.0901	0.6771
2010	0.0959	0.0873	0.5233	0.1863	0.1856	0.5010	0.1965	0.0867	0.6940
2011	0.1108	0.0744	0.5985	0.1953	0.1848	0.5137	0.2117	0.0832	0.7179
2012	0.1125	0.0937	0.5455	0.2006	0.1848	0.5204	0.2315	0.0818	0.7389
2013	0.1160	0.0749	0.6076	0.2006	0.1797	0.5274	0.2366	0.0816	0.7436

(二)适应性类型

运用耦合协调度模型对适应性进行分类,2006~2013 年辽宁省海洋产业生

态系统耦合协调度及各子系统耦合协调度总体都呈现上升趋势。海洋产业子系
统与海洋生态子系统耦合协调度由 2006 年的 0.5331 上升到 2013 年的 0.5912，
为较高度协调耦合，其中 2007～2008 年出现下降趋势，由 0.5488 下降到 0.5341；
海洋产业子系统与海洋社会子系统耦合协调度由 2006 年的 0.6295 上升到 2013
年的 0.7022，由较高度协调耦合上升到高度协调耦合；海洋生态子系统与海洋
社会子系统耦合协调度由 2006 年的 0.5404 上升到 2013 年的 0.6266，为较高度
协调耦合，其中 2011～2012 年出现下降趋势，由 0.6197 下降到 0.6133；海洋
产业生态系统耦合协调度由 2006 年的 0.5805 上升到 2013 年的 0.6967，由较高
度协调耦合上升到高度协调耦合，2006～2013 年出现了两次小幅度下降，其中
2007～2008 年由 0.5985 下降到 0.5954，2011～2012 年由 0.6829 下降到 0.6789。
海洋产业子系统与海洋社会子系统耦合协调度最好，海洋产业子系统与海洋生
态子系统耦合协调度最差，在海洋产业发展中，要加强对海洋生态环境的保护
（表 4-8）。

表 4-8   2006～2013 年辽宁省海洋产业生态系统适应性耦合协调度

年份	海洋产业子系统与海洋生态子系统耦合协调度	海洋产业子系统与海洋社会子系统耦合协调度	海洋生态子系统与海洋社会子系统耦合协调度	海洋产业生态系统耦合协调度
2006	0.5331	0.6295	0.5404	0.5805
2007	0.5488	0.6421	0.5469	0.5985
2008	0.5341	0.6287	0.5648	0.5954
2009	0.5675	0.6788	0.5908	0.6505
2010	0.5674	0.6817	0.5966	0.6550
2011	0.5845	0.6917	0.6179	0.6829
2012	0.5786	0.6987	0.6133	0.6789
2013	0.5912	0.7022	0.6266	0.6967

（三）因子分析

1. 海洋产业子系统分析

辽宁省海洋产业规模不断扩大，海洋产业结构不断优化，海洋产业活力不
断增强，海洋生产总值、人均固定资产投资不断增加。2006～2013 年，辽宁省
人均固定资产投资由 1.33 万元上升到 5.72 万元[①]。但辽宁省海洋产业结构不尽
合理，海洋第二、第三产业产值仍然较低，海洋第一产业比重大，海洋第二产

——————————
①《辽宁统计年鉴》（2007～2014 年）。

业比重始终居高不下且呈上升态势，使得辽宁省海洋经济依然无法摆脱对海洋资源的高度依赖，尚不能对海洋产业结构调整的成效实现有效发挥，产业结构需要进一步优化调整。在海洋产业发展中，海洋生态环境、社会问题突出，海洋产业子系统与海洋生态子系统耦合协调度较差。

2. 海洋生态子系统分析

辽宁省海洋生态环境不断改善，海洋生态子系统可持续发展能力不断增强。其中，海洋工业固体废物利用量不断增加，工业废水利用率不断提升，2006 年工业废水利用率已达到 94%[①]；万元地区生产总值能耗不断下降，由 2006 年的 1.775 下降到 2013 年的 1.031[②]，工业固体废物排放量不断减少。但辽宁省沿海地带地形闭塞，海水交换能力差，海洋灾害频发，加之人口、工业密集，导致海洋自然保护区面积和人均海岸线长度减小，海洋生态环境压力很大。同时，海洋产业子系统与海洋生态子系统耦合协调度最差。在海洋产业发展中，应更加注重海洋生态环境保护，实现辽宁省海洋产业、生态可持续发展。

3. 海洋社会子系统分析

辽宁省区位条件优良，城镇化水平高，科研和创新水平领先，人口素质高，社会发展基础好。随着海洋产业的不断发展，沿海地区科技水平进一步提升，基础设施建设持续增强，人民生活质量不断改善，各项社会事业显著提升，海洋社会子系统各状态层评价值均呈现明显上升态势，城镇居民人均可支配收入、人均绿地面积、涉海就业人口不断增加。辽宁省城镇居民人均可支配收入由 2006 年的 10 369.61 元上升到 2013 年的 25 578 元[③]；海洋科技研究人员数量、海洋专业硕博士生在校人数、海洋科技获奖数量不断增加，海洋科技实力不断增强。但辽宁省海洋科技成果转化率较低，海洋人才类型中从事基础海洋科技研究的人员居多，具有交叉学科知识的应用型研究人员和高层次海洋技术人员较少。

四、结论与讨论

本章提出了海洋产业生态系统的概念，设计了用以描述海洋产业生态系统

---

① 《辽宁统计年鉴 2007》。
② 《辽宁统计年鉴 2014》。
③ 《辽宁统计年鉴 2007》和《辽宁统计年鉴 2014》。

的适应性评价指标，尝试运用耦合协调度模型确定了辽宁省海洋产业生态系统及各子系统的适应性耦合协调度，并对耦合协调度进行分类。通过对辽宁省海洋产业生态系统可持续性进行分析，可以得到辽宁省海洋产业生态系统适应性及耦合协调度的特征。

1. 总体分析

2006～2013 年，辽宁省海洋产业生态系统适应性整体上呈逐渐上升趋势，海洋产业生态系统适应性指数由 0.4797 上升到 0.6159，2007～2008 年出现下降趋势，由 0.5030 下降到 0.4861；同一性由 0.1447 上升到 0.1967，2008～2009 年出现小幅度下降趋势；对立性由 0.1569 下降到 0.1227，2011～2012 年出现上升趋势，由 0.1254 上升到 0.1288。2007～2008 年部分适应性指数下降，主要原因在于海洋生态环境恶化，同时全球海洋经济不景气，且海洋经济外向性特征明显，产生了一系列海洋产业、社会问题。

2. 海洋产业子系统分析

2006～2013 年，辽宁省海洋产业子系统同一性由 0.0833 上升到 0.1160；对立性由 0.1036 下降到 0.0749，2009～2010 年、2011～2012 年出现上升趋势，2009～2010 年由 0.0853 上升到 0.0873，2011～2012 年由 0.0744 上升到 0.0937；适应性由 0.4459 上升到 0.6076，2011～2012 年出现下降趋势，由 0.5985 下降到 0.5455，其主要原因是海洋产业生产总值占国内生产总值的比重下降，由 2011 年的 15.1%下降到 2012 年的 13.5%[①]。海洋产业竞争优势指数及海洋产业区位熵的下降，使得海洋产业子系统适应性指数下降。

3. 海洋生态子系统分析

2006～2013 年，辽宁省海洋生态子系统同一性由 0.1854 上升到 0.2006，2007～2008 年和 2009～2010 年出现下降趋势，2007～2008 年由 0.1878 下降到 0.1616，2009～2010 年由 0.1894 下降到 0.1863；对立性由 0.2270 下降到 0.1797，2007～2008 年出现上升趋势，由 0.2041 上升到 0.2188；适应性由 0.4496 上升到 0.5274，2007～2008 年和 2009～2010 年出现下降趋势，2007～2008 年由 0.4791 下降到 0.4248，2009～2010 年由 0.5038 下降到 0.5010。2007～2008

———————

① 《辽宁统计年鉴 2013》。

年，辽宁省海洋自然保护区面积锐减，涉海湿地面积占中国国土面积的比重和工业废水排放达标率下降，使得海洋生态子系统适应性指数下降，2008～2009年适应性指数增长迅速，2010年以后持续低速增长。海洋生态子系统适应性指数在三个子系统中最低，在海洋产业发展中要加强对海洋生态环境的保护。

4. 海洋社会子系统分析

2006～2013年，辽宁省海洋社会子系统同一性由0.1302上升到0.2366；对立性由0.1035下降到0.0816，2006～2007年出现上升趋势，由0.1035上升到0.1051；适应性由0.5572上升到0.7436，2008～2009年增速最快，2009年以后增速平稳，2012～2013年增速放缓。辽宁省海洋科技、教育水平进一步提升，海洋基础设施不断完善，人民生活质量不断提高，使得海洋社会子系统在三个子系统中适应性指数最高，适应能力最强。

5. 耦合协调度分析

2006～2013年，辽宁省海洋产业生态系统耦合协调度及各子系统耦合协调度总体都呈上升趋势，耦合协调度提高。其中，海洋产业子系统与海洋生态子系统耦合协调度由0.5331上升到0.5912，为较高度协调耦合；海洋产业子系统与海洋社会子系统耦合协调度由0.6295上升到0.7022，由较高度协调耦合上升到高度协调耦合；海洋生态子系统与海洋社会子系统耦合协调度由0.5404上升到0.6266，为较高度协调耦合；海洋产业生态系统耦合协调度由0.5805上升到0.6967，由较高度协调耦合上升到高度协调耦合。海洋产业子系统与海洋社会子系统耦合协调度最好，海洋产业子系统与海洋生态子系统耦合协调度最差，在海洋产业发展中，要加强对海洋生态环境的保护。

6. 讨论

本节是针对2006～2013年辽宁省海洋产业生态系统适应性的研究，在时间上具有一定的局限性，难以反映辽宁省海洋产业生态系统适应性未来的发展变化，因此建立海洋产业生态系统适应性预测模型，对辽宁省海洋产业生态系统适应性进行预测分析，从而为辽宁省海洋产业生态系统适应性及可持续发展提供对策建议是今后研究的另一方向。

第三节　大连市海洋产业生态系统可持续性研究

一、研究区概况

大连市位于辽东半岛南端，地处黄渤海之滨，背依中国东北腹地，与山东半岛隔海相望，是中国东部沿海重要的经济、贸易、港口、工业、旅游城市，东北亚重要的航运中心。2010 年，大连市地区生产总值为 5158.06 亿元，居全国第 14 位，增速为 15.2%；2015 年，大连市地区生产总值为 7731.6 亿元，居第 17 位，增速为 5.8%；不仅低于全国平均水平，也低于同级其他城市①。20 世纪 90 年代以来，辽宁省沿海地区因快速工业化和城镇化带来的资源环境问题，引起了社会各界的广泛关注，使得建立与资源环境承载能力相适应的人海经济系统、增强人海经济系统的适应性，成为促进该区域经济发展方式转变的迫切要求。同时，自从辽宁沿海经济带的城市发展上升为国家战略，产业升级更成为振兴东北老工业基地的重中之重，进而成为国家"十三五"海洋强省战略的焦点。回顾关于大连市海洋资源环境与经济社会关系的研究，主要基于经济与环境协调发展度的时空演变、经济与海洋环境可持续发展、城镇化水平与资源环境压力的关联度、大连市人海经济系统、资源环境系统等方面。可见，在推进生态文明建设和海洋强国的战略背景下，面对我国海洋经济处于深度调整阶段，如何评估海洋产业生态系统环境适应性及其变化趋势？如何测度海洋资源环境和社会环境对海洋产业系统的支撑能力？如何判定目前所处的海洋产业生态系统适应阶段？海洋产业生态系统适应行为选择的适应模式是什么？应采取何种优化机制等，将成为大连市海洋经济发展过程中必须加以研究的问题。

二、评价指标体系与模型构建

具体方法详见本章第一节第二部分，在此不再赘述。其中，大连市海洋产业生态系统适应性评价指标体系见表 4-9。

---

① 《大连统计年鉴 2011》和《大连统计年鉴 2016》。

表 4-9 大连市海洋产业生态系统适应性评价指标体系

一层	二层	三层	具体指标及单位	指标说明	权重
海洋产业生态系统适应性综合指数	海洋产业子系统适应性指数 0.5784	敏感性 0.1840	海盐产量（万吨）	反映海洋产业系统的结构发育程度	0.0353
			海洋捕捞产量（万吨）	反映对海洋资源的攫取	0.0368
			渔业总产值占海洋生产总值的比重（%）	反映海洋渔业发展状况	0.0585
			海洋货物货运量（万吨）	反映海洋货运的发展	0.0535
		弹性 0.1776	海洋生产总值占地区生产总值的比重（%）	反映海洋经济对国内生产总值的贡献率	0.0432
			船舶工业总产值（亿元）	反映海洋船舶工业发展状况	0.0247
			人均海洋生产总值（万元）	反映人均海洋生产总值占有量	0.0373
			社会固定资产投资（万元）	反映地区吸引社会固定资产投资能力	0.0360
		稳定性 0.1977	海水养殖面积（万公顷）	反映海水养殖发展状况	0.0321
			旅游外汇收入（亿元）	反映海外旅游业发展状况	0.0515
			集装箱吞吐量（万箱）	反映海洋集装箱发展状况	0.0336
			生产用码头泊位数（个）	反映海洋码头停泊能力	0.0399
	海洋生态子系统适应性指数 0.4216	敏感性 0.1018	风暴潮灾害受灾面积	反映自然灾害对沿海地区的影响	0.0255
			工业废水排放量（万吨）	反映海洋环境污染状况	0.0461
			万元地区生产总值能耗	反映产业能耗水平	0.0412
			工业固体废物产生量（万吨）	产生工业固体废物总量	0.0353
		弹性 0.1544	海洋专业博士点数（个）	反映海洋高等教育状况	0.0488
			科学事业费支出占海洋生产总值的比重（%）	反映海洋产业科技支撑力度	0.0388
			工业固体废物综合利用率（%）	反映固体废物循环能力	0.0375
			教育支出占海洋生产总值的比重（%）	反映海洋高等教育发展状况	0.0814
		稳定性 0.1845	海洋观测台数（个）	反映海洋基础设施发展状况	0.0365
			人均水资源量（平方米）	反映人均水资源占有量	0.0326
			专业技术中海洋服务业从业人数（人）	反映海洋服务业发展状况	0.0516
			年治理废水、固体废物竣工项目（个）	反映海洋自然保护区发展状况	0.0439

三、结果分析

（一）从适应性分析

1. 海洋产业生态系统适应性总体分析

适应性是关于敏感性、弹性、稳定性的函数，如图 4-5 和表 4-10 所示，2000～

2012 年适应性总体呈上升趋势，适应性的影响因素弹性和稳定性不断上升，敏感性不断下降。敏感性由 2000 年的 0.5997 下降到 2012 年的 0.4036，2002~2003 年出现上升趋势；弹性由 0.2443 上升到 0.6468，弹性指数起步较低，但上升速度较快，说明大连市海洋产业生态系统在遇到外来环境变化时的调整能力、创新能力增长迅速；稳定性由 0.3911 上升到 0.6620，2000~2001 年出现下降趋势，由 0.3911 下降到 0.3688，稳定性一直处于较高水平，说明海洋产业生态系统在内外环境变化时维持自身原有状态的能力较强；适应性由 0.3582 上升到 0.6414。大连市海洋产业生态系统适应性及适应性影响因素总体可分为四个阶段。第一阶段为 2000~2001 年，这一阶段敏感性指数下降缓慢，稳定性指数迅速下降，导致海洋产业生态系统适应性指数下降；第二阶段为 2002~2007 年，这一阶段敏感性指数在波动中下降，但下降速度较慢，而稳定性指数和弹性指数增长较快，导致海洋产业生态系统适应性指数迅速提升；第三阶段为 2008~2009 年，这一阶段稳定性指数和弹性指数在经历迅速增长的阶段后增速放缓，为平稳增长阶段，同时敏感性指数下降速度也放缓，导致适应性指数缓慢提升；第四阶段为 2009~2012 年，这一阶段敏感性指数下降迅速，同时稳定性指数、弹性指数、适应性指数平稳增长且趋于一致。

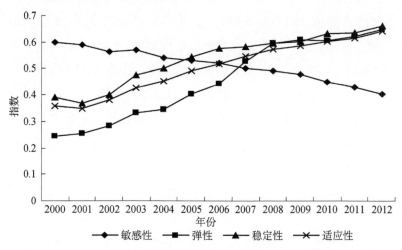

图 4-5　2000~2012 年大连市海洋产业生态适应性及其影响因素变化

表 4-10　2000~2012 年大连市海洋产业生态系统适应性及其影响因素指数

年份	海洋产业生态系统			
	敏感性	弹性	稳定性	适应性
2000	0.5997	0.2443	0.3911	0.3582
2001	0.5880	0.2531	0.3668	0.3499

续表

年份	海洋产业生态系统			
	敏感性	弹性	稳定性	适应性
2002	0.5639	0.2844	0.4006	0.3810
2003	0.5683	0.3308	0.4739	0.4267
2004	0.5393	0.3441	0.5029	0.4512
2005	0.5292	0.4053	0.5451	0.4915
2006	0.5202	0.4429	0.5761	0.5174
2007	0.5024	0.5283	0.5815	0.5464
2008	0.4916	0.5954	0.5950	0.5740
2009	0.4790	0.6097	0.6029	0.5850
2010	0.4505	0.6057	0.6310	0.6039
2011	0.4288	0.6218	0.6337	0.6148
2012	0.4036	0.6468	0.6620	0.6414

2. 海洋产业生态系统各子系统分析

(1) 海洋产业子系统分析

如表 4-9 所示，在海洋产业子系统敏感性中渔业总产值占海洋生产总值的比重权重最大，说明渔业对海洋产业子系统的敏感性影响较大。在海洋产业子系统弹性中海洋生产总值占地区生产总值的比重权重最大。这说明，一方面，要继续发展海洋经济，需增加海洋生产总值，以提高海洋生产总值占地区生产总值的比重；另一方面，要进行海洋产业结构调整，因为产能过剩、第二产业比重过高不仅存在于以矿业为主导的资源城市中，也存在于大连市这样的沿海城市中，所以要减小海洋第二产业比重，大力发展滨海旅游业等海洋第三产业，发展海洋绿色经济。在海洋产业子系统稳定性中，旅游外汇收入权重最大，这也证明了大连市要发展以旅游业为代表的海洋第三产业。大连市海洋产业系统的发展深受"内源力"和"外向力"的双重扰动作用，其中"内源力"主要来自海洋产业系统应对外界发展环境变化的自我调整能力和学习能力，而海洋渔业、船舶制造业等海洋第一、第二产业产值过高、比重过大的事实，反映了大连市海洋产业系统的自适应能力和自组织能力较差，由此导致海洋经济系统运行状况不佳。另外"外向力"也对海洋经济系统的发展具有重要影响，"外向力"主要包括社会固定资产投资。如表 4-11 所示，2000～2012 年，海洋产业子系统的敏感性指数在波动中不断下降，由 2000 年的 0.5276 下降到 2012 年的 0.4777，弹性指数由 2000 年的 0.2587 上升到 2012 年的 0.5815；稳定性指数由 2000 年的 0.2187 上升到 2012 年的 0.7675；适应性指数由 2000 年的 0.3190 上升到 2012 年的 0.6263。

表 4-11　2000~2012 年大连市海洋产业子系统和海洋环境子系统评价指数

年份	海洋产业子系统				海洋环境子系统			
	敏感性	弹性	稳定性	适应性	敏感性	弹性	稳定性	适应性
2000	0.5276	0.2587	0.2187	0.3190	0.7788	0.2276	0.5091	0.4000
2001	0.5248	0.2765	0.2467	0.3361	0.7516	0.2261	0.4510	0.3651
2002	0.5049	0.3247	0.2760	0.3688	0.7244	0.2395	0.4857	0.3944
2003	0.5194	0.3279	0.4441	0.4271	0.7029	0.3342	0.4921	0.4264
2004	0.4990	0.3600	0.5081	0.4654	0.6531	0.3254	0.4997	0.4363
2005	0.5114	0.4316	0.5425	0.4918	0.5809	0.3716	0.5465	0.4912
2006	0.5166	0.4799	0.5734	0.5138	0.5308	0.3957	0.5776	0.5210
2007	0.5170	0.5088	0.6160	0.5365	0.4589	0.5575	0.5609	0.5575
2008	0.5143	0.5445	0.6479	0.5593	0.4247	0.6774	0.5625	0.5910
2009	0.4962	0.5566	0.6788	0.5798	0.4289	0.6968	0.5548	0.5911
2010	0.4798	0.5506	0.7280	0.6008	0.3655	0.6975	0.5656	0.6078
2011	0.4919	0.5703	0.7388	0.6074	0.2620	0.7147	0.5603	0.6242
2012	0.4777	0.5815	0.7675	0.6263	0.2188	0.7683	0.5846	0.6609

（2）海洋环境子系统分析

由表 4-11 可知，海洋环境子系统的敏感性指数由 2000 年的 0.7788 下降到 2012 年的 0.2188，弹性指数由 2000 年的 0.2276 上升到 2012 年的 0.7683，稳定性指数由 2000 年的 0.5091 上升到 2012 年的 0.5846，适应性指数由 2000 年的 0.4000 上升到 2012 年的 0.6609。海洋环境子系统中稳定性指数上升速度最慢，主要是由于在海洋环境子系统中，稳定性具有明显的区域特色，是系统在遭受外来环境变化时维持原有状态的能力，也就是系统自身具有的自然资源及社会条件。因此，在一般情况下，一个地区的社会环境和自然资源环境不会发生巨大变化，导致海洋环境子系统中稳定性指数上升速度缓慢。

（二）耦合协调度分析

耦合协调度模型虽然简单，但它却综合了海洋产业子系统与海洋环境子系统的耦合状况。根据耦合协调度的大小，并结合海洋产业子系统和海洋环境子系统综合序参量的大小，可以将大连市海洋产业生态系统的耦合协调类型分为四大类。但这四种类型并不能反映海洋产业子系统和海洋环境子系统之间的动态变化过程，且根据耦合度时序分布规律，可以对耦合协调程度进行阶段划分，如表 4-12 和表 4-13 所示。海洋产业子系统与海洋环境子系统之间耦合作用的强度与耦合协调程度并不一一对应，它们之间存在交错分布的特点，这也符合海洋产业子系统和海洋环境子系统的发展趋势与规律。

表 4-12　2000～2012 年大连市海洋产业生态系统耦合协调度

年份	海洋产业子系统	海洋环境子系统	耦合度	耦合协调度
2000	0.3190	0.4000	0.7026	0.5009
2001	0.3361	0.3651	0.7065	0.4971
2002	0.3688	0.3944	0.7067	0.5188
2003	0.4271	0.4264	0.7071	0.5493
2004	0.4654	0.4363	0.7067	0.5650
2005	0.4918	0.4912	0.7071	0.5895
2006	0.5138	0.5210	0.7071	0.6047
2007	0.5365	0.5575	0.7070	0.6215
2008	0.5593	0.5910	0.7068	0.6371
2009	0.5798	0.5911	0.7071	0.6432
2010	0.6008	0.6078	0.7071	0.6536
2011	0.6074	0.6242	0.7070	0.6596
2012	0.6263	0.6609	0.7069	0.6739

表 4-13　海洋产业生态系统耦合协调度阶段分类

耦合协调度	$m(x)$ 和 $l(y)$	特点	耦合阶段	类型
$0<H\leqslant0.4$	$m(x)<l(y)$	勉强协调，海洋经济发展滞后，海洋环境在承载力范围内	低度协调	
	$m(x)=l(y)$	不协调，海洋经济与海洋环境同步，海洋经济与海洋环境总体发展水平低	低度协调	低度协调耦合
	$m(x)>l(y)$	极度不协调，海洋经济发展超前，海洋生态环境恶化，海洋经济无序发展	拮抗阶段	
$0.4<H\leqslant0.6$	$m(x)>l(y)$	不协调，海洋生态环境破坏和海洋社会环境不稳定，海洋产业发展超前	拮抗阶段	
	$m(x)=l(y)$	协调，海洋经济与海洋环境同步，海洋经济与海洋环境总体发展水平不高	拮抗阶段	中度协调耦合
	$m(x)<l(y)$	基本协调，海洋经济发展滞后，勉强在海洋环境阈值范围内，在一定范围内可以接受	磨合阶段	
$0.6<H\leqslant0.8$	$m(x)>l(y)$	勉强协调，海洋经济发展较快，保持在生态环境承载力范围内，短期内可以接受	磨合阶段	
	$m(x)=l(y)$	协调，海洋经济与海洋环境同步，基本保持在海洋环境承载力范围内，海洋经济与海洋环境总体发展水平较高	磨合阶段	高度协调耦合
	$m(x)<l(y)$	协调，海洋经济发展滞后，基本保持在生态环境承载力范围内	磨合阶段	
$0.8<H\leqslant1$	$m(x)>l(y)$	基本协调，海洋经济发展超前，在海洋环境承载力范围内	高水平耦合	
	$m(x)=l(y)$	协调，海洋经济与海洋环境发展同步，海洋经济与海洋环境高度发展	高水平耦合	极度协调耦合
	$m(x)<l(y)$	协调，海洋经济发展滞后，在海洋环境承载力范围内	高水平耦合	

由表 4-12 可知，2000～2012 年大连市耦合度及耦合协调度总体呈上升趋势，耦合度由 2000 年的 0.7026 上升到 2012 年的 0.7069；耦合协调度由 2000 年的 0.5009 上升到 2012 年的 0.6739，耦合协调度总体上由中度协调耦合上升到高度协调耦合。为了充分反映海洋产业生态系统中海洋产业子系统和海洋环境子系统耦合协调的复杂性，在每一个等级范围内，进一步描述海洋产业子系统和海洋环境子系统的特征。2000～2003 年处于拮抗阶段，海洋产业子系统和海洋环境子系统基本协调，海洋产业子系统发展滞后，在海洋环境承载力范围内，海洋环境较稳定。2004～2005 年为中度协调耦合，海洋产业子系统适应性指数大于海洋环境子系统适应性指数，海洋产业子系统发展超前，海洋产业子系统与海洋环境子系统不协调，处于拮抗阶段。2006～2012 年为高度协调耦合，海洋产业子系统适应性指数小于海洋环境子系统适应性指数，处于磨合阶段，海洋产业发展在海洋环境承载力范围内。2003 年和 2005 年海洋产业子系统与海洋环境子系统适应性指数大小基本一致，海洋产业子系统与海洋环境子系统基本协调，但由于两个子系统适应性指数总体较低，耦合协调度并不稳定，导致海洋产业生态系统仍处于拮抗阶段。

四、结论与讨论

本章提出了海洋产业生态系统的概念，并利用适应性这一新的研究范式对大连市海洋产业生态系统进行了分析。海洋产业生态系统适应性是关于敏感性、弹性和稳定性的函数，进而采取均方差法进行权重赋值，并采用集对分析法进行适应性测度研究。在适应性测度的基础上，对大连市海洋产业生态系统耦合协调度进行测度并分类，发现大连市海洋产业生态系统呈现如下特征。

1. 总体分析

总体来说，大连市海洋产业生态系统在遇到外来环境变化时的调整能力和创新能力增长迅速；稳定性一直处于较高水平，说明海洋产业生态系统在内外环境变化时维持自身原有状态的能力较强。

2. 各子系统适应性分析

海洋产业子系统与海洋环境子系统适应性错综复杂，交替发展，2000～2002

年和 2006～2012 年海洋环境子系统适应性指数大于海洋产业子系统适应性指数，2003～2005 年海洋环境子系统适应性指数小于海洋产业子系统适应性指数。在海洋产业子系统敏感性中，渔业总产值占海洋生产总值的比重权重最大；在海洋产业子系统弹性中，海洋生产总值占地区生产总值的比重权重最大；在海洋产业子系统稳定性中，旅游外汇收入权重最大，因此要减小海洋第二产业比重，大力发展滨海旅游业等海洋第三产业，发展海洋绿色经济。在海洋环境子系统敏感性中，工业废水排放量权重最大，说明工业废水排放量对海洋环境敏感性的影响最大，因此要在海洋环境承载力范围内，合理发展海洋经济。在海洋环境子系统弹性中，教育支出占海洋生产总值的比重权重最大，因此要大力发展教育，尤其是海洋高等教育，大力培养具有交叉学科知识的应用型研究人员和高层次海洋技术人员。在海洋环境子系统稳定性中，专业技术中海洋服务业从业人数权重最大，因此要大力发展海洋服务业，提升海洋服务业从业人数和质量。

3. 耦合度和耦合协调度分析

总体来说，耦合协调度由中度协调耦合上升到高度协调耦合。同时，还可根据耦合度时序分布规律，将耦合协调度进行阶段划分，进一步划分为海洋产业子系统和海洋环境子系统。

4. 讨论

由大连市海洋产业生态系统适应性及耦合协调度的影响因子分析，可以得到海洋产业生态系统可持续发展的优势和劣势，对大连市可持续发展具有一定的参考意义。目前，海洋产业生态系统适应性仍处于起步阶段，进一步丰富海洋产业生态系统理论、完善海洋产业生态系统适应性评价指标体系、寻找新的方法和技术是今后海洋产业生态系统适应性研究的重点内容。

第五章

地理学视角下中国海洋经济

转型的实证研究

第一节 海洋经济转型的内涵与特征

海洋经济的转型是一种渐进的结构转型，从根本上改变了海洋经济的发展方式。以要素结构调整为路径，以海洋产业结构升级为根本任务，以海洋生态环境可持续发展为目标，促进海洋经济发展质量和效率的提升，海洋就业人口的转型，以及海洋发展支持系统的改善。同时，从定量到定性把握海洋经济发展过程（崔正丹，2016）。

海洋是与土地不同的资源载体，它具有独特的性质。与陆地相比，海洋较难恢复或控制外部扰动，进而造成大面积污染。因此，在开发海洋经济之前，应加强对海洋环境的保护，以确保海洋经济的可持续发展。一个国家的海洋经济对海洋区域有一定的依赖性。如果没有海洋，那么海洋经济就不存在，因此海洋面积的大小决定了海洋经济的潜力。海域面积越大，海洋资源越多，海洋资源质量就越高，因此海域资源为海洋经济发展提供了前提和基础，海洋经济的发展高度依赖海洋资源。

目前，中国海洋资源的控制权掌握在国家手中，但国家不能直接开发和经营海洋资源，必须转移到个人或地方政府进行开发和运营。因此，就需要合理调控对海洋资源的开发利用，而政府作为监管部门，在海洋资源的开发和利用方面发挥着监督与主导作用。为了促进海洋经济的健康和可持续发展，海洋管理部门必须具备较高的管理水平和管理素养。因此，不断完善海洋资源开发利用管理制度，可以保证海洋经济的稳定健康发展。与此同时，国家制度的完善和公共服务的供给也对海洋经济的发展至关重要（侯斌，2016）。

第二节 中国海洋经济转型研究结果

一、数据来源

运用 MATLAB 对初步构建指标进行筛选，最终选取人均海洋生产总值作为海洋经济转型的表征指标,并将主要海洋产业产值等 15 个指标作为海洋经济转型的解释变量(表 5-1)。一级指标分别为海洋经济系统、海洋资源环境系统、海洋社会系统。海洋经济系统可以反映海洋经济的总体状况和地区间的差异,通过海洋经济系统的相关指标,可以直观地反映沿海 11 省(自治区、直辖市)海洋经济对国民经济的贡献和海洋产业结构的合理性,也可显示各地区对海洋保护利用的直接产出能力;海洋资源环境系统是对海洋利用可持续性的判断,通过海洋资源环境的相关指标,可以反映海洋经济发展过程中海洋生态环境的支撑能力;海洋社会系统反映的是海洋经济发展过程中间接对社会进步的贡献,是海洋的间接产出能力,包含 6 个二级指标。由于港澳台地区海洋经济数据不可得,本章研究区域界定为中国 8 个沿海省、1 个自治区、2 个直辖市(不含港澳台地区)。研究数据的时间序列为 2001~2015 年,数据来自《中国海洋统计年鉴》和《中国城市统计年鉴》。

表 5-1 海洋经济转型指标

目标层	一级指标	二级指标	指标解释	权重
海洋经济转型	海洋经济系统	主要海洋产业产值	反映海洋经济总量	0.062
		海洋产业总值增长率	反映海洋经济总量增长的速率	0.014
		海岸线经济集中度	反映海洋经济转型的潜力	0.056
		主要海洋产业占地区生产总值的比重	反映海洋经济对地区生产总值的贡献率	0.079
		海洋经济密度	反映海岸线的综合利用程度	0.060
		海洋第三产业比重	反映海洋经济第三产业比重	0.035
	海洋资源环境系统	海洋类型自然保护区建成量	反映海洋经济转型中环境重视程度	0.080
		人均海域面积	反映海域面积的人均占有量	0.125
		工业直排入海废水量	反映海洋废水处理情况	0.041
	海洋社会系统	科研机构数	反映海洋经济科研发展潜力	0.068
		海洋科研成果应用课题	反映海洋经济科研成果应用程度	0.058
		观测台站数	反映海洋经济发展的规模	0.075
		海洋专业技术人员数	反映海洋经济专业人员的数量	0.063
		涉海就业人口	反映海洋经济可提供就业岗位数量	0.081
		泊位数	反映海洋港口泊位规模	0.104

二、空间自相关检验及空间计量模型选择

以沿海 11 省(自治区、直辖市)为研究对象,运用 GeoDa 计算 2001~2016 年海洋经济转型的全局 Moran's I,结果如表 5-2 所示。2001~2016 年,沿海 11

省（自治区、直辖市）的海洋经济转型在空间上存在显著的负相关关系，即相邻地区的海洋经济转型程度差异较大，呈现高值区域与低值区域相邻接的空间布局。从时间维度来看，2001～2007 年海洋经济转型负相关关系的显著性呈逐年降低趋势，2008～2016 年海洋经济转型负相关关系的显著性呈现逐年上升趋势。2001～2016 年，我国经济政策逐步由陆域转移到海域，各沿海省（自治区、直辖市）对海洋经济的重视程度也逐步加深，2009 年中央政府相继批复了多个海洋经济示范区，加快了沿海地区的发展速度。粗放型的发展方式导致海洋经济应对 2008 年金融危机略显乏力，金融危机的外部破坏性与海洋经济的内部集约化迫切要求海洋经济进行转型。因此，我国沿海 11 省（自治区、直辖市）海洋经济转型程度差距明显加大。对中国海洋经济转型的空间固定、时间固定、时空固定的无空间作用模型进行 LM 检验与 LR 检验，结果显示空间固定下的空间误差效应显著性强且统计量大，最终选取空间固定下的空间杜宾模型对空间误差效应进行下一步模拟。

表 5-2　2001～2016 年中国海洋经济转型的 Moran's I

年份	Moran's I	P 值	Z 值
2001	−0.4353	0.043**	−1.6724
2002	−0.3876	0.071*	−1.4468
2003	−0.3639	0.083*	−1.3244
2004	−0.3180	0.087*	−1.2313
2005	−0.3303	0.087*	−1.2646
2006	−0.2556	0.091*	−1.1034
2007	−0.2594	0.111	−1.0421
2008	−0.2894	0.096*	−1.1004
2009	−0.3439	0.095*	−1.2424
2010	−0.3255	0.095*	−1.1531
2011	−0.3290	0.082*	−1.2795
2012	−0.3378	0.080*	−1.2614
2013	−0.3372	0.093*	−1.2391
2014	−0.3574	0.086*	−1.3206
2015	−0.3701	0.075*	−1.4221
2016	−0.3825	0.071*	−1.5431

**、*分别表示在 5%、10%的显著性水平下显著

三、海洋经济转型影响机制分析

（一）空间杜宾模型模拟结果

空间杜宾模型的模拟结果如表 5-3 所示，空间自回归系数为−0.3699，表示

中国海洋经济转型表现为负向集聚且显著的特性，与空间自相关检验的结果一致，即沿海 11 省（自治区、直辖市）的海洋经济转型程度在空间上表现为高值区域与低值区域相邻接的特征，海洋经济转型程度较高的省（自治区、直辖市）对周边地区的影响是负向的。

表 5-3　空间杜宾模型模拟结果

变量	回归系数	T 统计量	变量	回归系数	T 统计量
空间自回归系数	−0.3699	−5.78（0.0000）***	—		
主要海洋产业产值	0.0000	6.03（0.0000）***	滞后主要海洋产业产值	0.0000	3.25（0.0011）***
海洋生产总值增长率	0.0005	1.88（0.0604）	滞后海洋生产总值增长率	0.0003	0.37（0.7099）
海岸线经济集中度	−0.0007	−0.33（0.7409）	滞后海岸线经济集中度	−0.0038	−1.14（0.2525）
主要海洋产业占地区生产总值的比重	0.0139	4.83（0.0000）***	滞后主要海洋产业占地区生产总值的比重	−0.0015	−0.31（0.7577）
海洋经济密度	0.0002	3.70（0.0002）***	滞后海洋经济密度	0.0000	1.05（0.2924）
海洋第三产业比重	−0.0040	−3.33（0.0003）***	滞后海洋第三产业比重	0.0021	1.02（0.3070）
海洋类型自然保护区建成量	0.0026	2.05（0.0404）**	滞后海洋类型自然保护区建成量	−0.0065	−4.17（0.0000）***
人均海域面积	−4.0704	−2.32（0.0202）**	滞后人均海域面积	0.9680	0.66（0.5059）
工业直排入海废水量	0.0000	0.22（0.8229）	滞后工业直排入海废水量	−0.0000	−1.16（0.2425）
科研机构数	−0.0083	−1.55（0.1188）	滞后科研机构数	0.0046	0.63（0.5233）
海洋科研成果应用课题	−0.0003	−1.40（0.1613）	滞后海洋科研成果应用课题	0.0001	0.52（0.5997）
观测台站数	−0.0000	−0.20（0.8352）	滞后观测台站数	0.0001	0.86（0.3869）
海洋专业技术人员数	0.0001	3.04（0.0023）***	滞后海洋专业技术人员数	−0.0000	−1.03（0.3009）
涉海就业人口	0.0005	0.94（0.3463）	滞后涉海就业人口	0.0006	1.08（0.2769）
泊位数	−0.0002	−2.29（0.0219）**	滞后泊位数	0.0004	2.55（0.0105）**

***、**、*分别表示在 1%、5%、10%的显著性水平下显著

1. 主要海洋产业产值的回归系数为正且显著

主要海洋产业产值是体现一个地区海洋经济总量的关键指标。2015 年，沿海 11 省（自治区、直辖市）主要海洋产业产值排名前三位的分别是广东省、山东省、上海市。回归结果表明，主要海洋产业产值较高的区域，海洋经济结构

较合理，海洋经济转型效果显著。滞后主要海洋产业产值为正且显著，显示了广东省、山东省、上海市作为辐射点将影响珠江三角洲、环渤海、长江三角洲的海洋经济加速转型及长远发展。

2. 主要海洋产业占地区生产总值的比重的回归系数为正且显著

主要海洋产业占地区生产总值的比重表明了海洋经济的发展程度，可体现该地区对海洋经济的重视程度，主要海洋产业产值对地区生产总值的贡献程度越大，该地区对海洋的利用程度就越大。滞后主要海洋产业占地区生产总值的比重的回归系数为负且不显著，表明该指标对周边区域海洋产业占地区生产总值的比重具有负向影响，但整体上我国沿海 11 省（自治区、直辖市）对海洋经济发展的重视程度仍有待加强。

3. 海洋经济密度的回归系数为正且显著

海洋经济密度是海洋产业总值与海域面积的比值，在一定程度上反映了海域的开发与利用状况。回归结果显示，若海域面积得到高效利用，海域配置趋于合理化，海洋经济转型程度将会得到提高。滞后海洋经济密度为正且不显著，表明各沿海省（自治区、直辖市）对海域面积的利用基本不受其他地区的影响，海域资源利用更多地受区域制定的海洋相关政策的影响。例如，上海市出台的《上海市海洋战略性新兴产业发展指导目录》，是加强海洋管理的指导方案，一方面使海洋资源得到了更有效的利用，另一方面完善了上海市海洋法规规划体系。

4. 海洋类型自然保护区建成量的回归系数为正且显著

海洋类型自然保护区建立的目的是保护海洋生物的多样性和海洋珍稀物种，防止海洋生态环境破坏，更好地管理地区渔业活动。海洋类型自然保护区是对海洋生态系统的保护，是体现海洋经济转型的重要指标。地区对于海洋生态环境的重视，是海洋经济转型发展的关键。在进行海洋渔业活动的过程中，摒弃以往粗放式的捕捞，提倡渔民转产转业，从而带动养殖业、休闲渔业等其他产业的发展，进而调节海洋经济结构，使海洋经济向合理化方向转型。

5. 海洋专业技术人员数的回归系数为正且显著

海洋专业技术人员数体现了海洋经济发展的总体水平和潜力，我国各地区也采取了一系列人才引进政策来增加海洋专业技术人员数。例如，青岛市把握自身海洋科研特色，充分发挥其海洋科研机构数量庞大、科研人员聚集的优势，全力提升海洋科研实力，海洋专业技术人才占全国将近1/3[1]。滞后海洋专业技术人员数为负且不显著，表明海洋专业技术人员越多，越会吸引邻近地区的人才，从而形成集聚，同时有利的政策也将从周边区域引进大批人才去该地区工作。

（二）空间杜宾模型估计结果

空间杜宾模型的估计结果显示：海洋经济转型的影响因素为正向显著的是主要海洋产业产值、主要海洋产业占地区生产总值的比重、海洋经济密度、海洋类型自然保护区建成量、海洋专业技术人员数；海洋经济转型的影响因素为负向显著的是海洋第三产业比重、人均海域面积、泊位数。

1. 海洋第三产业比重的回归系数为负且显著

传统的海洋经济被认为是海洋渔业，基于这种观念，海洋第三产业的发展受到明显制约。沿海地区的海洋经济发展大多起始于滨海旅游业，与陆域经济不同，海洋经济应更加重视海洋第二产业的发展以及海洋渔业和海洋第三产业的转型。就我国整体情况而言，海洋第三产业中海洋旅游业比重减小，运输业比重呈现增长趋势，滞后海洋第三产业比重为正且不显著，表明海洋第三产业比重基本不受其他地区的影响，主要与当地颁布的海洋经济政策有关。

2. 人均海域面积的回归系数为负且显著

人均海域面积的变化可以反映该区域人口的变化。海洋经济发达的地区，能吸引更多的劳动力和资源集聚，人口数量也会相应增多。滞后人均海域面积的回归系数为正且不显著，表明某一地区的人口外迁，会在一定程度上增加邻近区域的人口数量，但海洋经济只是影响人口流动众多因素中的一个，不能完全解释人口迁移。

3. 泊位数的回归系数为负且显著

泊位数可以反映码头的规模和区域海洋经济的发展程度，泊位数对本区域

---

①《中国海洋统计年鉴2016》。

海洋经济转型产生了负向影响。滞后泊位数为正且显著，表明某地区的泊位数对周边地区的泊位数产生了正向影响，在自身码头规模变大的同时，也带动了邻近区域泊位数的增加和码头规模的扩大。

四、直接效应与间接效应分析

在空间杜宾模型模拟的基础上，计算各个影响因素对海洋经济转型的直接效应和间接效应，结果如表 5-4 所示。

表 5-4　各影响因素对海洋经济转型的直接效应和间接效应

变量	直接效应		间接效应		总效应	
	系数	T 统计量	系数	T 统计量	系数	T 统计量
主要海洋产业产值	0.0001***	4.5098	0.0000*	1.8473	0.0000***	6.3258
海洋生产总值增长率	0.0004	1.3252	0.0001	0.1652	0.0005	0.9440
海岸线经济集中度	0.0001	0.0562	−0.0032	−1.1289	−0.0031	−0.8899
主要海洋产业占地区生产总值的比重	0.0153***	4.3274	−0.0062	−1.2987	0.0090**	2.4594
海洋经济密度	0.0002***	3.8117	−0.0000	−0.1217	0.0001**	2.6448
海洋第三产业比重	−0.0047***	−3.9462	0.0034	1.7752	−0.0013	−0.7053
海洋类型自然保护区建成量	0.0041**	2.8336	−0.0069***	−4.6288	−0.0029*	−2.0150
人均海域面积	−4.5684**	−2.3738	2.3003	1.5586	−2.2679	−1.4301
工业直排入海废水量	0.0000	0.6458	−0.0000	−1.1636	−0.0000	−0.9350
科研机构数	−0.0099	−1.7681	0.0071	1.0587	−0.0027	−0.4161
海洋科研成果应用课题	−0.0003	−1.4497	0.0002	0.7744	−0.0001	−0.4547
观测台站数	−0.0001	−0.2988	0.0001	0.9850	0.0000	0.3127
海洋专业技术人员数	0.0001***	3.3096	−0.0000*	−1.8470	0.0000	0.9435
涉海就业人口	0.0004	0.7173	0.0004	0.7183	0.0008	1.4425
泊位数	−0.0003**	−2.8643	−2.8643**	2.9468	0.0001	1.0918

***、**、*分别表示在 1%、5%、10%的显著性水平下显著

直接效应评价结果显示，主要海洋产业产值、主要海洋产业占地区生产总值的比重、海洋经济密度、海洋类型自然保护区建成量、海洋专业技术人员数对海洋经济转型有正向显著影响，海洋第三产业比重、人均海域面积、泊位数对海洋经济转型有负向显著影响，其他因素不显著。沿海省（自治区、直辖市）通过对以上显著因素的控制，可以促进本地区的海洋经济转型。

间接效应评价结果显示，主要海洋产业产值对海洋经济转型有正向显著影响，海洋类型自然保护区建成量、海洋专业技术人员数、泊位数对海洋经济转型有负向显著影响，其他因素不显著。沿海省（自治区、直辖市）通过对以上显著因素的控制，可以促进除本地区之外其他沿海省（自治区、直辖市）的海洋经济转型。

总效应评价结果显示，主要海洋产业产值、主要海洋产业占地区生产总值的比重、海洋经济密度对海洋经济转型有正向显著影响，海洋类型自然保护区建成量对海洋经济转型有负向显著影响，其他因素不显著。通过对以上显著因素的控制，可以促进中国海洋经济转型整体的发展。

就我国海洋经济转型而言，应着力提高主要海洋产业产值、主要海洋产业占地区生产总值的比重、海洋经济密度，从这几个显著因素入手，可加快我国海洋经济的转型速度。对于其他因素，应根据当地的具体情况采取相应的措施。

五、结论与讨论

1. 结论

中国海洋经济转型正处于关键时期，沿海 11 省（自治区、直辖市）海洋经济发展程度参差不齐。本章在总结前人研究的经验之后，运用 MATLAB 筛选建立了中国海洋经济转型的评价指标体系，通过空间计量模型探究了 2001～2016 年中国海洋经济转型的影响因素及其影响机制，得到如下结论。

1）中国沿海 11 省（自治区、直辖市）海洋经济转型程度呈现逐年提升的态势，且区域间差异较大。空间相关性呈现 2001～2007 年逐渐减弱，2008～2016 年逐渐增强的特点。空间杜宾模型的回归系数为负且显著，表明沿海 11 省（自治区、直辖市）海洋经济在空间上形成增长极，发展极不平衡。海洋经济转型程度较高的地区与转型程度较低的地区在空间上相邻，转型的高值区域吸引资金、人才、企业聚集，而低值区域却面临人口流失、资金短缺、发展滞后、机遇缺失等问题，从而形成增长极地区发展更繁荣，落后地区更落后的不合理发展局面。

2）由对海洋经济转型影响因素的评价可知，主要海洋产业产值、主要海洋产业占地区生产总值的比重、海洋经济密度对海洋经济转型有正向显著影响。

因此提高主要海洋产业产值，需要加大海洋经济的金融投入。同时，如果海洋经济仅依靠政府财政补贴和当地银行，则不足以支撑长期以来的发展，因此各地区可以适当降低海洋工程的融资门槛，并联合政府和企业共同支持海洋经济的快速转型。增大主要海洋产业占地区生产总值的比重的主要途径包括：当地政府颁布相应的政策，充分利用海洋资源，加强对海洋污染的治理，改变海洋渔业捕捞模式，增加海上巡查和卫星检测力度，制定法律法规惩治肆意捕捞行为。

3）海洋第三产业比重的回归系数为负且显著，表明中国海洋经济结构不合理。因此，应合理利用海域资源，促进海洋渔业、海洋工业、滨海旅游业等众多产业的协同发展。人均海域面积的回归系数为负且显著，体现了中国沿海省（自治区、直辖市）经济发展差异化致使人才流失，因此需要各地政府积极颁布海洋专业人才引进措施，为当地海洋经济发展注入新的活力。涉海就业人口的回归系数为正且不显著，体现了涉海就业人口比重过小，海洋经济发展规模有待提高。工业直排入海废水量的回归系数不显著，体现了中国沿海 11 省（自治区、直辖市）的海洋环境治理迫在眉睫。海洋经济转型较好的地区，其海洋环境破坏也很严重，因此各地区应开展海洋环境保护宣传活动，增加公民保护海洋、正确利用海洋的意识。

2. 讨论

本章主要运用空间计量模型研究沿海 11 省（自治区、直辖市）海洋经济转型，并对具体指标进行了量化分析。但由于海洋经济数据获取来源有限，指标数量较少，未能探索影响海洋经济转型的全部因素，且数据存在滞后性，研究的时效性也有待提高。未来，将运用大数据获取更多的海洋数据，更深入地研究海洋经济转型的相关问题，从而提出更有效的解决措施。

第六章

地理学视角下中国人海关系地域系统脆弱性的实证研究

第一节　人海关系地域系统脆弱性的内涵与特征

　　基于以往学者对人海关系地域系统及其脆弱性的认识（王岩和方创琳，2014；韩瑞玲等，2012），本书认为人海关系地域系统脆弱性是一个具有多维度、时空动态和可调性的概念，包括经济子系统脆弱性、社会子系统脆弱性和资源环境子系统脆弱性。每个子系统又包括敏感性和应对能力两个构成要素，统筹三个子系统之间的相互作用，以反映其整体的脆弱性（图6-1）。经济子系统脆弱性包括经济总量、经济结构、经济效益、经济增长等要素（李鹤等，2008）。沿海地区丰富的海洋资源是发展海洋经济的基础条件，但长期依赖海洋资源发展的传统型海洋产业面临衰退，而新兴海洋产业及增加值较低，海洋经济增长压力、产业结构偏离制约着海洋经济的稳步发展。雄厚的海洋经济实力是沿海地区抵御扰动的物质保障，因此完善产业结构是海洋经济可持续发展的保证。社会子系统脆弱性主要包括人口与人力资源、生活水平、科教实力等要素。人类是社会发展的动力，人类的生产活动能够带动海洋经济的发展（黄晓军等，2014），但较大的人口压力和难以缓解的就业问题会影响社会稳定，同时人们的生活质量也反映了社会对海洋经济的依赖程度。因此，维持一个稳定良好的社会环境能实现人海关系地域系统的协调发展，也是保障海洋经济可持续发展的必要条件。资源环境子系统脆弱性包括海洋资源、海洋生态环境等要素。海洋资源的不合理开发和海洋生态环境的破坏，严重影响了人海关系的可持续发展（靳毅和蒙吉军，2011），良好的资源环境是支撑社会稳定和海洋经济可持续发展的必要条件。

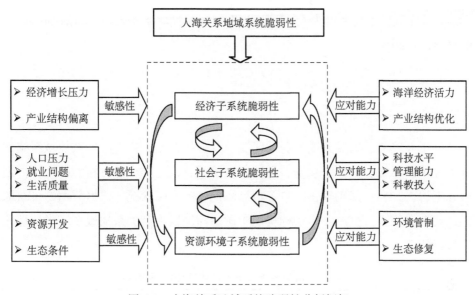

图 6-1　人海关系地域系统脆弱性分析框架

第二节　中国人海关系地域系统脆弱性研究结果

一、研究区域概况、指标体系构建与数据来源

（一）研究区域概况

由于数据限制，本章的研究对象是沿海 11 省（自治区、直辖市）。我国沿海地区（不包括港澳台地区）总面积为 128.09 万平方公里，约占总国土面积的 13.3%，由 43% 的人口造就了 60% 的经济总量。我国大陆海岸线长达 1.8 万公里，滩涂资源总面积达 217.09 万平方公里[①]。

近年来，我国海洋经济稳定增长，在国民经济中占有举足轻重的地位。海洋产业结构优化作用显著，2016 年三次产业结构优化至 5.1∶40.4∶54.5。我国海洋生物资源多样，矿产资源丰富。然而，海洋生态风险突出和海洋灾害频发抑制了经济的发展。2011～2016 年，近 78% 的排污口水质劣于第四类海水水质

标准，海面垃圾平均密度为 65 千克/公里²。风暴潮灾害平均每年造成 90%以上的直接经济损失①。

（二）指标体系构建与数据来源

1. 指标体系构建

基于人海关系地域系统脆弱性内涵及其分析框架，将人海关系地域系统划分为经济子系统、社会子系统、资源环境子系统，并结合已有相关研究（方创琳和王岩，2015；彭飞等，2017）与沿海地区的实际状况，依据数据的可获取性和代表性原则，选取 22 个指标构建中国沿海地区人海关系地域系统脆弱性评价指标体系（表 6-1）。

表 6-1 人海关系地域系统脆弱性评价指标体系

目标层	准则层	基础指标层	具体指标	代码	指标解释	说明	权重
经济子系统脆弱性	敏感性	经济增长压力	海洋经济增长弹性系数	S1	反映海洋经济对沿海地区经济的弹性（+）	海洋经济年增长率/地区生产总值年增长率	0.008
			海洋产业增长波动率	S2	反映海洋经济增长的稳定程度（+）	海洋产业当年生产总值/上一年海洋产业生产总值×100%	0.016
		产业结构偏离	渔业产值比重	S3	反映海洋产业结构（+）	渔业产值/海洋总产值	0.102
			海洋产业结构多元化指数	S4	反映海洋产业结构优化性（−）	$H=\Sigma I_i \ln I_i$，I_i 为第 i 产业产值占海洋生产总值的比重。$i=1,2,3$	0.053
	应对能力	海洋经济活力	港口货物吞吐量	R1	反映海洋经济的发展能力（−）	《中国海洋统计年鉴》	0.062
			海洋经济区位熵	R2	反映海洋经济实力（−）	各地区海洋生产总值占国内经济生产总值的比重	0.075
		产业结构优化	海洋产业资本收益率	R3	反映海洋产业的发展能力（−）	海洋产业年增加值/海洋产业年生产总值×100%	0.049
			海洋第二、第三产业贡献率	R4	反映海洋经济结构优化程度（−）	海洋第二、第三产业产值/海洋生产总值	0.097

①《中国海洋统计年鉴》（2011～2016 年）。

续表

目标层	准则层	基础指标层	具体指标	代码	指标解释	说明	权重
社会子系统脆弱性	敏感性	人口压力	城镇人口失业率	S5	反映沿海地区城市失业状况（+）	总人口数/涉海就业人口	0.055
		就业问题	涉海就业人口	S6	反映社会人口对海洋的依赖程度（+）	《中国统计年鉴》	0.042
		生活质量	城镇农村恩格尔系数	S7	反映海洋社会人口生活水平（+）	《中国统计年鉴》	0.023
	应对能力	科技水平	海洋科技从业人员比重	R5	反映海洋从业人口素质（-）	海洋科技从业人员/涉海就业人口	0.013
			海洋科研机构密度	R6	反映海洋科技创新能力（-）	海洋科研机构数/地区面积	0.062
		管理能力	单位海岸线海滨观测台站密度	R7	反映人类对海洋的重视程度（-）	海滨观测台站数/海岸线长度	0.033
		科教投入	海洋科教投资比重	R8	反映海洋科教水平（-）	研发收入/财政总支出	0.051
资源环境子系统脆弱性	敏感性	资源开发	人均海洋捕捞量	S8	反映海洋资源的敏感性程度（+）	地区海洋捕捞量/总人口数	0.031
			单位养殖面积养殖量	S9	反映海洋资源的利用程度（+）	养殖总量/养殖面积	0.099
		生态条件	海洋灾害（风暴潮）面积	S10	反映海洋自然生态环境（+）	《中国海洋统计年鉴》	0.036
	应对能力	环境管制	固体废物综合利用量	R9	反映海洋环境保护状况（-）	《中国海洋统计年鉴》	0.021
			沿海地区污染治理强度（废水+废物）	R10	反映海洋环境管制强度（-）	污染治理项目数/海岸线长度	0.040
		生态修复	环境保护与治理投资比重	R11	反映海洋环境管制力（-）	环保投资额/地区生产总值	0.006

目标层	准则层	基础指标层	具体指标	代码	指标解释	说明	权重
资源环境子系统脆弱性	应对能力	生态修复	海洋自然保护区面积比重	R12	反映海洋生态基础（−）	海洋自然保护区面积/中国国土面积	0.025

2. 数据来源

选取的指标体系数据来源于 2002～2016 年的《中国海洋统计年鉴》《中国统计年鉴》《中国环境统计年鉴》《中国海洋年鉴》，少部分缺失数据通过相邻年份插值获得。

二、中国人海关系地域系统脆弱性分析

（一）脆弱性评价结果

首先，将标准化后的数据作为基础数据，运用熵权 TOPSIS 法计算出各系统的敏感性指数与应对能力，将结果代入式（6-1）计算各子系统的脆弱性指数：

$$V_i = \frac{S_i}{R_i} \qquad\qquad (6\text{-}1)$$

式中，V_i 为子系统 i 的脆弱性程度；S_i 为子系统 i 的敏感性程度；R_i 为子系统 i 应对扰动因素的能力。

其次，运用式（6-2）计算 2001～2015 年沿海省（自治区、直辖市）人海关系地域系统脆弱性指数，如表 6-2 所示。

$$V_i = |M| = \sqrt{W_1 \mathrm{OP}_i^2 + W_2 \mathrm{OE}_i^2 + W_3 \mathrm{ON}_i^2} \qquad (6\text{-}2)$$

式中，V_i 为沿海地区 i 的人海关系地域系统脆弱性指数；$|M|$ 为从原点到点 V_i 的矢量模；W_1、W_2、W_3 分别为经济子系统、社会子系统、资源环境子系统的脆弱性权重；OP_i 为沿海地区 i 的社会子系统脆弱性指数；OE_i 为沿海地区 i 的经济子系统脆弱性指数；ON_i 为沿海地区 i 的资源环境子系统脆弱性指数。

根据标准差分级法，将 2001～2015 年人海关系地域系统脆弱性指数分为四个等级，依次为低脆弱、中等脆弱、较高脆弱、高脆弱（表 6-3）。

表 6-2 　2001~2015 年人海关系地域系统脆弱性指数

地区	2001 年	2002 年	2003 年	2004 年	2005 年	2006 年	2007 年	2008 年	2009 年	2010 年	2011 年	2012 年	2013 年	2014 年	2015 年	平均
天津	0.476	0.481	0.576	0.499	0.487	0.396	0.444	0.417	0.445	0.465	0.445	0.477	0.494	0.563	0.564	0.482
河北	0.483	0.480	0.469	0.482	0.478	0.437	0.400	0.399	0.416	0.424	0.448	0.447	0.452	0.463	0.459	0.449
辽宁	0.444	0.529	0.601	0.676	0.644	0.792	0.774	0.746	0.757	0.745	0.758	0.758	0.770	0.769	0.722	0.699
上海	0.319	0.369	0.406	0.322	0.300	0.635	0.597	0.598	0.517	0.573	0.589	0.654	0.599	0.575	0.559	0.507
江苏	0.364	0.422	0.536	0.580	0.561	0.536	0.533	0.527	0.537	0.506	0.513	0.524	0.547	0.623	0.570	0.525
浙江	0.563	0.700	0.756	0.775	0.796	0.764	0.783	0.747	0.719	0.700	0.719	0.733	0.730	0.728	0.725	0.729
福建	1.136	1.330	1.284	1.196	1.023	1.286	1.180	1.102	1.100	1.114	1.120	1.120	1.112	1.115	1.124	1.156
山东	0.588	0.580	0.609	0.610	0.598	0.806	0.811	0.806	0.823	0.831	0.844	0.903	0.895	0.926	0.932	0.771
广东	0.718	0.699	0.695	0.698	0.743	0.658	0.644	0.620	0.642	0.667	0.677	0.685	0.634	0.695	0.695	0.678
广西	0.389	0.464	0.301	0.327	0.367	0.598	0.597	0.620	0.631	0.609	0.602	0.611	0.609	0.608	0.604	0.529
海南	1.255	1.200	1.314	1.431	1.442	1.487	1.463	1.252	1.250	1.146	1.097	1.131	1.164	1.151	1.172	1.264
合计	6.735	7.254	7.547	7.596	7.439	8.395	8.226	7.834	7.837	7.780	7.812	8.043	8.006	8.216	8.126	0.790

表 6-3　人海关系地域系统脆弱性评价等级

脆弱性等级	0<V<M−Std	M−Std<V<M	M<V<M+Std	V>M+Std
	低脆弱	中等脆弱	较高脆弱	高脆弱
脆弱性指数 V	0<V<0.43	0.43<V<0.71	0.71<V<0.98	V>0.98

注：Std 为标准差

1. 时间分异特征

2001～2015 年，中国沿海地区人海关系地域系统脆弱性指数呈整体上升、局部突变的特征（图 6-2）。脆弱性指数由 2001 年的 6.735 上升到 2006 年的 8.395，最后回落至 2015 年的 8.126，整体呈现"倒 U"形的发展趋势。

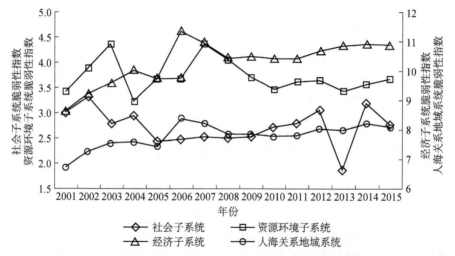

图 6-2　2001～2015 年中国沿海地区人海关系地域系统及各子系统脆弱性指数变化趋势图

从变化历程来看，大致可分为三个发展阶段：快速上升阶段（2001～2004年），波动阶段（2005～2010 年），平稳阶段（2011～2015 年）。2001～2004 年，人海关系地域系统脆弱性指数持续快速增长。此后，脆弱性指数进入波动阶段，2005 年下降至 7.439，2006 年发生突变增至 8.395，之后一直下降至 2008 年的 7.834，2009 年出现小幅上升。2011～2005 年，脆弱性指数进入平稳阶段，出现小幅波动，但基本维持在 8.041 左右。

从经济子系统脆弱性指数的变化来看，大致与人海关系地域系统脆弱性指数的波动趋势一致，表明经济子系统的脆弱性程度对人海关系地域系统脆弱性程度起着决定性作用。2001～2004 年其脆弱性指数升高了 1.374，2005 年下降至 9.764。2001～2004 年，我国海洋生产总值占国内生产总值的比重均保持在 8.8%，而 2005 年增至 18 026 亿元，占国内生产总值的比重为 10%，海洋三次产业结构为 17∶31∶52[①]，新兴海洋产业发展迅猛，同时致使经济子系统脆弱性指数降低。2006 年产业优势的下降，导致经济子系统脆弱性发生突变，海洋经济增长势头衰弱。我国第十一个五年计划实施后保障了海洋经济的健康发展，海洋三次产业结构为 5∶46∶49。2008 年，全球金融危机爆发，经济子系统敏感性指数再次升高，海洋经济增长的内在动力不足，导致经济子系统脆弱性指数一直保持在约 10.849 的较高水平。

从社会子系统脆弱性指数的变化来看，呈现整体下降、局部波动的特征，由 2001 年的 3.012 下降到 2015 年的 2.773。沿海地区社会子系统脆弱性指数降低，说明其对抗外界扰动的应对能力不断增强。同时，国家加大了对教育科技事业的投入，2005 年研发费支出为 2367 亿元，比上年增长 20.4%[②]，整体国民素质提升、科研实力增强。随着国民经济的高速发展，2005 年农村居民人均收入增长了 6.2%，城镇居民人均收入增长了 9.6%，人民生活水平得到明显改善[③]。2006～2009 年，社会子系统脆弱性指数稳定在 2.516 左右，一直维持在较低水平。2012 年，社会子系统脆弱性指数上升到 3.043，此时社会子系统处于高度脆弱状态，系统易受扰动因素的影响。2013 年，社会子系统脆弱性指数发生突变，下降到 1.873，表明社会子系统应对能力增强。

从资源环境子系统脆弱性指数的变化来看，呈现波动—平稳的变化特征。2001～2010 年，资源环境子系统脆弱性指数经历了大幅波动，由 2001 年的 3.428 上升到 2003 年的 4.390，社会子系统脆弱性程度增加。2007 年，脆弱性指数下降之后再次升高至 2008 年的 4.359，在此期间，资源环境系统脆弱性也处在不稳定状态。2011～2015 年，资源环境子系统脆弱性指数开始小幅波动并一直处于较低水平，表明资源环境子系统面对扰动的应对能力较强。

如图 6-3 所示，大部分区域处于中等脆弱水平。每年平均近 50% 的区域为中等脆弱区域，低脆弱区域比重由 2001 年的 27% 下降到 2015 年的 0，较高脆弱区域比重由 2001 年的 9% 上升到 2015 年的 27%，高脆弱区域比重保持在约 18%。

---

① 《中国海洋统计年鉴》（2002～2005 年）。
② 《中国海洋统计年鉴 2006》。
③ 《中国区域经济统计年鉴 2006》。

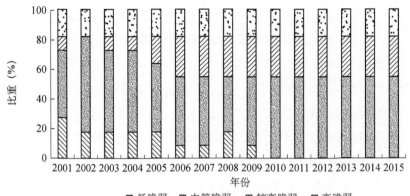

图 6-3 2001～2015 年不同脆弱性等级区域比重变化

2. 空间分异特征

为进一步揭示中国沿海地区人海关系地域系统脆弱性的空间分布规律，运用 SPSS 软件进行聚类分析（柯丽娜等，2017），分别将经济子系统、社会子系统、资源环境子系统以及综合脆弱性指数划分为四个等级，依次为低脆弱、中等脆弱、较高脆弱、高脆弱。

中国沿海地区的人海关系地域系统脆弱性指数均值为 0.790（表 6-2），处于较高脆弱状态。海南脆弱性指数最高，均值为 1.264；河北脆弱性指数最低，均值为 0.449。地区变差系数为 0.387，区域差异明显，呈现南北低、中间略高的分布状态。低脆弱和中等脆弱区域比重为 73%，高脆弱区域比重仅为 9%，脆弱性以中低脆弱为主。

经济子系统脆弱性指数均值为 0.412，处于低脆弱状态。其中，脆弱性指数最高的是海南（1.264），最低的是上海（0.507），最高值是最低值的 2.49 倍，呈现明显的省域"极差化"特征。经济子系统脆弱性地区变差系数为 0.437，区域差异相对较大，出现南北高、中间低的"橄榄形"空间格局。低脆弱和中等脆弱区域比重为 82%，说明沿海地区经济子系统脆弱性以中低脆弱为主。低脆弱区域为天津、河北、上海、江苏、广西。其中，天津、上海、江苏拥有良好的经济基础，海洋产业发展较为成熟，应对经济扰动因素的能力较强。在政策的推动下，河北和广西不断加大海洋产业发展力度，使得经济子系统脆弱性降低。中等脆弱区域为辽宁、浙江、山东、广东，尽管这些地区海洋经济发展较早，海洋经济实力较强，但海洋产业结构不合理与海洋生态环境保护不足。

社会子系统脆弱性指数均值为 0.249，处于低脆弱状态。其中，脆弱性指数最高的是上海（0.482），最低的是海南（0.040）。社会子系统脆弱性地区变差系数为 0.567，区域差异较大，分布不均衡。低脆弱区域为天津、河北、浙江，高脆弱区域为福建、广西、海南。低脆弱和高脆弱区域比重均为 27%，二者之和为 54%，而中等脆弱区域比重为 36%，说明社会子系统脆弱性呈现哑铃型特征。同时，低脆弱区域与高脆弱区域的社会人力资源水平高低、对海洋科教投入力度大小等因素，将导致社会子系统应对能力出现异同，进而造成脆弱性存在差异。

资源环境子系统脆弱性指数均值为 0.339，处于低脆弱状态。其中，脆弱性指数最高的是福建（0.624），最低的是河北（0.180），最高值与最低值相差 0.444。资源环境子系统脆弱性地区变差系数为 0.442，区域差异相对较大，出现北低南高的空间格局。低脆弱区域为天津、河北、辽宁、上海、江苏。中等脆弱区域为浙江、山东、广东、海南。低脆弱与中等脆弱区域比重为 82%，说明资源环境子系统脆弱性较低。海洋生物多样性降低、海岛环境恶化、环境监测治理力度不足，导致福建、广西资源环境子系统脆弱性指数较高。

（二）影响因素分析

首先，对经济子系统脆弱性、社会子系统脆弱性、资源环境子系统脆弱性与人海关系地域系统脆弱性进行 Pearson 相关系数测算，结果在 0.01 置信水平（双侧）上，经济子系统脆弱性与人海关系地域系统脆弱性的相关系数为 0.994，明显高于其他子系统脆弱性，说明经济子系统脆弱性与人海关系地域系统脆弱性存在显著的正相关关系。经济子系统脆弱性对人海关系地域系统脆弱性起主要决定作用。进一步地，为了探索制约人海关系地域系统脆弱性降低的主要障碍因素，在此引入障碍度模型考察包含敏感性与应对能力在内的 22 个指标。

$$A_i = \frac{w_i d_i}{\sum_{i=1}^{n} w_i d_i} \times 100\% \qquad (6\text{-}3)$$

式中，A_i 为第 i 项指标对人海关系地域系统脆弱性的影响程度；w_i 为第 i 项指标的权重值；d_i 为第 i 项指标的标准化值。根据计算结果，主次排序筛选出各地区障碍度排名前五的指标为主要障碍因素（表 6-4）。

表 6-4　2001~2015 年人海关系地域系统脆弱性障碍因素

项目	天津	河北	辽宁	上海	江苏	浙江	福建	山东	广东	广西	海南
第一障碍	R9	S6	S5	S7	S6	S10	S9	R4	S10	R4	S8
第二障碍	R1	R2	R4	R12	R2	S8	S3	S5	S5	S9	S3
第三障碍	S2	R8	S1	S1	S5	S4	S8	S10	S9	S6	R8
第四障碍	R11	R6	S7	R11	R1	R2	S10	S3	R12	R2	S9
第五障碍	S1	S2	S4	S2	R4	R3	R4	S4	R10	R8	R1

　　将所有主要障碍因子统计得出，海洋第二、第三产业贡献率（R4）、海洋经济区位熵（R2）、城镇人口失业率（S5）、单位养殖面积养殖量（S9）、海洋灾害（风暴潮）面积（S10）至少出现 4 次。因此，对于中国沿海地区整体而言，优化海洋产业结构、加快海洋经济发展速度、增加就业岗位、提高海域滩涂的利用效率、加强海洋灾害的防护与监测，是降低人海关系地域系统脆弱性的有效途径。对于不同地区，影响其脆弱性的因素存在较大差异，因此降低脆弱性的侧重点不同。例如，影响天津"降脆"的主要因素是海洋经济增长动力不足和环境管制力度弱，未来增强海洋经济发展的内动力、发展创新型循环海洋经济将成为重中之重。河北、江苏的涉海就业人口与海洋经济区位熵是最主要的障碍因素，因此应大力发展新兴海洋产业，提高海洋经济发展效率，同时河北还应重视对海洋科教的投入，提升海洋科技水平。辽宁、上海、山东应当调整三次产业结构、扩大就业、保障人民生活水平，同时上海还需加大海洋生态环境的保护与治理，以保持海洋经济的可持续发展。海洋灾害对浙江、福建、广东的威胁较大，因此这些地区应加强海洋灾害的防护和应对。海南的渔业产值比重、人均海洋捕捞量是主要障碍因素，因此应控制渔业捕捞，实现海洋资源的健康持续发展。广西应加快海洋产业结构调整步伐，加强海洋环境保护，提高海洋产业的科技含量。

三、结论与讨论

1. 结论

　　本章界定了人海关系地域系统脆弱性的内涵，构建了人海关系地域系统的分析框架，并以经济子系统、社会子系统、资源环境子系统三个子系统为基础设计评价指标体系。运用熵权 TOPSIS 法、脆弱性函数模型、状态空间法测度

2001～2015 年中国沿海地区人海关系地域系统脆弱性及其时空分异，并通过障碍度模型探究影响其脆弱性降低的主要因素。

1）从时间上看，各子系统脆弱性与耦合系统脆弱性时间差异显著。中国沿海地区人海关系地域系统脆弱性指数呈现整体上升、局部突变的特征，呈现"倒U"形的发展趋势。从经济子系统脆弱性指数的变化来看，大致与人海关系地域系统脆弱性指数的波动一致，社会子系统脆弱性指数与资源环境子系统脆弱性指数均呈现整体下滑且局部波动的特征。

2）从空间上看，沿海 11 省（自治区、直辖市）的人海关系地域系统脆弱性指数区域差异明显，呈现南北低、中间略高的分布状态，脆弱性等级以中低脆弱为主。经济子系统脆弱性指数呈现明显的省域"极差化"特征，出现南北高、中间低的"橄榄形"空间格局，而社会子系统脆弱性指数呈现低与高占比较多、中间较少的"哑铃形"特征；资源环境子系统脆弱性区域差异较小，脆弱性较低。

3）海洋第二、第三产业贡献率、海洋经济区位熵、城镇人口失业率、单位养殖面积养殖量、海洋灾害（风暴潮）面积，是影响中国沿海地区人海关系地域系统脆弱性降低的主要因素。不同地区影响其脆弱性的因素存在较大差异，因此不同地区的"降脆"重点不同。

2. 讨论

本章基于脆弱性视角研究人海关系地域系统，并对其经济-社会-资源环境耦合系统进行分析，得到了沿海地区的脆弱性发展特征，探究了脆弱性的影响因素，为解决人类、海洋、陆地三者之间的可持续发展问题提供了科学指导。目前，关于人海关系地域系统的理论研究较少，缺乏系统的概念框架，部分数据获取困难也影响着指标体系的完善。因此，丰富人海关系地域系统脆弱性理论体系，寻找新的研究方法与技术，科学预测与应对人海关系地域系统脆弱性将成为今后的研究重点。

第七章

地理学视角下中国沿海城市
弹性的实证研究

第一节　沿海城市弹性的内涵与特征

一、弹性、脆弱性、适应性与可持续性

1. 弹性

弹性最初来自物理学，但是在不同领域有着不同的含义，有时甚至是截然不同的。本书研究的弹性是基于生态学范畴的弹性，最早由外国学者霍林提出并引入生态学领域，其认为弹性是系统恢复的一种能力（Holling，1973）。

2. 脆弱性

最初，脆弱性是指系统受不利因素的影响而受到破坏的程度，更多地应用在自然科学领域。之后，在社会科学领域中逐渐出现了脆弱性的概念，众学者认为脆弱性是指系统承受不利影响的能力。目前，脆弱性已扩展到多个领域，并且成为一个多要素概念的集合（White，1974；李鹤等，2008）。

3. 适应性

适应性是一个动态过程，是指根据当前环境发展的现状、预期可能出现的状况，对发展目标进行调整。它从生态系统和经济需要两方面建立一个预定目标，通过提高科学的管理和增加监管活动，实现各子系统和影响因素良性互动、循环发展，以满足不断变化的生态系统及社会需求。适应性是一种行为的调整，需要在不同的阶段采取不同的调整策略，最终实现利益最大且损失最小。

4. 可持续性

可持续性是指一种可以永续发展的过程或者状态。人类的发展应遵循这样的过程，如果违背了自然的客观规律，那么人类的发展就会出现不可持续性。

二、海绵城市、生态城市、弹性城市与城市弹性

1. 海绵城市

海绵城市是一种城市发展与规划的理念，其侧重点主要在城市水系统方面。海绵城市是由不同的海绵体构成的，不仅能在洪涝或水较多时储蓄水，还能在干旱时放水满足水资源需求，具有良好的弹性。海绵城市的最大特点是能对天然雨水进行自然地存储、渗透和净化（徐君等，2016）。建设海绵城市，可以保护自然环境、修复自然环境和低影响开发自然环境（陈华，2016）。

2. 生态城市

生态城市是指依据生态学的原则构建资源、环境、经济和社会之间相互协调发展的新型城市发展模式，是节约资源并实现资源循环利用，使环境得到有效保护的城市发展理念。

3. 弹性城市

弹性城市是城市发展的一种全新理念，目前更多地应用在城市规划领域，强调城市在应对外界干扰时，化解吸收这种不利因素、从逆境中恢复和从中总结学习的能力。

4. 城市弹性

就像城市脆弱性和城市适应性一样，城市弹性也是城市系统的一种固有属性。城市弹性和城市脆弱性通常以一对相反的概念出现，即城市弹性的增强会导致城市脆弱性的降低。结合弹性理论和弹性城市规划理念，本书认为，城市弹性是指城市在发展过程中面临各种自然和人文因素的干扰，通过城市系统的自我调整来应对各种不利因素，维持系统正常运转，并能从干扰中总结学习增强自身的能力。

第二节　辽宁省沿海城市弹性评价

在借鉴国外弹性城市研究成果的基础上，从综合评价的视角出发，结合具

体城市的特点，运用综合指标法，尝试构建城市弹性综合测度指标体系，即建立城市弹性测度模型。

一、城市弹性总体评价思路

城市弹性测度流程主要包括：研究尺度的界定和研究区域基础信息的采集。其中，研究尺度的界定包括空间尺度和时间尺度的选定；研究区域基础信息的采集包括研究区域概况的说明和相关数据的采集，重在为评估城市弹性提供数据支持。

1. 研究尺度的界定

研究尺度的界定是城市弹性研究开展的首要前提，自然区域、行政区域以及城市在经济、基础建设、社会和生态上存在诸多差异，因此会对研究对象在时间和空间上的选择形成一定限制。因此，应在时间尺度上根据数据的可获得性选择一个较为可行的时间段，在空间尺度上选择一个相对稳定的行政区域，以便研究的开展。

2. 研究区域基础信息的采集

在明确研究尺度的基础上，通过文献回顾、实地考察、查阅相关的年鉴资料与年度报告采集相应的数据，在经济、工程、社会、生态方面对研究城市和区域进行深入了解。

二、城市弹性评价指标体系

1. 评价指标体系构建原则

本章在构建辽宁省城市弹性评价指标体系时，充分考虑了研究对象的特征和规律，按照一定的构建原则建立了一套有效的指标评价体系。综合来看，辽宁省城市弹性评价指标体系的建立遵循以下基本原则。

（1）主导性与综合性相结合

主导性是指重点选取某些方面的指标；综合性是指能够全面分析影响辽宁省城市弹性的自然资源条件、各种环境条件、经济水平和社会发展等因素。

（2）科学性与可操作性相结合

科学性是指要科学规范的选取指标，既要客观反映辽宁省城市弹性，又要保证数据的真实性和可靠性，同时还要保证公平、公正的选取指标。可操作性是指选取的指标不仅方便获取并且易于应用。

（3）动态性与静态性相结合

城市是一个十分复杂的系统。在评价城市弹性时，一般采取动态性与静态性相结合的方式，既要选取能够反映城市弹性现状的指标，又要选取能够反映城市弹性未来发展变化的指标，以准确地评价辽宁省城市弹性的现实情况并进行一定的预测。

（4）独立性与可比性相结合

独立性是指选取的各指标之间相互独立以免重复计算。可比性是指各指标之间在一定的条件下可以进行比较。

2. 评价指标体系的构建

从城市生态、工程、经济和社会 4 个维度，建立与之对应的 30 个具体指标，进而构建辽宁省城市弹性综合评价指标体系（表 7-1）。

表 7-1　辽宁省城市弹性评价指标体系

目标层	准则层	指标层	代码	单位
城市弹性	城市生态弹性	人均公园绿地面积	A1	平方米
		建成区绿化覆盖率	A2	%
		人均粮食产量	A3	吨
		一般工业固体废物综合利用率	A4	%
		人均工业废水排放量	A5	万吨
		人均工业废气排放量	A6	万立方米
		化肥施用折纯量*	A7	万吨
	城市工程弹性	人均城市道路面积	B1	平方米
		万人拥有公共汽车数	B2	辆
		互联网普及率	B3	%
		户均拥有移动电话数	B4	部
		城市供水综合生产能力	B5	万米³/日
		城市建成区排水管道密度	B6	公里/公里²
		城市集中供热能力	B7	热水（兆瓦）
	城市经济弹性	人均GDP	C1	元
		第三产业增加值占地区生产总值的比重	C2	%

续表

目标层	准则层	指标层	代码	单位
城市弹性	城市经济弹性	科技支出占公共财政支出的比重	C3	%
		全社会固定资产投资额	C4	万元
		金融机构存款余额	C5	万元
		实际利用外商投资额	C6	万美元
		规模以上工业企业资产负债率*	C7	%
		社会消费品零售总额	C8	万元
	城市社会弹性	第三产业就业人员比重	D1	%
		城镇常住居民人均可支配收入	D2	元
		城镇职工基本养老保险覆盖率	D3	%
		千人拥有医疗机构床位数	D4	张
		每万人在校大学生数	D5	人
		人口老龄化程度*	D6	%
		城镇登记失业率*	D7	%
		离婚率*	D8	%

注：互联网普及率等于年末国际互联网用户数与总户数的比值。

*表示负向型指标，其余为正向型指标

1）城市生态弹性准则层中，人均公园绿地面积、建成区绿化覆盖率反映城市环境质量和自我净化能力；人均粮食产量反映城市人口与粮食安全问题。由此，衡量城市对生活必需品的自给能力，是城市弹性的内涵和应有之意。化肥施用折纯量反映城市农业用地受污染情况，施用越多，对耕地的污染越严重，进而导致生态脆弱性变强，弹性降低；一般工业固体废物综合利用率、人均工业废水排放量、人均工业废气排放量反映工业活动对生态环境的污染情况。

2）城市工程弹性准则层中，人均城市道路面积和万人拥有公共汽车数反映城市硬件基础设施的完善程度；互联网普及率和户均拥有移动电话数反映城市软件基础设施的完善程度；城市供水综合生产能力、城市建成区排水管道密度和城市集中供热能力反映城市基础设施对生命线的保障能力。

3）城市经济弹性准则层中，人均 GDP、全社会固定资产投资额和社会消费品零售总额反映经济规模与经济活力；第三产业增加值占地区生产总值的比重和科技支出占公共财政支出的比重反映产业结构高级化程度和产业的科技水平；实际利用外商投资额、金融机构存款余额和规模以上工业企业资产负债率反映城市经济与外界的联系程度以及城市在经济危机中的缓冲与恢复能力。

4）城市社会弹性准则层中，第三产业就业人员比重和城镇登记失业率反映城市居民的就业状况；每万人在校大学生数反映城市人口的学习能力；城镇职工基本养老保险覆盖率、千人拥有医疗机构床位数和城镇常住居民人均可支配收入反映城市人口的健康保障和生活质量状况；人口老龄化程度反映城市人口的年龄结构；离婚率反映城市社会的不安定因素。

3. 数据来源

在城市弹性综合测度中，建成区绿化覆盖率、一般工业固体废物综合利用率、人均工业废水排放量、万人拥有公共汽车数、科技支出占公共财政支出的比重、社会消费品零售总额、城镇职工基本养老保险覆盖率、每万人在校大学生数，这8项具体指标来源于《中国城市统计年鉴 2016》，其余 22 项具体指标均来源于《辽宁统计年鉴 2016》，这 30 项具体指标中有部分指标数据是经过简单计算得到的。

4. 主要方法

首先，对数据进行标准化处理；其次，运用熵权法进行权重测算；最后，采用综合指数法和灰色关联分析计算弹性指数。具体步骤见第三章第四节。

三、辽宁省城市弹性评价结果及影响因素

近年来，由于受到整个东北地区经济不景气的影响，辽宁省地区生产总值增长速度下滑严重。2009 年，辽宁省地区生产总值为 15 212.5 亿元，2015 年达到28 669 亿元[①]，2009～2015 年辽宁省经济增长速度总体上呈现出逐年降低的趋势。其主要原因在于，产业结构过于僵化，经济发展缓慢且发展后劲不足的现象明显。同时，产业结构过于老化，对资源的消耗过大，也造成了严重的资源短缺和环境污染等问题。因此，增强城市弹性已成为辽宁省可持续发展迫在眉睫的任务，而科学合理地测度城市弹性则成为可持续发展背景下，促进辽宁省城市健康发展的关键所在。本章以辽宁省为研究区域进行城市弹性评价研究，具有明显的代表性。

（一）辽宁省城市弹性评价结果

1. 指标权重系数计算与分析

辽宁省城市弹性的水平情况分析，既可以从总体弹性水平特征入手，也可

---

①《辽宁统计年鉴 2010》和《辽宁统计年鉴 2016》。

以从城市各子系统的弹性水平入手。将辽宁省 14 个地级市作为研究对象,对城市弹性进行分析,可以从整体上把握辽宁省城市弹性水平的具体情况。

通过计算得到辽宁省城市弹性准则层和指标因子的权重(表 7-2)。由表 7-2 可知,城市经济弹性对城市弹性的影响最大,权重系数为 0.516;其次是城市社会弹性,权重系数为 0.217;再次是城市工程弹性,权重系数为 0.144;城市生态弹性的影响最弱,权重系数为 0.123。在城市经济弹性准则层中,实际利用外商投资额权重值最大,权重系数为 0.348,余下依次是全社会固定资产投资额、金融机构存款余额、社会消费品零售总额、科技支出占公共财政支出的比重、人均 GDP、规模以上工业企业资产负债率和第三产业增加值占地区生产总值的比重,权重系数分别为 0.166、0.162、0.154、0.126、0.027、0.016 和 0.001。在城市社会弹性准则层中,城镇登记失业率权重值最大,权重系数为 0.257,余下依次是每万人在校大学生数、人口老龄化程度、离婚率、城镇职工基本养老保险覆盖率、第三产业就业人员比重、城镇常住居民人均可支配收入和千人拥有医疗机构床位数,权重系数分别为 0.255、0.210、0.183、0.041、0.033、0.011 和 0.010。在城市工程弹性准则层中,城市集中供热能力和城市供水综合生产能力权重值较大,权重系数分别为 0.464 和 0.255,余下依次是户均拥有移动电话数、万人拥有公共汽车数、城市建成区排水管道密度、人均城市道路面积和互联网普及率,权重系数分别为 0.089、0.075、0.062、0.043 和 0.012。在城市生态弹性准则层中,人均粮食产量、化肥施用折纯量、一般工业固体废物综合利用率、人均工业废气排放量和人均工业废水排放量权重值较大,其权重系数分别为 0.292、0.225、0.157、0.132 和 0.130,余下依次是人均公园绿地面积和建成区绿化覆盖率,其权重系数分别为 0.045 和 0.019。

表 7-2 辽宁省城市弹性评价指标权重

目标层	准则层	权重	指标层	代码	单位	权重
城市弹性	城市生态弹性	0.123	人均公园绿地面积	A1	平方米	0.045
			建成区绿化覆盖率	A2	%	0.019
			人均粮食产量	A3	吨	0.292
			一般工业固体废物综合利用率	A4	%	0.157
			人均工业废水排放量*	A5	万吨	0.130
			人均工业废气排放量*	A6	万立方米	0.132
			化肥施用折纯量*	A7	万吨	0.225

续表

目标层	准则层	权重	指标层	代码	单位	权重
城市弹性	城市工程弹性	0.144	人均城市道路面积	B1	平方米	0.043
			万人拥有公共汽车数	B2	辆	0.075
			互联网普及率	B3	%	0.012
			户均拥有移动电话数	B4	部	0.089
			城市供水综合生产能力	B5	万米³/日	0.255
			城市建成区排水管道密度	B6	千米/千米²	0.062
			城市集中供热能力	B7	热水（兆瓦）	0.464
	城市经济弹性	0.516	人均GDP	C1	元	0.027
			第三产业增加值占地区生产总值的比重	C2	%	0.001
			科技支出占公共财政支出的比重	C3	%	0.126
			全社会固定资产投资额	C4	万元	0.166
			金融机构存款余额	C5	万元	0.162
			实际利用外商投资额	C6	万美元	0.348
			规模以上工业企业资产负债率*	C7	%	0.016
			社会消费品零售总额	C8	万元	0.154
	城市社会弹性	0.217	第三产业就业人员比重	D1	%	0.033
			城镇常住居民人均可支配收入	D2	元	0.011
			城镇职工基本养老保险覆盖率	D3	%	0.041
			千人拥有医疗机构床位数	D4	张	0.010
			每万人在校大学生数	D5	人	0.255
			人口老龄化程度*	D6	%	0.210
			城镇登记失业率*	D7	%	0.257
			离婚率*	D8	%	0.183

*表示负向型指标，其余为正向型指标

2. 辽宁省城市弹性等级划分

目前，关于城市弹性评价的研究较少，在分级标准上可以参照的标准不多，而有关脆弱性的研究已有不少成果。弹性一般作为脆弱性的反义概念出现，城市弹性的增强必然会导致城市脆弱性的降低（Maru et al., 2014）。在此，可以参考有关脆弱性的分级研究（苏飞和张平宇，2009；谢盼等，2015；方创琳和王岩，2015；李博等，2015a；何艳冰等，2016），通过计算城市弹性指数，并将城市弹性指数的大小分为 5 级，依次为低度弹性、较低弹性、中度弹性、较高弹性和高度弹性（表 7-3，图 7-1）。

表 7-3 城市弹性测度分级标准

弹性分级	1级	2级	3级	4级	5级
	低度弹性	较低弹性	中度弹性	较高弹性	高度弹性
弹性指数 CRI	0<CRI≤0.3	0.3<CRI≤0.5	0.5<CRI≤0.7	0.7<CRI≤0.9	0.9<CRI≤1

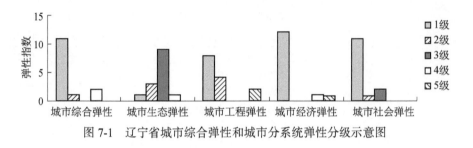

图 7-1 辽宁省城市综合弹性和城市分系统弹性分级示意图

3. 辽宁省城市弹性总体评价

（1）城市综合弹性指数

城市综合弹性指数最低的是葫芦岛，综合弹性指数为 0.193；其次为本溪、阜新和朝阳，综合弹性指数分别为 0.198、0.206 和 0.208；最后是铁岭、营口、辽阳和丹东，综合弹性指数分别为 0.214、0.230、0.234 和 0.236。城市综合弹性指数最高的是大连，综合弹性指数为 0.821；其次是沈阳，综合弹性指数为 0.713；最后是鞍山、盘锦、抚顺和锦州，综合弹性指数分别为 0.315、0.262、0.261 和 0.244。城市综合弹性指数在个体城市之间差距明显，最高得分是最低得分的 4.25 倍。

（2）城市分系统弹性指数

1）城市生态弹性指数最低的是辽阳，弹性指数为 0.295；其次是大连和本溪，弹性指数分别为 0.345 和 0.390；最后是鞍山、沈阳、营口和抚顺，弹性指数分别为 0.415、0.539、0.564 和 0.564。城市生态弹性指数最高的是盘锦，弹性指数达 0.739；其次是铁岭和阜新，弹性指数分别为 0.688 和 0.644；最后是锦州、丹东、朝阳和葫芦岛，弹性指数分别为 0.638、0.633、0.629 和 0.606。

2）城市工程弹性指数较高的是大连和沈阳，弹性指数分别为 0.934 和 0.931；其次是抚顺和鞍山，弹性指数分别为 0.486 和 0.449；最后是本溪、锦州和丹东，弹性指数分别为 0.344、0.325 和 0.297。城市工程弹性指数最低的是辽阳，弹性指数为 0.114；其次为朝阳和葫芦岛，弹性指数分别为 0.213 和 0.243；

最后是铁岭、阜新、盘锦和营口，弹性指数分别为 0.254、0.257、0.264 和 0.280。

3）城市经济弹性指数较高的是大连和沈阳，弹性指数为 0.986 和 0.767；其次是鞍山和盘锦，弹性指数分别为 0.188 和 0.147；最后是丹东、抚顺和营口，弹性指数分别为 0.137、0.127 和 0.124。城市经济弹性指数最低的是辽阳，弹性指数为 0.011；其次是阜新和葫芦岛，弹性指数为 0.053 和 0.064；最后是朝阳、铁岭、锦州和本溪，弹性指数分别为 0.084、0.099、0.107 和 0.123。

4）城市社会弹性指数较高的是沈阳、大连和鞍山，弹性指数分别为 0.540、0.626 和 0.470；其次为锦州和阜新，弹性指数分别为 0.288 和 0.288；最后是盘锦和朝阳，弹性指数分别为 0.263 和 0.260。城市社会弹性指数最低的是辽阳，弹性指数为 0.092；其次是本溪和铁岭，弹性指数分别为 0.171 和 0.190；最后是丹东、葫芦岛、抚顺和营口，弹性指数分别为 0.201、0.232、0.259 和 0.259。

从城市综合弹性来看，处于低度弹性状态的城市有 11 个，占比为 79%，分别是盘锦、抚顺、锦州、丹东、辽阳、营口、铁岭、朝阳、阜新、本溪和葫芦岛；处于较低弹性状态的城市有 1 个，占比为 7%，这个城市是鞍山；处于较高弹性状态的城市有 2 个，占比为 14%，这 2 个城市分别是沈阳和大连。处于中度弹性状态以下的城市占绝大多数。从城市分系统弹性来看，在城市生态弹性中，处于中度弹性状态的城市占大多数，而在其他 3 个城市子系统弹性中处于低度弹性状态的城市占大多数；处于较高弹性状态的是盘锦，由此可见盘锦在生态方面弹性较好；处于较低弹性状态的是鞍山、本溪和大连；处于低度弹性状态的是辽阳；没有处于高度弹性状态的城市。在城市工程弹性中，处于高度弹性状态的城市有 2 个，占比为 14%，分别是沈阳和大连；处于中度弹性状态以下的城市有 12 个，占比为 86%，分别是抚顺、鞍山、本溪、锦州、丹东、营口、盘锦、阜新、铁岭、葫芦岛、朝阳和辽阳，其中丹东、营口、盘锦、阜新、铁岭、葫芦岛、朝阳和辽阳处于低度弹性状态。在城市经济弹性中，处于高度弹性状态的城市有 1 个，该城市是大连；处于较高弹性状态的城市有 1 个，该城市是沈阳；处于低度弹性状态的城市有 12 个，分别是鞍山、盘锦、丹东、抚顺、营口、本溪、锦州、铁岭、朝阳、葫芦岛、阜新和辽阳，可以看出辽宁省城市经济弹性两极分化现象较为严重。在城市社会弹性中，处于低度弹性状态的城市有 11 个，分别是锦州、阜新、盘锦、朝阳、营口、抚顺、葫芦岛、丹东、铁岭、本溪和辽阳；处于中度弹性状态的城市有 2 个，分别是沈阳和大连；处于较低弹性状态的城市有 1 个，该城市是鞍山。

4. 辽宁省城市弹性空间分异特征

辽宁省城市弹性呈现显著的"梯度化"分异特征, 辽中南地区城市弹性明显高于其他地区, 尤其是沈阳和大连城市弹性较高, 其次是鞍山等城市。另外, 在城市分系统弹性中, 除城市生态弹性以外的其他三个城市子系统的空间分异特征基本与城市综合弹性保持一致, 而城市生态弹性空间分异与城市综合弹性呈相反态势。

辽宁省城市弹性空间分布呈现的"梯度化"分异特征, 是自然和人文等诸多因素共同作用的结果。沈阳和大连的经济总量占全省的 2/3 以上, 加上国家和辽宁省的大力支持以及其优越的地理位置, 使得沈阳和大连几乎在各项指标上都要高于省内其他城市, 因此在省内呈现两城独大的局面。从自然条件来看, 辽西地区的地形条件远不及辽中南地区, 辽西地区地形以山地丘陵为主, 生态环境脆弱, 不宜进行大规模的经济生产活动, 进而造成辽西地区长期以来贫困落后的状况。从历史发展来看, 辽宁省的经济重心一直位于辽中南城市群, 尤其是沈大沿线地区, 长期的工业发展带动了经济的快速发展, 使得辽中南城市群相较其他地区在医疗、教育、科技、文化、基础设施等方面占有优势。同时, 产业结构不合理以及对污染处理不到位, 使得辽中南地区城市面临较为严重的生态问题。

（二）辽宁省城市弹性影响因素

1. 关联系数和关联度计算

灰色关联度值越大, 表示指标因子对城市弹性的影响作用越强, 贡献作用越明显, 反之亦然。因此, 依据关联度值的大小, 可对影响城市弹性的准则层和指标层的具体指标因子按强弱进行排序。首先, 计算城市弹性与具体指标因子间的关联度值; 其次, 计算城市弹性与准则层间的综合关联度值。通过计算, 得到关联系数（表 7-4）, 然后对各城市关联系数之和求平均值, 得到 30 个指标因子与城市弹性间的关联度值（表 7-5）。将关联系数代入式（3-10）, 得到各准则层与城市弹性的综合关联度值（表 7-6）。

表 7-4　辽宁省 14 个城市城市弹性与指标因子间的关联系数

指标	沈阳	大连	鞍山	抚顺	本溪	丹东	锦州
A1	0.6602	0.5759	0.9936	0.9785	0.8956	0.9646	0.8688
A2	0.6516	0.6006	0.9871	0.8983	0.8078	0.8773	0.9506
A3	0.6301	0.4977	0.8959	0.8835	0.9143	0.9655	0.8135

续表

指标	沈阳	大连	鞍山	抚顺	本溪	丹东	锦州
A4	0.7090	0.6074	0.7753	0.9840	0.8522	0.8051	0.8154
A5	0.6122	0.4822	0.8364	0.9011	0.8587	0.9356	0.9705
A6	0.8750	0.6309	0.7998	0.8825	0.8450	0.9499	0.6520
A7	0.5356	0.5048	0.8382	0.7259	0.3678	0.9680	0.8448
B1	0.7240	0.6012	0.9395	0.9920	0.8935	0.8528	0.9330
B2	0.6515	0.7352	0.9114	0.9859	0.9334	0.8272	0.9545
B3	0.6670	0.6022	0.9593	0.9606	0.7922	0.9121	0.8968
B4	0.8502	0.6335	0.9645	0.9777	0.9046	0.9562	0.9264
B5	0.9978	0.7787	0.6870	0.7604	0.7436	0.9310	0.9250
B6	0.6640	0.5744	0.8924	0.9691	0.9229	0.7936	0.9558
B7	0.6027	0.9131	0.9596	0.7888	0.9680	0.8594	0.9280
C1	0.7552	0.7693	0.9491	0.9240	0.8073	0.9843	0.9895
C2	0.6596	0.6122	0.9694	0.9366	0.8678	0.9051	0.9325
C3	0.6850	0.8770	0.9688	0.9197	0.8404	0.9820	0.8859
C4	0.5482	0.7079	0.9082	0.8629	0.9296	0.8869	0.9326
C5	0.5620	0.6221	0.9566	0.8528	0.8894	0.8965	0.9293
C6	0.8054	0.3334	0.7539	0.7506	0.8620	0.9661	0.8085
C7	0.6478	0.5757	1.0000	0.9533	0.8829	0.9090	0.8376
C8	0.5438	0.7611	0.9819	0.9362	0.9053	0.9190	0.9462
D1	0.6714	0.6159	0.9419	0.8988	0.8473	0.9338	0.9273
D2	0.7037	0.6317	0.9732	0.9488	0.8654	0.9456	0.9250
D3	0.6236	0.6418	0.9453	0.9530	0.9461	0.9472	0.9364
D4	0.6763	0.5885	0.9646	0.8823	0.8424	0.8711	0.9810
D5	0.7449	0.9647	0.8395	0.8685	0.9890	0.9634	0.7465
D6	0.6355	0.5753	0.9876	0.9618	0.8815	0.9295	0.9526
D7	0.6476	0.6134	0.9479	0.9106	0.9317	0.9703	0.9937
D8	0.5864	0.5585	0.9845	0.9404	0.9358	0.8973	0.7807
指标	营口	阜新	辽阳	盘锦	铁岭	朝阳	葫芦岛
A1	0.9293	0.8518	0.9348	0.9212	0.8781	0.9081	0.7871
A2	0.9066	0.8549	0.8928	0.9371	0.8485	0.9344	0.9088
A3	0.9326	0.7557	0.8867	0.7393	0.5586	0.8413	0.9641
A4	0.7995	0.7811	0.7983	0.8069	0.8987	0.8344	0.8296
A5	0.9805	0.9771	0.8257	0.8073	0.6458	0.3612	0.8424
A6	0.8368	0.7677	0.9659	0.9889	0.6895	0.9724	0.7843
A7	0.9106	0.8857	0.8594	0.8506	0.8446	0.9421	0.9682
B1	0.9473	0.8751	0.7794	0.9203	0.8403	0.9635	0.8869
B2	0.9035	0.9527	0.9792	0.9780	0.7193	0.9288	0.8169
B3	0.9088	0.8555	0.8979	0.8980	0.9854	0.9744	0.9154
B4	0.9454	0.9466	0.8997	0.8796	0.9798	0.9893	0.9364
B5	0.9755	0.9073	0.9143	0.8290	0.8463	0.8600	0.9361
B6	0.9714	0.8598	0.8515	0.8866	0.9076	0.7231	0.8396
B7	0.9424	0.9743	0.8885	0.8473	0.8936	0.8867	0.8707
C1	0.8691	0.9416	0.9111	0.7696	0.9214	0.9349	0.9488
C2	0.8883	0.9040	0.9512	0.9957	0.9033	0.8708	0.8509

续表

指标	营口	阜新	辽阳	盘锦	铁岭	朝阳	葫芦岛
C3	0.9309	0.8842	0.9806	0.9817	0.9551	0.8667	0.9321
C4	0.9895	0.8228	0.8597	0.9719	0.8608	0.8941	0.8312
C5	0.9759	0.8540	0.8967	0.8482	0.8653	0.8968	0.9176
C6	0.7935	0.7894	0.9105	0.9142	0.9057	0.7857	0.8009
C7	0.9166	0.8636	0.8853	0.9237	0.9035	0.9101	0.8804
C8	0.9114	0.8644	0.8758	0.8330	0.9050	0.9198	0.9408
D1	0.7829	0.8786	0.9695	0.9667	0.9283	0.9482	0.8950
D2	0.8668	0.9383	0.9218	0.8769	0.9766	0.9611	0.8956
D3	0.9921	0.9289	0.9604	0.7146	0.7880	0.8312	0.8558
D4	0.9653	0.8572	0.8380	0.9486	0.9852	0.9141	0.9160
D5	0.9102	0.8041	0.9680	0.8117	0.8676	0.7986	0.8381
D6	0.8867	0.8580	0.9237	0.9021	0.8744	0.8306	0.8401
D7	0.8267	0.8913	0.9027	0.8435	0.9002	0.9115	0.9183
D8	0.9875	0.9027	0.9056	0.9544	0.9640	0.6858	0.6956

表 7-5 辽宁省城市弹性与影响指标因子间的关联度值

指标因子	A1	A2	A3	A4	A5	A6	A7
关联度	0.868	0.861	0.806	0.807	0.788	0.832	0.789

指标因子	B1	B2	B3	B4	B5	B6	B7
关联度	0.868	0.877	0.873	0.914	0.864	0.844	0.880

指标因子	C1	C2	C3	C4	C5	C6	C7	C8
关联度	0.891	0.875	0.906	0.858	0.855	0.799	0.864	0.875

指标因子	D1	D2	D3	D4	D5	D6	D7	D8
关联度	0.872	0.888	0.862	0.874	0.865	0.860	0.872	0.841

表 7-6 辽宁省 14 个城市城市弹性与影响准则层的综合关联度值

项目	沈阳	大连	鞍山	抚顺	本溪	丹东	锦州
城市弹性	0.713	0.821	0.315	0.261	0.198	0.236	0.244
$R_{城市生态弹性}$	0.653	0.538	0.850	0.870	0.762	0.933	0.825
$R_{城市工程弹性}$	0.739	0.802	0.882	0.835	0.894	0.880	0.931
$R_{城市经济弹性}$	0.657	0.603	0.895	0.853	0.881	0.934	0.886
$R_{城市社会弹性}$	0.659	0.686	0.936	0.918	0.933	0.943	0.878

项目	营口	阜新	辽阳	盘锦	铁岭	朝阳	葫芦岛
城市弹性	0.230	0.206	0.234	0.262	0.214	0.208	0.193
$R_{城市生态弹性}$	0.900	0.826	0.872	0.829	0.725	0.823	0.895
$R_{城市工程弹性}$	0.950	0.940	0.896	0.862	0.876	0.887	0.889
$R_{城市经济弹性}$	0.901	0.838	0.902	0.906	0.898	0.864	0.872
$R_{城市社会弹性}$	0.897	0.866	0.928	0.868	0.896	0.823	0.837

2. 城市弹性影响因素分析

由表 7-5 可知：

1）30 个影响指标因子与城市弹性的关联度值均较大，其值都在 0.75 以上，充分显示了各指标因子对城市弹性的变化具有重要影响，同时表明各指标因子的选择较为合理。关联度值在 0.85 以下的指标仅包括人均粮食产量（A3）、一般工业固体废物综合利用率（A4）、人均工业废水排放量（A5）、人均工业废气排放量（A6）、化肥施用折纯量（A7）、城市建成区排水管道密度（B6）、实际利用外商投资额（C6）和离婚率（D8）这 8 项指标，且城市弹性与户均拥有移动电话数（B4）和科技支出占公共财政支出的比重（C3）的关联度值在 0.90 以上。

2）城市生态弹性是城市发展的必要条件，生态弹性的强弱直接影响着城市的可承载能力。在城市生态弹性准则层中，与城市弹性关联度值较高的指标包括人均公园绿地面积（A1）、建成区绿化覆盖率（A2）、人均工业废气排放量（A6）。

3）城市工程弹性是城市发展的基础，基础设施的完善不仅能够极大地缓解自然和人为因素带来的干扰，还具备在遭受一定程度破坏后的快速恢复能力。在城市工程弹性准则层中，与城市弹性关联度值较高的指标包括户均拥有移动电话数（B4）、城市集中供热能力（B7）、万人拥有公共汽车数（B2）、互联网普及率（B3）。

4）城市经济弹性是城市发展的主要内容，城市是各种经济活动的主要场所。在城市经济弹性准则层中，与城市弹性关联度值较高的指标包括科技支出占公共财政支出的比重（C3）、人均 GDP（C1）、社会消费品零售总额（C8）、第三产业增加值占地区生产总值的比重（C2）。

5）城市社会弹性是城市发展的最终目的，城市社会弹性的提高，不仅会提高人们的物质生活水平，还会提升人们精神生活的满意度，从而实现人的全面发展。在城市社会弹性准则层中，与城市弹性关联度值较高的指标包括城镇常住居民人均可支配收入（D2）、千人拥有医疗机构床位数（D4）、第三产业就业人员比重（D1）、城镇登记失业率（D7）。

由表 7-6 可知：

1）在城市弹性的 4 个准则层中，城市生态弹性准则层与城市弹性综合关联度值较大的城市分别是丹东、营口、葫芦岛、辽阳和抚顺；城市工程弹性准则层与城市弹性综合关联度值较大的城市分别是营口、阜新、锦州、辽阳和本溪；

城市经济弹性准则层与城市弹性综合关联度值较大的城市分别是丹东、盘锦、辽阳、营口；城市社会弹性准则层与城市弹性综合关联度值较大的城市分别是丹东、鞍山、本溪、辽阳、抚顺。

2）不同城市分系统弹性与城市弹性综合关联度值的差异，充分体现出不同城市间在地形地貌、社会经济、城市基础设施、人口密度、城市产业结构、城市规模等方面对城市弹性影响的差异。

第三节　大连市城市弹性的评级研究

大连市是位于辽宁省最南部的一个城市，目前有 7 个市辖区、2 个县级市和 1 个县。2018 年末，大连市户籍总人口为 595.2 万人，地区生产总值为 6500.9 亿元①。作为辽宁省，甚至整个东北地区经济实力最强的城市，以大连市为例进行典型案例分析对其他城市具有较强的指导意义。

一、大连市城市弹性动态演变

1. 大连市城市弹性测度

根据第三章第四节城市弹性评价模型设计的总体思路，依据城市弹性评价指标体系建立的原则，构建大连市城市弹性评价指标体系，首先对数据进行标准化处理，然后运用熵权法确定权重系数并运用综合指数法对大连市城市弹性进行测度。

建设弹性城市的主要目标是抵抗外界干扰，使城市更具活力，进而实现可持续发展。依据弹性城市的内涵，结合大连城市特色，分别从生态、工程、经济、社会四个方面选取 22 个基础性指标，构建城市弹性评价指标体系（表7-7）。由于城市弹性与城市生态弹性、城市工程弹性、城市经济弹性、城市社会弹性之间呈正相关关系，即这四个方面指标层面的指标值越大，城市弹性就越大。城市生态弹性是城市健康、稳定、可持续发展的基础，既要考虑当前的生态状

---

① 大连市统计局。

况，减少城市污染的产生，还要保护自然生态环境，使城市开发建设不超过环境承载力。因此，选取的指标主要考虑建成区绿化覆盖率、一氧化碳年均值、工业固体废物产生量、工业废水排放量、人均公园绿地面积。城市工程弹性主要是指城市公共基础设施完善程度，主要包括硬件基础设施和软件基础设施，公共基础设施越完善，城市在遭遇危机时的应变能力和恢复能力越强。因此，选取的指标主要考虑人均拥有道路面积、排水管道密度、互联网普及率、民用机动船拥有量、人均生活日用电量。城市要具有强大的经济弹性首先要基于一定的经济基础、优化的产业结构以及具有活力的经济发展模式。因此，选取的指标主要考虑大连市地区生产总值增速、人均 GDP、大连市地区生产总值占辽宁省地区生产总值的比重、第三产业产值占地区生产总值的比重、人均固定资产投资额、实际利用外商投资额。城市社会弹性主要强调人的作用，不仅要满足人的物质和精神需求，提高人的素质和生活质量，还要为人类提供一个公平、有序、稳定、和谐的社会，以应对各种不确定的突发事件。因此，选取的指标主要考虑城镇居民人均可支配收入、研究生在校人数、每千人拥有执业医师数、城市恩格尔系数、城镇化率、人口自然增长率。

表 7-7 大连市城市弹性评价指标体系

目标层	准则层	权重	指标层	代码	单位	权重
城市弹性	城市生态弹性	0.185	建成区绿化覆盖率	A1	%	0.249
			一氧化碳年均值*	A2	毫克/米 ^{3}	0.118
			工业固体废物产生量*	A3	万吨	0.170
			工业废水排放量*	A4	亿吨	0.216
			人均公园绿地面积	A5	平方公里	0.247
	城市工程弹性	0.225	人均拥有道路面积	B1	平方米	0.198
			排水管道密度	B2	公里/公里 ^{2}	0.198
			互联网普及率	B3	%	0.136
			民用机动船拥有量	B4	艘	0.325
			人均生活日用电量	B5	千瓦小时	0.143
	城市经济弹性	0.303	大连市地区生产总值增速	C1	%	0.115
			人均 GDP	C2	万元	0.217
			大连市地区生产总值占辽宁省地区生产总值的比重	C3	%	0.125
			第三产业产值占地区生产总值的比重	C4	%	0.142
			人均固定资产投资额	C5	万元	0.196
			实际利用外商投资额	C6	亿美元	0.205

续表

目标层	准则层	权重	指标层	代码	单位	权重
城市弹性	城市社会弹性	0.287	城镇居民人均可支配收入	D1	万元	0.202
			研究生在校人数	D2	人	0.120
			每千人拥有执业医师数	D3	人	0.139
			城市恩格尔系数*	D4	%	0.226
			城镇化率	D5	%	0.164
			人口自然增长率*	D6	%	0.149

*表示负向型指标,其余为正向型指标

其中,统计指标数据主要来源于 2005～2015 年的《大连市国民经济和社会发展统计公报》和《大连统计年鉴》。

2. 大连市城市弹性动态分析

在确定指标的权重系数之后,将第 j 项指标的权重值与标准化值的乘积作为该项指标的评价值,并通过加权求和得到 2004～2014 年大连市城市综合弹性指数和各子系统弹性指数,由此可以得到大连市城市弹性变化趋势(图 7-3)。

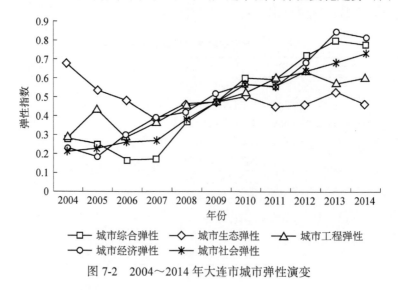

图 7-2　2004～2014 年大连市城市弹性演变

从图 7-2 中可以看出:

(1)在城市综合弹性方面

2004～2014 年,大连市城市综合弹性呈现不断上升趋势,弹性指数由 2004 年的 0.252 上升到 2014 年的 0.723,城市综合弹性水平由低度弹性水平上升到较高弹性水平。2014 年，大连市地区生产总值达到 7655.6 亿元，人均 GDP 达到 109 939 元①，交通便利度和信息通达度有了较大提高，社会和谐稳定，并被多次评为国家卫生城市。可见，大连市有了长足的发展，但是距离高度弹性水平还有一定差距。

（2）在城市生态弹性方面

随着城市规模的不断扩大，城市生态弹性在 2004～2014 年波动幅度较大，弹性指数由 2004 年的 0.686 下降到 2014 年的 0.479。随着城市开发强度增大、人口激增、产业集聚度攀升、资源与能源的消耗增大，以及人们环保意识的淡薄，城市生态环境面临着严峻的挑战。此外，在一定时期内大连市城市生态弹性指数与城市经济弹性指数都有所上升，说明城市经济发展与城市环境改善是可以共存的。

（3）在城市工程弹性方面

2004～2014 年，城市工程弹性有了较大改观，城市工程弹性指数由 2004 年的 0.289 上升到 2014 年的 0.602，弹性水平由低度弹性水平上升到中度弹性水平。近年来，大连市在基础设施建设方面投资力度很大，跨海大桥的修建和轨道交通的运行极大地缓解了市区交通拥挤现象。排水系统和输气管道的不断完善以及互联网的广泛普及，在方便人们物质生活的同时，也丰富了人们的精神生活。同时，信息的通畅也保障了在自然或人为不利因素来临时，人们能及时地采取相应的措施。

（4）在城市经济弹性方面

近年来，大连市建成区面积不断扩大，优势资源转换步伐不断加快，产业结构调整力度不断加大，城市经济发展取得了显著成效，城市地区生产总值不断增长，产业结构进一步优化，生态友好型产业比重不断上升。城市经济弹性指数呈现快速增长的趋势，地区生产总值由 2004 年的 1850.4 亿元上升到 2014 年的 7655.6 亿元②，人均 GDP 也有了大幅度增加，实际利用外资额和人均固定资产投资额都有所增加，表明大连市城市经济规模化发展势头良好。

（5）在城市社会弹性方面

大连市三面环海，区位条件优良，城镇人口比重大，人口素质和科技水平相对较高，社会发展基础牢固，属于我国相对发达的城市。随着城市经济的不

---

① 《大连统计年鉴 2015》。

② 《大连统计年鉴 2005》和《大连统计年鉴 2015》。

断发展，科技水平不断提升，人民生活水平进一步改善，社会各项事业显著进步，城市社会弹性指数整体上呈现快速升高的趋势。大连市城市社会弹性指数由 2004 年的 0.205 逐渐上升到 2014 年的 0.713，弹性水平由低度弹性水平上升为较高弹性水平，表明大连市城市社会弹性有了长足的进步。

二、大连市城市弹性影响因素

为了进一步探明影响大连市城市弹性的主要因素，运用灰色关联分析方法对大连市城市弹性与各项评价指标进行关联分析。通过计算，得到大连市城市弹性指数与各项评价指标指数之间的关联度值（表 7-8）。其中，关联度值较大的前五项都在 0.85 以上，分别是城镇居民人均可支配收入（D1）、人均 GDP（C2）、研究生在校人数（D2）、排水管道密度（B2）和人均拥有道路面积（B1）。一般地，用 γ 表示关联度，当 $0<\gamma\leq0.3$ 时，关联度为轻度；当 $0.3<\gamma\leq0.6$ 时，关联度为中度；当 $0.6<\gamma\leq1$ 时，关联度为强度。由各指标因子与城市弹性的关联度值的分析可知，影响指标因子与城市弹性的关联度值均较大，其关联度均为强度，这充分显示了各指标因子对城市弹性变化具有重要影响，也表明了各指标因子的选择较为合理。

表 7-8　大连市城市弹性与评价指标的关联度值

指标因子	A1	A2	A3	A4	A5	B1	B2	B3	B4	B5	C1
关联度	0.724	0.704	0.681	0.723	0.749	0.864	0.878	0.748	0.758	0.804	0.749

指标因子	C2	C3	C4	C5	C6	D1	D2	D3	D4	D5	D6
关联度	0.923	0.754	0.747	0.614	0.739	0.932	0.887	0.762	0.774	0.766	0.613

1）城市弹性水平的高低与大连市经济发展水平和人民生活水平的关系最密切，城镇居民人均可支配收入可以很好地反映一个地区的人民生活水平，人均GDP 不仅可以反映一个地区的经济发展水平，还可以在一定程度上反映人民生活水平的高低。一般地，随着经济发展水平的提高，人均可支配收入会得到提高，人民生活水平自然也会得到提高，即大连市经济发展水平是制约城市弹性的最主要因素。尽管大连市经济发展水平在东北地区属于高水平，但与发达国家和我国经济发达地区，如北京、上海、广州等相比，还存在较大差距。受整个东北地区经济不景气的影响，目前大连市的经济疲软现象已经凸显，产业结

构不合理和大型国有企业的低效率运作是制约大连市经济发展的最主要因素。

2）与城市弹性水平较密切的是研究生在校人数。研究生在校人数可以反映一个地区的科技教育和高端人才储备水平，人才是一个国家的核心竞争力所在，同样也是一个城市的核心竞争力所在。目前，整个东北地区人才外流现象严重，大连市也不例外，而且外流人员大多都是有知识、有文化的青壮年，科技型人才和高端服务型人才相对短缺。大连市已经逐渐步入老龄化社会，人口红利在不断消失，人才结构不合理，人才结构与产业结构错位现象严重，高精尖产业人才相对缺乏。

3）排水管道密度和人均拥有道路面积与城市弹性的关联度相对较高。排水管道密度和人均拥有道路面积可以反映一个地区基础设施的完善程度。完善的基础设施是一个城市快速发展的基础和保障。虽然大连市的基础设施完善程度在过去十几年有了较大改观，但交通拥挤、城市用地无序化开发等现象严重，未来大连市基础设施水平还有很大的提升空间。

第四节　城市弹性调控路径

由于不同的城市子系统有不同的特点，各个子系统之间存在彼此依存、彼此促进、彼此制约的相互联系。当负面影响超过一定限度时就会增加子系统的脆弱性，使弹性下降，进而影响城市弹性整体的发展。弹性评价是揭示区域发展可持续性程度的重要手段，对实现辽宁省城市可持续发展具有十分重要的意义。

1）加强区域一体化发展，缩小城市间弹性差异。由辽宁省14个地级市的城市弹性水平和影响因素分析结果，可对辽宁省划分片区，以提升片区内城市弹性的发展水平。在未来的发展中，辽宁省可重点打造辽宁沿海经济带、沈阳经济区和辽宁西北部地区，以促进区域一体化发展。一方面，提高片区城市应对不确定性风险的能力；另一方面，缩小省内各城市间城市弹性的差异。由此，深入贯彻辽宁省三大区域城市一体化发展是提高辽宁省城市弹性的重要手段。

2）鼓励城市差异化发展，提高城市弹性协调度。因为每个城市的自然条件、历史条件和发展阶段存在不同,应因地制宜,坚持城市及区域差异化发展战略,积极促进城市及区域间的协调发展。一是要保证每个城市经济、工程、社会和生态系统弹性的发展;二是要努力提高每个城市四个城市子系统(即生态、经济、社会、工程子系统)间的协调发展程度;三是要通过城市间的差异互补促进区域内城市弹性的整体提高。这就要求,各城市应根据自身特色,重点开发资源并带动相关领域的发展,同时与区域内的其他城市形成统筹协调发展之势,切实提升各城市的城市弹性。

1. 城市生态弹性调控

一方面,需要加大环境治理力度,切实整治污染源,以遏制生态环境恶化,通过增加城市绿地面积,以改善自然环境;另一方面,需要因地制宜,发展特色农业,以保证必要的粮食供给,保护生物资源的多样性。此外,还需要加强对废水、废气、固体废物排放的监管与调控,同时还要对相应的技术进行改良与创新,提高废物的利用率,争取达到循环利用的目的。

2. 城市工程弹性调控

中华人民共和国成立后,辽宁省的发展非常快,城镇化率也较高,基础设施相对比较完善。但近年来,逐渐落后于国内其他发展较好的城市,基础设施比较陈旧。由此,①要加大公共交通建设,合理规划交通线路,拓宽城市中重要的交通干线,鼓励民众乘坐公共交通工具,缓解交通拥挤现象。②在知识经济时代,要实现网络全面覆盖,提升网络连接速度,方便人们的交流与合作。③要加大城市给排水系统和供热系统基础设施建设,提高城市供水综合生产能力,增加城市建成区排水管道密度,实现城市全部集中供热;同时,完善住宅小区配套设施建设,如医疗卫生设施建设、公共交通建设、各类学校建设等,以满足人们就医、出行和生活的需要。

3. 城市经济弹性调控

近年来,由于受到整个东北经济不景气的影响,辽宁省经济出现了明显的下滑趋势,有些城市的经济增速甚至出现了负增长。首先,通过对过于僵化的国有企业进行深度改革,优化升级产业结构,提高其运行效率,以促进经济的快速发展。其次,通过加大科技的投入,鼓励创新,充分利用辽宁省的资源优势,大力发展高技术产业和装备制造业。同时,政府还可借助"一带一路"倡议，通过制定合理的土地政策，以鼓励和吸引外商投资。

4. 城市社会弹性调控

城市社会弹性调控要突出以人为本的发展理念。经济发展、社会进步是为了提高人民的生活水平，提升人民的幸福感，进而实现人的全面发展。城市社会弹性调控措施主要包括：①通过产业结构的优化升级，提高第三产业就业人员比重，增加城镇常住居民人均可支配收入。②政府应制定行之有效的措施，保障城镇职工的基本养老，并通过提供更具针对性的培训，以鼓励促进下岗人员再就业，降低城镇登记失业率。③引导社会文化的发展，重视传统文化的传承，进而提高人民的文化素养。

第八章

地理学视角下中国海洋渔业经济
可持续发展的实证研究

第一节 中国海洋渔业产业生态系统脆弱性的研究结果

一、中国海洋渔业经济现状

2001～2015 年，中国海洋渔业生产总值与海洋经济总值之比呈现下降趋势，由 2001 年的 10.1%下降至 2015 年的 6.7%[①]，表明海洋第一产业比重逐渐下降，海洋产业结构在不断调整。同时，也进一步反映了中国海洋渔业作为传统海洋产业在海洋经济不断调整升级的过程中，优势逐渐减弱，对海洋经济发展的贡献程度逐渐降低。

根据三轴图法的相关原理，利用海洋渔业三次产业结构重心运动轨迹来描述产业结构的演化过程。选取中国海洋渔业三次产业分别占海洋渔业经济总产值的比重为基准数据建立仿射坐标系，绘制中国海洋渔业产业结构演变轨迹（图 8-1）。

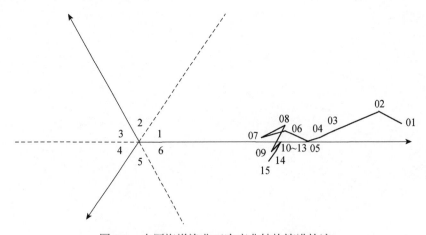

图 8-1 中国海洋渔业三次产业结构演进轨迹

1～6：仿射坐标轴以及两轴角的角平分线把平面分成的六个区域；01-15：2001～2015 年

1）2001～2015 年，中国海洋渔业产业结构演变呈现左旋演进模式（图 8-1）。演进轨迹由第 1 区域向第 6 区域过渡，三次产业结构正在从"一二三"逐步向

① 《中国渔业统计年鉴 2002》和《中国渔业统计年鉴 2016》。

"一三二"模式转变。其中，海洋渔业第一产业比重由 2001 年的 65.3%下降到 2015 年的 51.4%，海洋渔业第二、第三产业比重分别由 2001 年的 19.5%和 15.2% 上升到 2015 年的 23.1%和 25.5%①。由此表明，中国海洋渔业产业正由初级阶段向中级阶段发展，发展势头良好，但转型速度较为缓慢。

2）"十五"和"十一五"期间，海洋渔业产业保持"一二三"初级化的发展模式，自"十二五"起产业结构发生变化，海洋渔业第三产业比重逐渐提高。但在海洋渔业经济总产值中，仍一直以科技含量低的海洋渔业第一产业为主导，产业同构现象明显，并以粗放式经营为主进行生产作业，集约化和现代化养殖水平较低；海洋渔业第二、第三产业比重较小，中国海洋渔业产业高级化程度较低，海洋水产加工业、建筑业以及海洋渔业流通和服务业发展相对迟缓，核心科技支撑力不足，缺乏水产品精深加工，渔民过度依赖海洋资源造成产业过度集聚在以海洋第一产业为主的粗放型海洋产业，减缓了转产转业的进程，相关产业融合度低，造成海洋渔业产业结构配比不合理。因此，海洋渔业产业结构急需由初、低级阶段向中、高级阶段转变。

3）从脆弱性角度来看，2001~2015 年中国海洋渔业产业结构以捕捞业和养殖业为主，造成海洋渔业劳动力、技术和资金等各种生产要素过度集中，并直接影响了海洋渔业第二、第三产业的劳动力、技术和资金等生产要素的投入，阻碍了海洋渔业高级化发展的速度。同时，海洋渔业过度集中在第一产业，导致出现资源衰退、生态环境破坏、海洋渔业生物多样性减少等问题，迫使中国海洋渔业产业生态系统脆弱性逐渐攀升。

二、海洋渔业产业生态系统脆弱性识别与指标体系构建

1. 脆弱性识别

海洋渔业产业生态系统是基于海洋渔业产业可持续发展的需求，解决海洋渔业产业发展与环境、资源之间的矛盾而提出的，旨在仿照自然系统的物质循环和能量流动模式重塑现有的产业经济模式，从资源的高效利用、减少废弃物的排放等中获得经济效益与生态效益的统一。海洋渔业产业生态系统由海洋渔业产业子系统和海洋渔业环境子系统构成。海洋渔业产业子系统是以海洋渔业

---

①《中国渔业统计年鉴》（2002~2016 年）。

资源开发、利用为核心，包括海洋捕捞业、海水养殖业，以及由海洋捕捞业及海水养殖业延伸出的上下游产业，如水产品保鲜加工等。海洋渔业环境子系统包括海洋渔业生态环境和海洋渔业社会环境，如海洋生物资源总体及其生长环境和以海洋渔业产业为基础，进行生产或生活的人民所形成的，具有海洋特色的道德标准、思想观念、教育、法律、政策、科技等社会性要素（图8-2）。

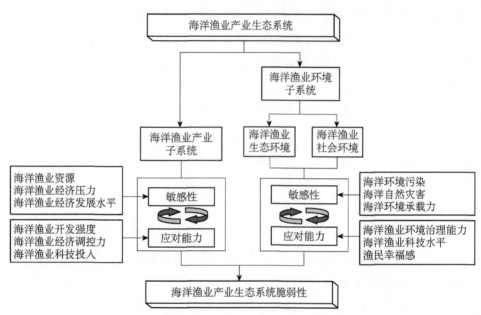

图 8-2 中国海洋渔业产业生态系统脆弱性逻辑框架

近年来，沿海地区海洋渔业发展中存在的脆弱性问题逐渐暴露。这种脆弱性不仅来自系统自身内部结构先天的不稳定性和敏感性，还来自外界的压力和干扰，进而导致系统遭受损害时发生不可逆变化。前者为结构性脆弱性，后者为胁迫性脆弱性。中国沿海地区由于受到海洋资源、结构、体制和市场等方面的约束，面临着可持续发展的综合性问题，海洋渔业资源过度开发导致资源枯竭、生态破坏甚至是环境灾害；长期以来，过度依赖海洋渔业资源形成的单一化产业结构、多样性经济结构尚未成熟，缺乏培育海洋渔业产业竞争优势的外部条件，导致海洋渔业产业生态系统结构性脆弱；在经济全球化背景下，技术进步和产业结构升级，使得海洋渔业开发与利用面临较大的外部竞争压力，威胁着沿海地区经济的稳定性和持续性，导致沿海地区海洋渔业产业生态系统的脆弱性提高。

2. 脆弱性指标体系构建

以 Gallopín（2006）提出的敏感性–应对能力的脆弱性评估框架，选取 12 个一级指标和 23 个二级指标，构建中国海洋渔业产业生态系统脆弱性的评价指标体系（表 8-1）。同时，目标层的敏感性指标与应对能力指标又可分别细分为准则层的海洋渔业产业子系统和海洋渔业环境子系统。在敏感性指标体系下，海洋渔业产业子系统包括海洋渔业资源、海洋渔业经济压力、海洋渔业经济发展水平 3 个一级指标；海洋渔业环境子系统包括海洋环境污染、海洋自然灾害、海洋环境承载力 3 个一级指标。在应对能力指标体系下，海洋渔业产业子系统包括海洋渔业开发强度、海洋渔业经济调控力、海洋渔业科技投入 3 个一级指标；海洋渔业环境子系统包括海洋渔业环境治理能力、海洋渔业科技水平、渔民幸福感 3 个一级指标。

表 8-1　中国海洋渔业产业生态系统脆弱性评价指标体系及权重

目标层	准则层	一级指标	二级指标	代码	指标解释与性质	权重
敏感性 0.687	海洋渔业产业子系统	海洋渔业资源	人均海洋捕捞产量（吨）	S1	反映海洋渔业产业经济对资源的敏感性（+）	0.066
		海洋渔业经济压力	海洋灾害损失（亿元）	S2	反映灾害对海洋渔业经济的破坏性（+）	0.035
		海洋渔业经济发展水平	海洋渔业经济生产总值占地区生产总值的比重（%）	S3	反映海洋渔业经济对地区生产总值的贡献度（−）	0.068
			人均海洋渔业生产总值（元）	S4	反映海洋渔业经济发展现状（−）	0.032
	海洋渔业环境子系统	海洋环境污染	近岸海域一、二类水质占比（%）	S5	反映海洋渔业适宜的生存环境（−）	0.099
			工业直排入海废水量（万吨）	S6	反映海洋环境污染现状（+）	0.031
		海洋自然灾害	风暴潮灾害面积（万公顷）	S7	反映海洋渔业产业对自然环境的敏感性（+）	0.026
			赤潮灾害面积（平方公里）	S8		0.041
		海洋环境承载力	人均海域面积（万公顷/万人）	S9	反映人均海洋渔业资源基础占有量（−）	0.046
			人均滩涂面积（万公顷/万人）	S10		0.072
			人均海岸线长度（公里/万人）	S11		0.049

续表

目标层	准则层	一级指标	二级指标	代码	指标解释与性质	权重
应对能力 0.313	海洋渔业产业子系统	海洋渔业开发强度	海水养殖面积（公顷）	S12	反映海水养殖能力（-）	0.028
			海水产品产量（吨）	S13	反映海水产品产量变化（-）	0.008
			海洋机动渔船年末拥有量（艘）	S14	反映海洋渔业产业设备投入能力（-）	0.084
		海洋渔业经济调控力	海洋渔业产业资本收益率（%）	S15	反映海洋渔业产业的发展能力（-）	0.011
			海洋渔业第二、第三产业贡献率（%）	S16	反映海洋渔业产业结构优化性（-）	0.043
		海洋渔业科技投入	海洋渔业科研经费投入（万元）	S17	反映海洋渔业产业科技效率（-）	0.053
	海洋渔业环境子系统	渔民幸福感	海洋渔业人均纯收入（元）	S18	反映地区渔民家庭的居民平均收入水平（-）	0.043
			海洋渔业就业人员（人）	S19	反映发展海洋渔业产业形成的就业能力（-）	0.045
			沿海省市医疗机构数量（个）	S20	反映沿海地区社会福利投入水平（-）	0.058
			恩格尔系数	S21	反映沿海地区渔民生活压力情况（+）	0.014
		海洋渔业科技水平	水产科研机构科技活动人员本科以上学历人员比重（%）	S22	反映海洋渔业产业科研能力（-）	0.034
		海洋渔业环境治理能力	海洋渔业工业固体废物处置量（吨）	S23	反映海洋渔业自然环境处理水平（-）	0.014

"+"表示该指标为正项指标,"-"表示该指标为负向指标

3. 数据来源

本章选择 2001～2015 年作为研究的时间序列,数据来源于 2001～2015 年的《中国统计年鉴》《中国海洋统计年鉴》《中国渔业统计年鉴》《中国区域经济统计年鉴》《中国近岸海域环境质量公报》《中国海洋灾害公报》。其中,部分数据通过相关公式进行二次转化,具体如下:

1)海洋渔业产业资本收益率=海洋渔业产业年增加值/海洋渔业产业年产值×100%;

2)海洋渔业第二、第三产业贡献率=(海洋渔业第二产业产值+海洋渔业第三产业产值)/海洋渔业经济总产值×100%;

3）恩格尔系数=各地区食品总支出/各地区消费总支出；

4）海洋渔业工业固体废物处置量=工业固体废物治理量×（海洋渔业经济总产值/国民经济生产总产值）。

三、中国海洋渔业产业生态系统脆弱性评价

1. 评价模型

依照海洋渔业产业生态系统脆弱性的概念，根据敏感性-应对能力评估框架，分别从该框架下的两个构成要素入手探讨：系统面对扰动的敏感性因素（S）和系统面对扰动产生的应对能力（R）。二者对脆弱性产生的效用是非均等的，计算公式如下：

$$V_i = \frac{W_1 \times S_i}{W_2 \times R_i} \tag{8-1}$$

式中，V_i 为中国海洋渔业产业生态系统脆弱性指数；i 为各个地区；S_i 为中国海洋渔业产业生态系统敏感性指数；R_i 为中国海洋渔业产业生态系统应对能力指数；W_1 为敏感性权重；W_2 为应对能力权重。

2. 评价方法

TOPSIS 法作为一种有效的多目标决策方法，可在对原始数据矩阵进行标准化之后，确定各指标的最优解和最劣解，进而对各指标与最优解和最劣解的欧式距离进行排序，并将各指标与最优解的贴近程度作为最终评价结果依据。同时，结合熵权法将已确定的权重赋给敏感性和应对能力指标，进而测算 2001～2015 年沿海地区海洋渔业产业生态系统的脆弱性程度。

3. 结果分析

通过计算，得到 2001～2015 年中国海洋渔业产业生态系统脆弱性指数的平均值（average，AVG）=1.70，标准差（standard deviation，STD）=0.51。根据表 8-2 的海洋渔业产业生态系统脆弱性评价等级，采用自然断裂法，选取 2001 年、2005 年、2010 年和 2015 年作为代表节点，借助 ArcGIS 10.2 将中国海洋渔业产业生态系统脆弱性空间演化趋势可视化。

表 8-2   中国海洋渔业产业生态系统脆弱性评价等级

脆弱性指数（V）	0≤V<（AVG–STD）	（AVG–STD）≤V<AVG	AVG≤V<（AVG+STD）	（AVG+STD）≤V
脆弱性等级	0≤V<1.19 低脆弱	1.19≤V<1.70 中等脆弱	1.70≤V<2.21 较高脆弱	2.21≤V 高度脆弱

（1）时间演化特征

如图 8-3 所示，2001～2015 年中国海洋渔业产业生态系统脆弱性指数变化呈现阶段性特征。以 2008 年为节点，2001～2008 年海洋渔业产业生态系统脆弱性指数保持在 0.5 左右的幅度上下平稳波动，2008～2015 年海洋渔业产业生态系统脆弱性指数开始出现剧烈弹性波动上升趋势。

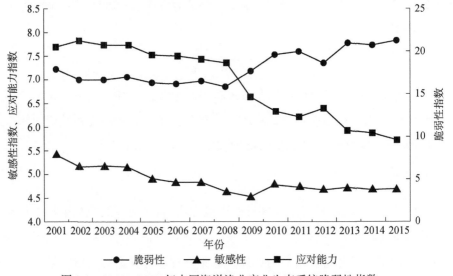

图 8-3   2001～2015 年中国海洋渔业产业生态系统脆弱性指数、
敏感性指数、应对能力指数变化

1）2008 年之前，中国海洋渔业产业生态系统脆弱性指数维持在 16.5 左右。受 20 世纪 90 年代末期大规模海洋捕捞的影响，中国海洋渔业资源受损，生态环境受到严重威胁，敏感性程度较高，由此国家提出实施海洋渔业捕捞"零增长"和"负增长"等计划，积极有效地降低了海洋捕捞强度。同时，该阶段海洋渔业对海洋经济贡献度较高，沿海地区劳动力对海洋渔业依赖度强，使得政府和相关机构必然注重对海洋渔业的调控力，抵消了灾害频发和环境污染所致的高敏感性，使系统脆弱性处于平稳阶段。

2）2008 年之后，中国沿海地区海洋渔业受国际金融危机严重冲击的滞后

性影响，长期处于低迷期，尤其是 2008～2011 年，伴有赤潮灾害影响，年均
灾害损失高达 131.3 亿元①。与此同时，国家将海洋经济发展重点从海洋渔业
中转移，导致 2012 年海洋渔业生产总值占海洋经济生产总值的比重下调至
7.2%②，相应的应对能力指数开始出现大幅下滑，导致海洋渔业产业生态系统
脆弱性指数迅猛反弹，表现为由 2008 年的 15.9 上升到 2015 年的 21.5，达到
峰值。

3）2011～2012 年，正值"十二五"发展初期，政府加强了对海洋渔业产
业的宏观调控力，优化了海洋养殖布局，由此海洋捕捞量得到有效控制。同时，
海洋渔业设备的更新等，使得海洋渔业产业生态系统应对能力指数保持平稳且
略有小幅上扬，海洋渔业产业生态系统脆弱性指数明显回落，但并未影响未来
几年中国海洋渔业产业生态系统脆弱性指数趋高发展的势头。

4）进入 2012 年，中国海洋渔业产业生态系统的应对能力再次出现降低。
同年，全国重点监测区的河口、海湾、滩涂湿地、珊瑚礁、红树林等典型海洋
生态系统中，处于亚健康、不健康状态的海洋生态系统占整个海洋生态系统的
比重为 81%③，引发海洋渔业产业生态系统结构大比例失衡，导致该系统脆弱
性成为继 2008 年后的又一个新的增长点。由此表明，近年来中国海洋渔业产业
生态系统整体发展态势不容乐观，未来若不能及时采取正确的应对措施，降低
系统由自身结构性因素和外部扰动因素共同带来的敏感性，将导致系统脆弱性
面临进一步恶化的趋势。

（2）空间演化特征

中国海洋渔业产业生态系统脆弱性等级空间分布整体呈现南高北低的集群
化特点。以上海为界南北划分明显，上海以北地区海洋渔业产业生态系统脆弱
性指数低于上海以南地区海洋渔业产业生态系统脆弱性指数。2001～2015 年，
上海海洋渔业产业生态系统呈现由中等脆弱向较高脆弱转变的格局。

中国海洋渔业产业生态系统脆弱性指数较高的地区多集中于浙江、福建、
广东三省，原因在于这些省份均为中国海洋渔业捕捞大省，海洋渔业外贸依存
度较高，且产业结构较为丰富。同时，这些省份所在海域受自然灾害影响次数
较为频繁，成为海洋渔业产业生态系统脆弱性影响范围较大地区。总体来看，

① 《中国海洋统计年鉴》（2009～2012 年）。
② 《中国渔业统计年鉴 2012》。
③ 《2013 年中国海洋经济统计公报》。

中国沿海地区海洋渔业产业生态系统脆弱性处于中等脆弱和高度脆弱之间，而低脆弱只存在于个别年份的个别省市，由此说明中国海洋渔业产业生态系统仍存在一定问题，亟须进一步改进。

根据 2001～2015 年中国沿海地区海洋渔业产业生态系统脆弱性等级在 ArcGIS 中的演变轨迹，将中国海洋渔业产业生态系统脆弱性划分为 4 种脆弱性空间演化结构："U"型脆弱性结构、"线性上升"型脆弱性结构、"波浪"型脆弱性结构、"平稳"型脆弱性结构。

1）在"U"型脆弱性结构地区中，河北、江苏为中等—低—中等脆弱性；福建、广东为高度—较高—高度脆弱性。

河北作为《全国海洋经济发展规划（2016～2020 年）》中明确规定的五个开发区之一，位于环渤海核心，以其较强的科技辐射力使海洋渔业产业生态系统脆弱性一直保持中等较低的水平，加之丰富的海洋渔业资源，使得养殖业成为该省海洋渔业增产增效的主力。2005 年，河北海洋渔业总产量为 99 万吨，比 2000 年增长 22.3%[①]。但近几年，随着经济发展、港口建设、石油开发、工业废物排放，近岸海域遭受污染。此外，近海生态系统失衡，海洋捕捞业和养殖业发展缓慢，导致近几年海洋渔业产业生态系统脆弱性有所上升。

江苏海洋资源禀赋有限，沿海生态环境承载力下降，制约了海洋渔业的可持续发展，但江苏不断提升海洋渔业科技水平，缓和了江苏海洋渔业发展因内外部扰动带来的脆弱性增长，为海洋渔业深化发展奠定了基础。

福建在近十几年海洋经济转型的过程中，不断加强临海工业建设，发展海洋交通运输业，在一定程度上冲击了海洋渔业养殖空间，沿海渔民"失海"现象凸显。同时，海洋污染排放导致近海渔业病虫害滋生、赤潮灾害面积 2010 年突增至 2475 平方公里[②]，由此破坏了海洋渔业资源的可再生能力。

广东对南海的长期高密度开发，使得海洋渔业资源严重枯竭，渔获物以小型化、低值化为主。作为风暴潮影响的高发地带，加之近海海域水体污染未得到及时改善，海洋鱼类多样性遭到侵害，2005 年后恶化趋势仍持续蔓延。此外，

[①]《中国渔业统计年鉴 2006》。
[②]《中国海洋统计年鉴 2011》。

从事海洋渔业作业人员素质低下、缺乏综合型科研队伍等多重因素，共同导致广东省海洋渔业产业生态系统脆弱性指数居高不下。

2）在"线性上升"型脆弱性结构地区中，山东为中等—较高—高度线性上升型脆弱性，上海为中等—较高线性上升型脆弱性。

山东因当地经济的发展对海洋渔业依赖程度高，年均海洋捕捞量高达 248 万吨[①]。资源开发逐年加大，致使近海海域污染严重，部分海洋功能区环境质量欠佳，并伴有如风暴潮、台风等自然灾害扰动，进而加重了海洋生态资源的承受压力。2009 年，渤海海域共出现 4 次油污染事件，发现 4 次赤潮，面积达 5279 平方公里[②]，这对捕捞产量大省的山东造成了较大损失，使得海洋渔业产业生态系统脆弱性指数呈现不断攀高趋势。

上海在"十五"至"十二五"期间不断加强污染源头治理，海洋生态环境和资源多样性得到了有效保护。但由于海洋渔业产业发展受地理条件的制约，海岸带滩涂面积近年来呈递减趋势，可开发的空间资源逐年退减，长江入海口污水排放仍未得到根本性的遏制。上海虽然科技实力雄厚，但海洋渔业科技人才与机构仍显匮乏，多重因素的共同作用使得上海海洋渔业产业生态系统脆弱性等级由中等脆弱向较高脆弱转变。

3）在"波浪"型脆弱性结构地区中，海南为低—中等—低—中等脆弱性。

海洋渔业资源丰富，自然环境良好，使得海南海洋渔业产业生态系统脆弱性等级为低脆弱。2013 年发布的《国务院关于促进海洋渔业持续健康发展的若干意见》，将海南海洋渔业产业发展方向定位为控制近海、拓展外海、发展远洋[③]。科技投入的不足、相关技术人才的匮乏、单一的产业结构，使得海南在海洋渔业发展上面临瓶颈。同时，在政策方针的指导下，海南不断尝试探索新型海洋渔业产业生态的发展方向，促使海洋渔业产业生态系统应对能力水平不断调控，因此系统脆弱性呈现波浪式演化模式。

4）在"平稳"型脆弱性结构地区中，辽宁、天津、广西为中等脆弱性平稳型；浙江为高度脆弱性平稳型。辽宁和天津受自然灾害影响程度较低，并在所处海域实施压缩捕捞。2006 年，辽宁借助与国家海洋局签订的《关于共同推进

---

① 《中国渔业统计年鉴》（2002～2016 年）。

② 《中国海洋统计年鉴 2010》。

③ 国务院关于促进海洋渔业持续健康发展的若干意见[EB/OL]. http：//www.gov.cn/zwgk/2013-06/25/content_2433577.htm[2020-03-02].

辽宁沿海经济带"五点一线"发展战略的实施意见》，加紧转变海洋渔业产业结构发展现状，截至 2012 年，全省海洋养殖量与海洋捕捞量比值为 67.3：32.7，产业结构趋于优化。同时，还加大了对辽宁和天津海洋自然环境保护区和种质资源保护区的建设力度，以降低海洋渔业产业生态系统的敏感性。但辽宁和天津海洋渔业产业生态系统一直处于中等脆弱状态，原因在于辽宁海洋渔业产业科技发展水平低下，仍为劳动密集型渔业经济发展形式，科研成果转化率低；天津在快速发展城镇化的同时破坏了近岸水域环境，在一定程度上影响了海洋鱼类的栖息地。

浙江海洋渔业产业生态系统一直处于高度脆弱状态。70%以上的沿岸海域呈现富营养化，生态环境极为脆弱。作为中国海洋渔业捕捞大省，浙江年均海洋捕捞量居全国首位，但对海洋生物资源的过度开发致使其海洋渔业资源日趋贫瘠。同时，在海洋灾害的频繁干扰下，浙江因海洋渔业科技投入较少，缺乏灾害预警及防护措施，导致浙江海洋渔业产业生态系统脆弱性指数升高。

广西海洋渔业经济发展缓慢，受灾害影响程度低，内外扰动因素变化程度不明显，但囿于海洋渔业产业结构仍以传统型海洋捕捞业为主，科学技术水平低下和海洋环境保护力度不足，使得广西海洋渔业生态系统长期处于中等脆弱状态。

四、中国海洋渔业产业生态系统脆弱性影响因素分析

为进一步探究中国海洋渔业产业生态系统脆弱性的主要影响因素，降低系统脆弱性，提高海洋渔业经济的可持续发展能力，在此引入障碍度的概念。障碍度揭示了阻碍系统脆弱性降低的影响因素。在此，对表 8-1 中的 23 个二级指标进行分析。其中，障碍度模型计算公式如下：

$$E_i = \frac{w_i p_i}{\sum_{i=1}^{n} w_i p_i} \times 100\% \qquad (8\text{-}2)$$

式中，w_i 为第 i 项指标的权重值；p_i 为第 i 项指标的标准化值；E_i 为第 i 项指标对中国海洋渔业产业生态系统脆弱性的影响程度。根据式（8-2），计算得出 2001～2015 年中国沿海地区海洋渔业产业生态系统脆弱性的障碍度值，并从中

分别筛选前三位影响因子,最终得到 2001～2015 年中国沿海地区海洋渔业产业生态系统脆弱性的主要影响因素。如表 8-3 所示,2001～2015 年中国沿海地区海洋渔业产业生态系统脆弱性主要影响因素较为集中,多聚集在敏感性影响层面,尤其偏重于海洋渔业环境子系统,说明海洋渔业产业的发展与鱼类生存所依赖的空间自然环境因素关联度较大,因此未来发展方向应当有所侧重。

表 8-3　2001～2015 年中国沿海地区海洋渔业产业生态系统脆弱性主要障碍因素

项目	天津	河北	辽宁	上海	江苏	浙江	福建	山东	广东	广西	海南
第一障碍	S5	R3	S6	S5	R3	S8	S6	S7	S2	S10	S1
第二障碍	R8	S10	S8	R3	S11	S7	S2	S3	S7	R3	S3
第三障碍	S10	S11	R6	R8	R11	S5	S3	R11	R11	R11	R6
第四障碍	R9	R8	S3	R9	R8	S1	S1	S9	S10	S4	R9
第五障碍	R6	S4	R4	S8	S9	S2	S7	R12	S11	R1	R10

1)天津、上海在分别响应京津冀协同发展、长江经济带等战略,不断提升经济发展速度的同时,也要兼顾生态效益,将关注焦点投向近海海域环境治理的工作中。2001～2015 年,上海近岸海域一、二类水质占比均在 5%左右,环境质量低下导致两个地区海洋渔业产业生态系统脆弱性上升,所以亟须加强入海口污染源监测;天津在不断调整海洋生态环境保护的同时,要加强引进海洋渔业产业科技人才,逐步完善技术推广体系,提高科技成果转化率,走科技含量高且污染少的绿色、循环发展之路。

2)辽宁、福建应不断减少工业直排入海废水量,降低对近岸水源的深度污染,实施清洁生产。辽宁作为中国重工业发展的重要基地,急需大力贯彻落实工业废水残渣二次清洁,以免影响鱼种繁殖的生长环境。福建在控制近岸污染排放的同时,要兼顾海洋灾害预警调控,以减少外部胁迫性扰动。

3)河北、江苏应加强对海洋渔业产业设施设备的投入力度。为谋求绿色海洋经济发展,需要进行机动渔船供给侧结构性改革,用清洁型机动渔船取代高耗能渔船,从而促进海洋渔业可持续发展。同时,提高海洋渔业从业人员的技术水平,引进专业化科研队伍和科研设施,为渔民提供服务。

4)海洋灾害对山东、浙江、广东的影响较为显著,因此要增强海洋灾害的检测与防护预警工作，避免灾害对海洋渔业产业造成经济损失。

5）广西在加快推进城市化的进程中，需降低涉水工程对近海海域和滩涂资源的挤占，着力保护水生生物的栖息地，拓宽传统海洋渔业生长空间，积极推进海洋渔业产业转型，促进海洋渔业三次产业的融合。

6）海南利用其丰富的自然资源条件，缩减对近岸海域水产资源的过度捕捞，提高对海洋渔业资源开发利用的广度和深度。同时，将目光投向发展远洋渔业，从而寻求新的可替代资源，加强对远洋渔业的统筹规划，进一步增强海洋渔业产业多元化，提升科技投入力，提高渔民养殖技术，避免过度捕捞导致海洋渔业资源衰减。

五、结论与讨论

1. 结论

本节界定了海洋渔业产业生态系统脆弱性的内涵，构建了敏感性-应对能力脆弱性评价模型，并分别从海洋渔业产业子系统和海洋渔业环境子系统两方面建立评价指标体系。运用三轴图法判定中国海洋渔业产业所处阶段，并采用熵权法、TOPSIS法、障碍度模型，揭示中国海洋渔业产业生态系统的时空演化规律及影响因素。

1）2001~2015年，中国海洋渔业产业结构单一且长期处于初级阶段。近年来，海洋渔业产业结构正由"一二三"逐步向"一三二"模式转变，由初级化向低级化正向发展，发展势头良好，但转型速度缓慢。

2）时间维度上，2001~2015年中国海洋渔业以2008年为转折点，产业生态系统脆弱性指数呈现由小幅波动向大幅提升转变的阶段性特征。

3）空间维度上，中国海洋渔业产业生态系统脆弱性表现为南高北低的集群化特点。依据系统脆弱性等级演变轨迹，将海洋渔业产业生态系统脆弱性划分为"倒U"型、"线性上升"型、"波浪"型、"平稳"型脆弱性结构。

4）总体来看，2001~2015年，中国海洋渔业产业生态系统脆弱性较高的地区主要集中在浙江、福建、广东三省，且发展态势不容乐观；辽宁、天津、河北、江苏、广西、海南海洋渔业产业生态系统脆弱性多处于中等脆弱状态，与浙江、福建、广东三省相比整体向好。山东海洋渔业产业生态系统脆弱性呈逐步增强的发展趋势，上海海洋产业生态系统则表现为由中等脆弱向较高脆弱转变，如不加强山东和上海海洋渔业产业生态系统脆弱性预警，未来极有可能进一步恶化。

5）通过筛选中国海洋渔业产业生态系统脆弱性影响因素，有针对性地提出未来中国海洋渔业可持续发展的建议与措施。此外，不断提高海洋环境整改力度，优化海洋渔业产业结构，大力发展远洋渔业，提升海洋渔业科技人才投入等，应成为未来中国海洋渔业向绿色、循环、可持续方向发展的目标导向。

2. 讨论

本节在产业生态系统大范围的研究框架下，探讨了海洋渔业产业生态系统的脆弱性问题，为海洋经济可持续发展提供了一个新的研究视角。通过构建中国海洋渔业产业生态系统脆弱性评估体系，厘清了海洋渔业在产业生态系统下的敏感性与应对能力，为中国海洋渔业可持续发展提供了建议。由于海洋渔业产业生态系统脆弱性研究还处于起步阶段，对相关指标还需进一步筛选。此外，为完善中国海洋渔业可持续发展的整体判断，在此基础上对中国海洋渔业产业生态系统脆弱性进行预警分析及适应性研究，将成为未来主要的研究重点与方向。

第二节　中国沿海地区海洋渔业产业生态系统适应性循环过程及机制分析

一、中国海洋渔业产业生态系统适应性循环阶段

根据中国海洋渔业产业所依赖共生的环境变化、经济发展高低走向、社会生产制度变革，并结合重大转折事件，系统划分了海洋渔业产业生态系统适应性循环圈的各个阶段。纵观中国海洋渔业发展进程，中国海洋渔业产业生态系统经历了三个适应性循环圈及若干个循环阶段（图8-4）。

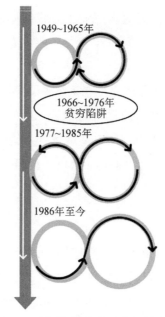

图 8-4　中国海洋渔业适应性循环圈

1. 第一个适应性循环（1949～1965 年）：以海洋捕捞业为主的恢复型传统海洋渔业产业生态系统

中华人民共和国成立以来，受战争影响，中国海洋渔业产业发展处于长期停滞状态，百废待兴。1949～1956 年，为了大力恢复海洋渔业生产力从而带动海洋渔业经济效益的提升，国家开始进行合作社运动，逐步完成由互助合作组向初级合作社最终向高级合作社的进阶。在此过程中所出现的高强度、突增性的海洋渔业捕捞，使得海洋生态环境无法迅速适应，出现了一系列生态环境问题，相关政府部门由此制定了《十二年科学技术发展规划》，首次提出海洋资源保护实施方案：利用资源，保护资源，计划指挥生产。但海洋渔业资源开发一直贯穿于该时期整个产业发展，在 1958～1960 年"大跃进"期间，囿于不合理的捕捞量及捕捞手段的施加，严重侵害了海洋近岸渔业生物资源，导致该时期海洋渔业资源承载力下降至最低点。加之，实际生产操作违反海洋渔业生产作业规律，渔民打破休渔期，并采用机船拖网高耗能捕鱼，渔获物出现小型化、低龄化，导致海洋渔业资源严重枯竭，生态环境岌岌可危。同时，受 1959～1961 年自然灾害影响，大批渔民因自然因素干扰失去海洋作业能力，遭受严重破坏的海洋渔业产业再次搁置，最终使得海洋渔业产业生态系统崩溃。

总体来看，1965 年之前，中国海洋渔业产业生态系统的适应性循环范围狭小，海洋渔业产业人才、资本等积累较弱，是以海洋捕捞业为主的恢复型传统海洋渔业产业生态系统。

2. 贫穷陷阱（1966~1976 年）：海洋渔业产业生态系统危机期

1966~1976 年，海洋渔业再度出现生产规模扩大，使得原本没有恢复完全的海洋渔业产业生态系统再次受创。同时，在海域渔区出现了大批围海造田运动，破坏了近海海域滩涂资源，使得部分海洋生物资源濒临灭绝，极大地破坏了海洋渔业的生物多样性。为了扩大海洋渔业单产，大量引进网拖船，取缔原有传统型捕捞技术，导致幼鱼、鱼苗被一网打尽，切断了海洋鱼类物种的再生途径。在产业分配层面，否定"按劳分配"，在很大程度上挫伤了渔民生产经营者的生产积极性。在海洋渔业科技层面，"三下乡"运动使得大量从事水产的科研团队、机构被迫叫停，致使海洋渔业生态环境检测与防护工作受阻。20 世纪 70 年代初，由于实施灯光围网渔业、城郊养渔业及连家船的改造，降低了海洋渔业生态环境压力（同春芬和张绍游，2015）。

3. 第二个适应性循环（1977~1985 年）：海洋渔业养捕并重的过渡型海洋渔业产业生态系统

1977~1985 年，海洋渔业产业重新谋划发展。1978 年中国共产党第十一届中央委员会第三次全体会议提出的一系列丰惠方针，极大地调动了渔民进行海洋渔业生产作业的积极性和信心（冯昭信，1998），由此开启了新一轮的海洋渔业开发。为恢复该阶段的海洋渔业生产力，开始以钢质大型渔船、鱼探仪等为主导进行近岸海域捕捞，使得海洋渔业生产作业方式又重新以海洋捕捞为主。

1978 年，全国海洋渔业养捕比为 29：71（吴万夫，2009），产业结构严重失调，高密度的海洋捕捞必然导致海洋渔业产业生态系统再次崩溃。1979 年，海洋渔业捕捞量达 307.79 万吨[①]，再次超出海洋渔业资源的再生能力。1979 年，全国水产工作会议提出应贯彻执行"大力保护资源，积极发展养殖，调整近海作业，开辟外海渔场，采用先进技术，加强科学管理，提高产品质量，改善市

---

① 《中国渔业统计年鉴 1980》。

场供应"①的工作方针，短时间内，海洋渔业生产总体形式向好，但仍存在一些问题，表现为海洋捕捞渔船的相继增加。

1980年，全年大功率机动渔船新增近7000艘，总功率高达370 000马力②，使原本未得到有效缓和的海洋渔业再次受到超出本身承受力之外的海捕压力，阻碍了海洋渔业产业的调整进程。由于20世纪70年代末期过度开发海洋渔业资源，大面积海洋渔业资源受损。80年代起，中国沿海海域鱼汛难以形成，导致中国四大渔场：渤海渔场、舟山渔场、南海沿岸渔场和北部湾渔场逐渐消失。

1983年，中国海洋渔业生产在大部分地区遭受到不同程度的自然灾害，使得海洋渔业产业生态系统跌入低谷，但是受政策的滞后性影响，无法抵消来自海洋渔业产业、生态两方面带来的双重压迫。因此，国家要从提高产业经济效益和维护生态平衡的角度出发，依据中国海域现有资源环境状况，调整拖、围、刺、钓作业结构比例，极力控制近海捕捞强度，开发中上层鱼类资源。1985年，全国海水养殖产量与捕捞产量之比为50.1∶49.9③，产业结构趋于平衡，促进了海洋渔业资源的恢复与调整，为海洋渔业产业生态系统向下一阶段转变奠定了基础。

受政策调整的影响，国家范围内不断提升海洋养殖比重。海洋渔业产业生态系统处于捕捞业与养殖业平衡发展阶段，经历了由开发、保护、释放、更新构成的完整适应性循环。

4. 第三个适应性循环（1986年至今）：向现代化转型的海洋渔业产业生态系统

经过第二个适应性循环，海洋渔业产业生态系统得以缓慢恢复，呈现出波浪式前进和螺旋式上升的发展趋势，向海洋渔业产业生态系统现代化方向转变。但在此过程中，随着经济全球化的推进，海洋渔业的产业多元化组合、产业发展政策定位、生态环境治理与预防等需长时间协调和博弈。在生产作业方面，海洋渔业逐渐由以捕捞为主向养捕结合过渡，积极开发远洋渔业，进入以开发与开发保护交互阶段。

---

① 国务院批转国家水产总局关于全国水产工作会议情况的报告 [EB/OL]. http://www.gov.cn/zhengce/content/2018-05/25/content_5293177.htm [2020-02-18].
②《中国渔业统计年鉴1981》。1马力=745.700瓦。
③《中国渔业统计年鉴1986》。

（1）初级开发阶段（1986～1990 年）

1985 年起，中国第一支远洋渔船队在西非海域开展捕捞作业，为中国远洋渔业的长足发展奠定了基础，打开了远洋渔业发展的新局面，弥补了中国海洋渔获物只靠近海海域为主作业的技术缺憾。1986 年，《中华人民共和国渔业法》的正式颁布，从法律层面规避了因机动渔船数量增加、捕捞强度过大等产生的一系列风险，对海洋渔业进行了整体区域划分布局，并依据各海域资源波动情况和市场需求变化对海洋渔业产业结构进行调整。直至，对渔业生产实行以养殖为主，养殖、捕捞、加工并举，因地制宜，各有侧重方针的提出，转变了海洋渔业生产作业的方式。同时，中国远洋渔业五年来从无到有、从小到大、由点及面，取得了突破性发展，使得海洋渔业产业生态系统进入新一轮的开发阶段。但在外部大环境循环过程中，同样存在内部小循环。

（2）过渡开发阶段（1991～2000 年）

为避免海洋渔业以资源依赖型、劳动密集型和自给自足型的小规模单一化海洋产业为主进行海洋渔业经济创收，可通过初级开发阶段的养捕并举和远洋渔业的探索，在一定程度上缓解海洋渔业产量、质量低下和海域污染等生态环境问题。20 世纪 90 年代，海洋捕捞的"零增长"和"负增长"计划，进一步缩减了海洋渔业捕捞量，从而侧面拉动和开拓了海洋养殖业、远洋渔业的发展。但在过渡开发阶段，初步改变的海洋渔业生产作业方式，使得海洋渔业的外部环境变化和内部运作机制产生对抗性，潜在问题和矛盾开始显现，如病害滋生和缺乏培育经验是制约海洋渔业产业生态系统持续发展的两大瓶颈因素。1994～1997 年，国家大力提升科技推广力度，采用高技术设备集中化养殖，改善了以往放养的模式，进一步将水产技术推广体系规模化。1998 年，沿海地区加紧调整近海作业，以捕捞中上层鱼类资源作为主体，资源利用更为合理。

（3）开发与保护交互阶段（2001 年至今）

此阶段，海洋渔业产业生态系统在向现代化转变的过程中，将关注焦点由追求产量提升落到海域生态环境保护和渔民利益维护上，即从产业环境向自然环境和社会环境转变。为进一步实现海洋渔业产业由"零增长"转向"负增长"，沿海捕捞渔民开始转产转业，同时政府不断鼓励渔民退出捕捞行业，在一定程度上缓解了人为因素导致的海洋渔业资源枯竭问题，为海洋渔业向集约型现代化产业转变奠定了基础。"十一五"期间，通过加快转变渔业增长方式，加强鱼苗新品种培育，不断压低海域捕捞强度，进一步加快了海洋渔业产业结构的调整速度，使得养捕比例继续扩大，海洋渔业产业加工能力持续提升，海洋休闲渔业等快速扩张。随后，《全国渔业发展第十二个五年规划》提出，要坚持生产发展与生态养护并重，积极探索实践"蓝色农业"发展理念，促进海洋牧场建设与增殖放流等资源养护措施紧密结合，恢复海底植被，改善海域生态环境，实现渔民收入与城乡居民收入同步增长。该阶段主要是海洋渔业产业生态系统适应性循环过程中开发和保护的前环阶段。

二、中国海洋渔业产业生态系统适应性循环问题

受海洋渔业产业子系统和海洋渔业生态子系统的影响，中国海洋渔业产业生态系统在解决各系统内外部矛盾中寻求平衡，并最终朝着可持续方向发展。

1. 海洋渔业产业子系统问题

20世纪50年代，由于缺乏水产技术的科学布局规划，片面追求"低产变高产，高产更高产"的盲目乐观的海洋渔业开发方式，海洋渔业产业结构比例严重失调，具体表现在：在海洋渔业中，产业结构主要集中于传统型海洋渔业第一产业，而在海洋渔业第一产业中则主要集中于对海域生态环境破坏力强的海洋捕捞业。这种不平衡的产业结构模式间接影响了渔民转产转业的观念，阻碍了海洋渔业由第一产业向第二、第三产业转型的速率，造成海洋渔业长期处于低值化、停滞化状态。同时，受不科学海洋渔业产业发展政策的影响，错误地将只关注提高产量、维持生计的渔民引到违背产业生态可持续发展规律的道路上。直至改革开放后"养捕并举"方针的实施有效改善了海洋渔业产业结构，并缓解了产业与环境之间的矛盾（图8-5）。与此同时，远洋渔业发展苗头开始显现，中国总体海洋渔业运行机制的障碍因素主要表现在：海洋渔业市场运行机制不完善；经营能力有限、经营格局过于分散、缺乏科技创新、风险保障机制落后、生态补偿机制不健全等，无法支撑海洋渔业实现跨越式发展，造成海洋渔业经济整体发展不平衡。

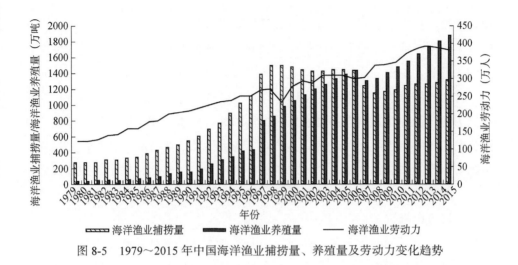

图 8-5　1979～2015 年中国海洋渔业捕捞量、养殖量及劳动力变化趋势

2. 海洋渔业生态子系统问题

中华人民共和国成立以来，为大力恢复生产力发展和重整经济建设，各级部门将目光聚焦到一切可开发的资源上。海洋渔业作为"资源无限量供给"型产业，理所当然地充当起食物供给的主要来源。在海洋渔业发展初期，突增性过度捕捞破坏了海洋渔业资源承载力。同时，沿海渔民将维持生计作为无节制海捕的先决条件，导致该时期海洋渔业生态资源破坏较为严重。20 世纪五六十年代，高密度海洋捕捞有增无减，致使大面积近海海域鱼汛消失，海洋渔业资源面临严重枯竭。该时期，低水平的水产技术无法提升海洋渔业资源生态恢复力，以及随着外界不可抗力因素（如海洋风暴潮、赤潮等灾害）的扰动，导致海洋渔业生态环境承载力遭到严重侵害。随后，工业化、城市化的不断扩张，大量挤占了沿岸海域滩涂资源，一些工业废水、生活污水以及各种污染物被携带入海，大大降低了海洋渔业资源的多样性。同时，随着生产力的恢复，人口自然增长率迅速提升，内陆人口大量涌向沿海地区，进一步加快了近海海域水质恶化速率，由此阻碍了海洋渔业种质资源的修护。20 世纪 80 年代末至 21 世纪初，国家从制度、科技等方面入手，逐步加大了对海域生态环境的治理力度，使得海洋污染有所遏制，但海洋渔业生态承载力仍较弱。

三、中国海洋渔业产业生态系统适应性循环关键要素与驱动机制

1. 中国海洋渔业产业生态系统适应性循环关键要素

从适应性角度出发，中国海洋渔业产业生态系统适应性既包括海洋渔业产

业对于海洋鱼类资源退减、环境污染等生态环境的适应，也包含海洋渔业产业对政策体制及渔民生活状况的适应。因此，海洋渔业产业生态系统适应性循环圈的关键要素主要为海洋渔业产业、海洋渔业生态环境、海洋渔业社会环境。

首先，海洋渔业产业作为中国海洋渔业产业生态系统的构成因素之一，理应成为海洋渔业产业生态系统适应性循环的关键要素。中国海洋渔业产业的良性化发展在一定程度上可以带动其产业结构优化及产业发展模式的转变。目前，中国海洋渔业产业结构正由"一二三"向"一三二"转变，逐步从粗放式海洋渔业产业发展模式向集约化发展模式过渡，从而带动中国海洋渔业产业向可持续化发展方向推进。

其次，海洋渔业生态环境是海洋渔业产业发展的基础并贯穿于整个海洋渔业产业发展的过程中。海洋渔业资源存量的增减、鱼类生存栖息环境的优劣、各海域海洋灾害的扰动等生态环境变化，是推进中国海洋渔业产业生态系统适应性循环向前的巨大动力。

最后，海洋渔业社会环境中的政策体制和渔民生活状况是推动海洋渔业产业生态系统适应性循环的把控者和利益相关者。自1949年全国政协将"保护沿海渔场，发展水产业"写入《共同纲领》，到2013年出台《国务院关于促进海洋渔业持续健康发展的若干意见》，再到2017年出台《全国渔业发展第十三个五年规划》，从政策体制上对中国海洋渔业发展模式进行调控，扭转违背海洋渔业健康、可持续发展路线。渔民作为海洋渔业产业发展的开拓者和维护者，是海洋渔业产业的重要组成部分，其就业能力、生活质量、幸福感指数对海洋渔业产业生态系统适应性循环具有很大的影响力。

2. 中国海洋渔业产业生态系统适应性循环驱动机制

推动中国海洋渔业产业生态系统适应性循环主要受两方面的驱动：①资源限制的内部驱动力；②市场需求和政策制度响应的外部扰沌力的共同作用（图8-6）。

（1）资源限制

海洋渔业资源是海洋渔业产业生态系统得以发展的基础要素，也是中国海洋渔业产业发展的必要条件。海洋渔业资源是一种具有特殊性的资源，但并非是一种在任何情况下均可再生的资源，使得中国海洋渔业开发不能以过分攫取资源为代价，从而造成海洋渔业资源负向变动，最终导致海洋渔业产业生态系

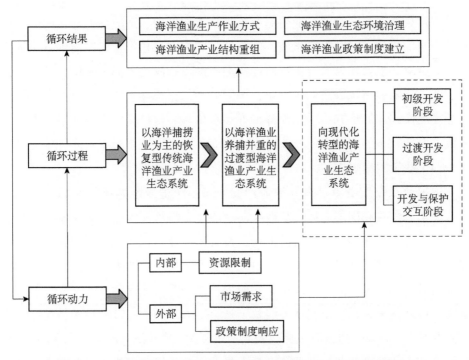

图 8-6　中国海洋渔业产业生态系统适应性循环过程与驱动机制结构图

统在适应性循环内快速进入释放阶段。在海洋渔业发展过程中，受人为因素影响导致的海域生态环境恶化或受自然灾害影响所致的不可抗力，使海洋渔业资源面临枯竭，直接限制了海洋渔业经济产业链条的发展，阻碍了海洋渔业产业生态系统的正常运行。20 世纪五六十年代，中央在对海洋渔业资源无节制大包大揽后，在一定程度上破坏了海洋渔业的自身承载力，海洋鱼类资源严重匮乏，致使该时期海洋渔业经济停滞不前。缺乏资源供给的海洋渔业无法进行产业转型和重构，并长期徘徊于资源开发，加速了海洋渔业产业生态系统进入适应性循环圈中的释放阶段。因此，海洋渔业产业开发必须保持适量开采，并维持在一定存量的水平上，同时还应遵守海洋渔业资源休栖规律，从而达到一种可持续的、稳定的发展。

（2）市场需求

市场需求包含两方面，其一为内在经济发展刺激，其二为人口快速增长。中华人民共和国成立初期，海洋渔业初入正轨，战争对整个国民经济的发展、人口增长和物质需求产生了重大影响。在市场需求的驱动下，海洋渔业产业生态系统率先进入开发阶段。1978 年，在响应由计划经济向市场经济转变的大经济环境背景下，海洋渔业产业生态系统再次形成新一轮适应性循环。同时，随着城市化的快速扩张，人口素质不断提高，人们对于鱼类蛋白的需求量也随之增加，这就必然要求要大量供给海洋鱼类产品，以满足人们不断增长的营养需求。此外，随着市场需求的多元化，国家开始依据市场发展导向改变海洋渔业产业发展模式。在近 70 年内，海洋渔业逐步由单一传统型的海洋捕捞业模式发展成为养捕并举的海洋渔业产业模式，推动我国海洋渔业产业的进一步发展。

（3）政策制度响应

国家政策制度变革是海洋渔业产业生态系统适应性循环的外部扰沌力之一。中华人民共和国成立后，从政策制度层面，将海洋渔业产业开发进行合法化、系统化。自从将"保护沿海渔场，发展水产业"写入《共同纲领》后，海洋渔业产业开发得到了政策支持，由此激发了广大农民的生产积极性，大批农民涌向沿海进行海洋渔业生产作业，使得海洋渔业产业得到有效恢复，渔民家庭财富得到积累，在一定程度上缓解了社会压力。随后，过量捕捞等问题并未得到及时有效缓解，造成海域环境受到严重侵害，导致海洋渔业生态环境受挫，资源承载力下降，产业生态系统恢复力降低，海洋渔业产业生态系统进入贫困陷阱。面对生态环境因素制约海洋渔业经济发展等问题，中央做出适时调整，统筹海洋渔业产业开发模式，解决了因过度捕捞造成的海域生态环境恶化，使得海洋渔业产业生态系统得以进一步发展、系统变量间联系更加紧密、协调组织能力进一步增强，由此中国海洋渔业产业生态系统逐渐走出困境，开始新一轮的适应性循环。总体来看，中国海洋渔业产业生态系统演变受政策制度影响较大，在政策制度的驱动下，进行开发阶段（γ）→保护阶段（κ）→释放阶段（Ω）→更新阶段（α）循环演进。其中，多数海洋渔业产业政策的提出属于事后补救性质而非事前预防性质，但在经历贫穷陷阱后，政策制度的提出与实施使得海洋渔业产业生态系统朝着可持续方向健康发展。

四、结论与讨论

为丰富中国海洋渔业的可持续发展研究，本章引入适应性循环理论，把握中国海洋渔业产业生态系统在长时序上的演化过程。同时，通过筛选系统演变过程中的关键变量，对中国海洋渔业产业生态系统经历的适应性循环阶段进行划分，进而得到在该系统下中国海洋渔业的发展规律。

1）中国海洋渔业产业生态系统先后经历了以海洋捕捞业为主的恢复型传统海洋渔业产业生态系统，到以海洋渔业养捕并重的过渡型海洋渔业产业生态系统，最终到向现代化转型的海洋渔业产业生态系统的适应性循环过程。适应性各阶段的循环运转往往是在经历崩溃释放之后，再次开始形成一个新的适应性循环。其中，支撑海洋渔业产业生态系统适应性循环的动力有两方面：①海洋渔业资源限制的内部驱动力；②市场需求、政策制度响应的外部扰沌力。目前，中国海洋渔业产业生态系统适应性循环整体上正朝着可持续发展方向，且呈螺旋式上升的发展态势，但分时期、分阶段仍会存在释放过程，阻碍系统向前推进演化的速度，甚至会再次陷入贫穷陷阱。因此，需加强海洋渔业产业生态系统在资源养护、环境治理、制度规划、政策响应、科技提升等方面的投入，以实现海洋渔业产业生态系统的可持续发展。

2）采用适应性循环圈，以定性的方式判定海洋渔业产业生态系统适应性的演化阶段，在划分标准上存在一定的主观性。为力求精确划分海洋渔业产业生态系统演进的各个阶段，未来将结合定量分析，通过筛选关键变量，对海洋渔业产业生态系统的恢复力、连通度、潜力进行测度，进一步解释海洋渔业产业生态系统适应性的演化过程，以期为中国海洋渔业经济可持续发展提供方向指导。

参 考 文 献

安然，周余义. 2013. 深圳海洋经济转型发展策略思考[J]. 开放导报，（1）：24-28.

白永亮，石磊，党彦龙. 2016. 长江中游城市群空间集聚与扩散——基于31个城市18个行业的劳动力要素流动检验[J]. 经济地理，36（11）：38-46.

庇古. 1971. 福利经济学（上册）[M]. 陆民仁，译. 台北：台湾银行经济研究室.

蔡建明，郭华，汪德根. 2012. 国外弹性城市研究述评[J]. 地理科学进展，31（10）：1245-1255.

蔡榕硕，齐庆华. 2014. 气候变化与全球海洋：影响、适应和脆弱性评估之解读[J]. 气候变化研究进展，10（3）：185-190.

蔡绍洪，戴陵江，胡林，等. 1999. 非平衡相变的临界标度理论及普适性[J]. 物理学进展，19（3）：270-304.

蔡小军，程会强，李双杰. 2006. 生态工业园竞争力研究综述[J]. 生态经济，（8）：116-118.

蔡引伟. 2017. 浙江省海洋渔业培训定位转型对策研究[J]. 中国水产，（8）：42-46.

蔡运龙. 1998. 在深化可持续发展研究中发展地理学[J]. 地理研究，（1）：18-23.

曹珂，李和平，肖竞. 2016. 山地城市防灾避难规划的适应性设计策略[C]. 沈阳：2016中国城市规划年会.

钞小静，惠康. 2009. 中国经济增长质量的测度[J]. 数量经济技术经济研究，（6）：75-86.

钞小静，任保平. 2011. 中国经济增长质量的时序变化与地区差异分析[J]. 经济研究，46（4）：26-40.

陈丰龙，徐康宁. 2014. 经济转型是否促进FDI技术溢出：来自23个国家的证据[J]. 世界经济，37（3）：104-128.

陈凤桂，陈伟莲. 2014. 我国海洋经济与就业潜力研究[J]. 地域研究与开发，33（2）：36-40.

陈刚强，李郇，许学强. 2008. 中国城市人口的空间集聚特征与规律分析[J]. 地理学报，（10）：1045-1054.

陈航，王海鹰，张春雨. 2015. 我国海洋产业生态化水平评价指标体系的构建与测算[J]. 统计与决策，430（10）：48-51.

陈洪斌. 2017. 我国省际农业用水效率测评与空间溢出效应研究[J]. 干旱区资源与环境，31（2）：85-90.

陈华. 2016. 关于推进海绵城市建设若干问题的探析[J]. 净水技术，35（1）：102-106.

陈金良. 2013. 我国海洋经济的环境评价指标体系研究[J]. 中南财经政法大学学报，（1）：18-23.

陈理飞，史安娜，夏建伟. 2007. 复杂适应系统理论在管理领域的应用[J]. 科技管理研究，（8）：40-42.

陈林兴，周井娟. 2009. 中国海洋渔业产量结构的灰色关联分析[J]. 统计与决策,（16）:84-85.

陈攀，李兰，周文财. 2011. 水资源脆弱性及评价方法国内外研究进展[J]. 水资源保护，27（5）：32-38.

陈强. 2007. 发展渔业循环经济促进台州渔业可持续发展[J]. 中国渔业经济，（6）：65-68.

陈尚，任大川，夏涛，等. 2013. 海洋生态资本理论框架下的生态系统服务评估[J]. 生态学报，33（19）：6254-6263.

陈诗一. 2012. 中国各地区低碳经济转型进程评估[J]. 经济研究，47（8）：32-44.

陈香. 2008. 台风灾害脆弱性评价与减灾对策研究——以福建省为例[J]. 防灾科技学院学报，3（10）：18-22.

陈晓红，万鲁河. 2013. 城市化与生态环境耦合的脆弱性与协调性作用机制研究[J]. 地理科学，33（12）：1450-1457.

陈晓红，吴广斌，万鲁河. 2014. 基于 BP 的城市化与生态环境耦合脆弱性与协调性动态模拟研究——以黑龙江省东部煤电化基地为例[J]. 地理科学，34（11）：1337-1343.

陈新军，周应祺. 2001. 海洋渔业可持续利用预警系统的初步研究[J]. 上海水产大学学报，10（1）：31-37.

陈晔. 2016. 我国海洋渔村的历史演进及转型与发展[J]. 浙江海洋学院学报（人文科学版），33（2）：20-28.

成思危. 1999. 复杂性科学探索[M]. 北京：民主与建设出版社.

程翠云，钱新，盛金保，等. 2010. 基于数据包络分析的溃坝洪水灾害脆弱性评价[J]. 水土保持通报，30（3）：144-147.

程福祜，何宏权. 1982. 发展海洋经济要注意综合平衡[J]. 浙江学刊，（3）：34-35.

程慧芳，唐辉亮，陈超. 2011. 开放条件下区域经济转型升级综合能力评价研究——中国 31 个省市转型升级评价指标体系分析[J]. 管理世界，（8）：173-174.

程娜. 2013. 可持续发展视阈下中国海洋经济发展研究[D]. 长春：吉林大学博士学位论文.

程娜. 2017. 新常态背景下中国海洋经济可持续发展评价体系研究[J]. 学习与探索，（5）：116-122.

储毓婷，苏飞. 2013. 国内外经济脆弱性研究述评[J]. 生态经济（学术版），（2）：122-125.

丛军. 2012. 山东省渔业产业结构现状与优化升级[J]. 中国渔业经济，30（2）：95-99.

丛子明. 1980. 加强集中统一，整顿海洋渔业[J]. 农业经济问题，（1）：30-33.

崔和瑞，赵黎明，薛庆林. 2005. 基于耗散结构理论的区域农业可持续发展系统分析[J]. 系统辩证学学报，（1）：60-65.

崔胜辉，李旋旗，李扬，等. 2011. 全球变化背景下的适应性研究综述[J]. 地理科学进展，30（9）：1088-1098.

崔正丹. 2016. 中国海洋经济转型成效时空格局演变研究[D]. 大连：辽宁师范大学硕士学位论文.

戴彬，金刚，韩明芳. 2015. 中国沿海地区海洋科技全要素生产率时空格局演变及影响因素[J]. 地理研究，34（2）：328-340.

戴全厚，刘国彬，刘明，等. 2005. 小流域生态经济系统可持续发展评价——以东北低山丘陵区黑牛河小流域为例[J]. 地理学报，60（2）：209-218.

邓波，洪绂曾，高洪文. 2004. 试述草原地区可持续发展的生态承载力评价体系[J]. 草业学报，（1）：1-8.

邓华. 2006. 我国产业生态系统（IES）稳定性影响因素研究[D]. 大连：大连理工大学博士学位论文.

狄乾斌，韩增林. 2009. 辽宁省海洋经济可持续发展的演进特征及其系统耦合模式[J]. 经济地理，29（5）：799-805.

狄乾斌，韩增林，孙迎. 2009. 海洋经济可持续发展能力评价及其在辽宁省的应用[J]. 资源科学，（2）：288-294.

狄乾斌，刘欣欣，王萌. 2014. 我国海洋产业结构变动对海洋经济增长贡献的时空差异研究[J]. 经济地理，34（10）：98-103.

狄乾斌，孙阳. 2014. 沿海地区海洋经济与社会变迁关联度评价——以辽宁省为例[J]. 地理科学进展，（5）：713-720.

丁俊，王开泳. 2018. 珠三角城市群工业生产空间的时空演化及驱动机制[J]. 地理研究，37（1）：53-66.

董小君. 2013. 日本经济转型的经验与借鉴意义[J]. 行政管理改革，（11）：46-51.

董永虹，罗瑛. 2001. 论浙江海洋经济的发展[J]. 中国渔业经济，（2）：28-29.

段学军. 2018. 人文经济地理学学科发展与区域可持续发展[J]. 地域研究与开发，37（2）：170-171，180.

方创琳，王岩. 2015. 中国城市脆弱性的综合测度与空间分异特征[J]. 地理学报，70（2）：234-247.

方琳瑜，宋伟，王智源. 2009. 我国中小企业自主知识产权脆弱性的评价及其预警[J]. 经济管理，10：141-146.

方修琦，殷培红. 2007. 弹性、脆弱性和适应——IHDP 三个核心概念综述[J]. 地理科学进展，26（5）：11-22.

方一平，秦大河，丁永建. 2009. 气候变化适应性研究综述——现状与趋向[J]. 干旱区研究，26（3）：299-305.

冯昭信. 1998. 中国海洋渔业在可持续发展中存在的问题及对策[C]. 北京：中国农学会新的农业科技革命战略与对策讨论会.

冯振环，赵国杰. 2005. 区域经济发展的脆弱性及其评价体系研究——兼论脆弱性与可持续发展的关系[J]. 现代财经，（10）：54-57.

付韬，张永安. 2010. 产业集群生命周期理论探析[J]. 华东经济管理，（6）：57-61.

高乐华. 2012. 我国海洋生态经济系统协调发展测度与优化机制研究[D]. 青岛：中国海洋大学博士学位论文.

高乐华，高强. 2012. 海洋生态经济系统交互胁迫关系验证及其协调度测算[J]. 资源科学，（1）：173-184.

高乐华，高强，史磊. 2014. 我国海洋生态经济系统协调发展模式研究[J]. 生态经济，（2）：105-110.

高强，高乐华. 2011. 我国海洋渔业生态失衡机制与修复研究[J]. 中国渔业经济，29（1）：150-157.

高铁梅. 2006. 计量经济分析方法与建模：Eviews 应用及实例[M]. 北京：清华大学出版社.

高扬. 2013. 基于能力结构关系模型的环渤海地区海陆一体化研究[D]. 大连：辽宁师范大学硕士学位论文.

葛全胜，陈泮勤，方修琦，等. 2004. 全球变化的区域适应研究：挑战与研究对策[J]. 地球科学进展，19（4）：516-524.

耿爱生，同春芬. 2012. 海洋渔业转型框架下的海洋渔民转型问题研究[J]. 安徽农业科学，40（10）：6199-6201，6203.

龚江南. 1999. 对影响经济增长质量的一个因素的分析[J]. 湛江师范学院学报，（2）：34-36.

勾维民. 2005. 海洋经济崛起与我国海洋高等教育发展[J]. 高等农业教育，（5）：14-17.

关兴良，魏后凯，鲁莎莎，等. 2016. 中国城镇化进程中的空间集聚、机理及其科学问题[J]. 地理研究，35（2）：227-241.

郭付友，佟连军，魏强，等. 2016. 吉林省松花江流域产业系统环境适应性时空分异与影响因素[J]. 地理学报，71（3）：459-470.

郭建科，陈园月，于旭会，等. 2017. 1985年来环渤海地区港口体系位序—规模分布及作用机制[J]. 地理学报，72（10）：1812-1826.

郭克莎. 1996. 论经济增长的速度与质量[J]. 经济研究，（1）：36-42.

郭丕斌，李丹，周喜君. 2015. 技术锁定状态下煤炭资源型经济转型的出路与对策[J]. 经济问题，（12）：24-27.

国家海洋局. 2012. 全国海岛保护规划[EB/OL]. http://www.mnr.gov.cn/gk/ghjh/201811/t20181101_2324822.html[2019-05-26].

国家海洋局. 2017. 中国海洋统计年鉴2016[M]. 北京：海洋出版社.

韩瑞玲，佟连军，佟伟铭，等. 2012. 基于集对分析的鞍山市人地系统脆弱性评估[J]. 地理科学进展，31（3）：344-352.

韩增林，李博. 2013. 中国沿海地区人海关系地域系统脆弱性研究进展[J]. 海洋经济，3（2）：1-6.

韩增林，刘桂春. 2007. 人海关系地域系统探讨[J]. 地理科学，27（6）：761-767.

韩增林，胡伟，李彬，等. 2016. 中国海洋产业研究进展与展望[J]. 经济地理，36（1）：89-96.

韩增林，胡伟，钟敬秋，等. 2017. 基于能值分析的中国海洋生态经济可持续发展评价[J]. 生态学报，（8）：1-4.

韩增林，王茂军，张学霞. 2003. 中国海洋产业发展的地区差距变动及空间集聚分析[J]. 地理研究，（3）：289-296.

郝士平. 2012. 俄罗斯经济转型困境及对我国的启示[J]. 中国经贸导刊，（5）：44-45.

郝颖，辛清泉，刘星. 2014. 地区差异、企业投资与经济增长质量[J]. 经济研究，49（3）：101-114.

何艳冰，黄晓军，翟令鑫，等. 2016. 西安快速城市化边缘区社会脆弱性评价与影响因素[J]. 地理学报，71（8）：1315-1328.

贺祥，林振山，刘会玉，等. 2016. 基于灰色关联模型对江苏省PM2.5浓度影响因素的分析[J]. 地理学报，71（7）：1119-1129.

侯斌. 2016. 海洋经济特征及发展路径[J]. 理论观察，（12）：92-93.

胡明扬. 2017. 海洋产业转型升级对高职毕业生就业的影响及对策[J]. 农村经济与科技，28（11）：291-294.

胡喜生，洪伟，吴承祯. 2013. 福州市土地生态系统服务与城市化耦合度分析[J]. 地理科学，33（10）：1216-1223.

黄金川，方创琳. 2003. 城市化与生态环境交互耦合机制与规律性分析[J]. 地理研究，（2）：211-220.

黄南，张二震. 2017. 经济转型的目标、路径与绩效：理论研究述评[J]. 经济评论，（2）：150-160.

黄群. 2013. 海洋渔业生态化指标体系构建与评价研究[D]. 青岛：中国海洋大学硕士学位
　　论文.

黄盛. 2013. 环渤海地区海洋产业结构调整优化研究[D]. 青岛：中国海洋大学博士学位论文.

黄晓军，黄馨. 2015. 弹性城市及其规划框架初探[J]. 城市规划，39（2）：50-56.

黄晓军，黄馨，崔彩兰，等. 2014. 社会脆弱性概念、分析框架与评价方法[J]. 地理科学进
　　展，33（11）：1512-1525.

黄秀蓉. 2016. 可持续发展理念下我国海洋产业生态化发展研究[J]. 生物技术世界，（4）：
　　31-32.

霍兰. 2011. 隐秩序：适应性造就复杂性[M]. 周晓牧等，译. 上海：上海世纪出版集团.

霍兰，陈禹，方美琪. 2011. 隐秩序：适应性造就复杂性[J]. 上海：上海科技教育出版社.

纪玉俊，姜旭朝. 2011. 海洋产业结构的优化标准是提高其第三产业比重吗？——基于海洋
　　产业结构形成特点的分析[J]. 产业经济评论，（3）：82-94.

贾慧聪，潘东华，王静爱，等. 2014. 自然灾害适应性研究进展[J]. 灾害学，29（4）：122-128.

贾亚君. 2012. 包容性增长视角下实现浙江海洋生态经济可持续发展研究[J]. 经济研究导
　　刊，（7）：107-108，176.

姜旭朝，王静. 2009. 美日欧最新海洋经济政策动向及其对中国的启示[J]. 中国渔业经济，
　　（2）：22-28.

姜旭朝，张继华. 2012. 中国海洋经济历史研究：近三十年学术史回顾与评价[J]. 中国海洋
　　大学学报（社会科学版），（5）：1-8.

蒋殿春，张宇. 2008. 经济转型与外商直接投资技术溢出效应[J]. 经济研究，（7）：26-38.

蒋海兵，徐建刚，祁毅. 2010. 京沪高铁对区域中心城市陆路可达性影响[J]. 地理学报，
　　65（10）：1287-1298.

蒋天颖，谢敏，刘刚. 2014. 基于引力模型的区域创新产出空间联系研究——以浙江省为
　　例[J]. 地理科学，34（11）：1320-1326.

蒋子龙，樊杰，陈东. 2014. 2001—2010年中国人口与经济的空间集聚与均衡特征分析[J]. 经
　　济地理，34（5）：9-13.

焦宝玉. 2011. 人与环境相互作用理论：人地关系理论及其调控[J]. 环境保护与循环经济，
　　31（3）：14-16.

靳毅，蒙吉军. 2011. 生态脆弱性评价与预测研究进展[J]. 生态学杂志，30（11）：2646-2652.

柯丽娜，韩旭，韩增林，等. 2017. 基于生态系统管理理论的海域集约利用评价——以河北
　　沿海地级市为例[J]. 生态学报，37（22）：7453-7462.

孔田平. 2012. 中东欧经济转型的成就与挑战[J]. 经济社会体制比较，（2）：60-72.

黎洁. 2016. 陕西安康移民搬迁农户的生计适应策略与适应力感知[J]. 中国人口·资源与环
　　境，26（9）：44-52.

黎鹏. 2003. 区际产业的互补性整合与协同发展研究——理论依据、实践需求和方法论思
　　路[J]. 经济与社会发展，（5）：46-50.

李彬. 2011. 资源与环境视角下的我国区域海洋经济发展比较研究[D]. 青岛：中国海洋大学
　　博士学位论文.

李博. 2014. 辽宁沿海地区人海经济系统脆弱性评价[J]. 地理科学，34（6）：711-716.

李博，韩增林. 2010a. 沿海城市人地关系地域系统脆弱性研究：以大连市为例[J]. 经济地理，
　　30（10）：1722-1728.

李博，韩增林. 2010b. 沿海城市人海关系地域系统脆弱性分类研究[J]. 地理与地理信息科

学，26（3）：78-81，86.

李博，韩增林，孙才志，等. 2012. 环渤海地区人海资源环境系统脆弱性的时空分析[J]. 资源科学，34（11）：2214-2221.

李博，田闯，史钊源. 2017a. 环渤海地区海洋经济增长质量时空分异与类型划分[J]. 资源科学，39（11）：2052-2061.

李博，张志强，苏飞，等. 2017b. 环渤海地区海洋产业生态系统适应性时空演变及影响因素[J]. 地理科学，37（5）：701-708.

李博，苏飞，杨智，等. 2017c. 脆弱性视角下辽宁沿海地区人海关系地域系统特征演化及可持续发展模式[J]. 地域研究与开发，36（4）：32-36.

李博，苏飞，杨智，等. 2018. 基于脆弱性视角的环渤海地区人海关系地域系统时空特征及演化分析[J]. 生态学报，38（4）：1436-1445.

李博，杨智，苏飞，等. 2015a. 基于熵权分析的我国沿海城市人海经济系统脆弱性测度研究[J]. 海洋开发与管理，32（1）：69-74.

李博，杨智，苏飞. 2015b. 基于集对分析的大连市人海经济系统脆弱性测度[J]. 地理研究，34（5）：967-976.

李昌彦，王慧敏，佟金萍，等. 2013. 气候变化下水资源适应性系统脆弱性评价：以鄱阳湖流域为例[J]. 长江流域资源与环境，22（2）：172-181.

李朝奎，李吟，汤国安，等. 2012. 基于文献计量分析法的中国生态脆弱性研究进展[J]. 湖南科技大学学报（社会科学版），15（4）：91-94.

李飞，曾福生. 2016. 基于空间杜宾模型的农业基础设施空间溢出效应[J]. 经济地理，36（6）：142-147.

李鹤，张平宇. 2009. 东北地区矿业城市社会就业脆弱性分析[J]. 地理研究，28（3）：751-760.

李鹤，张平宇. 2011. 全球变化背景下脆弱性研究进展与应用展望[J]. 地理科学进展，30（7）：920-929.

李鹤，张平宇，程叶青. 2008. 脆弱性的概念及其评价方法[J]. 地理科学进展，27（2）：18-25.

李怀宇. 2007. 海洋生态经济复合系统非线性动力学研究及可持续发展评价[D]. 天津：天津大学硕士学位论文.

李立. 2010. 中国资源枯竭型地区经济转型政策研究[D]. 北京：中国地质大学博士学位论文.

李梅玉，罗融. 2012. 关于经济增长质量与包容性增长研究的理论回顾[J]. 湖北社会科学，（7）：92-95.

李若澜. 2014. 我国征收遗产税的正义价值论——以代际公平理论为视角[J]. 天津商业大学学报，34（3）：69-73.

李彤玥，牛品一，顾朝林. 2014. 弹性城市研究框架综述[J]. 城市规划学刊，（5）：23-31.

李晓华，刘峰. 2013. 产业生态系统与战略性新兴产业发展[J]. 中国工业经济，（3）：20-32.

李新光，黄安民. 2018. 高铁对县域经济增长溢出效应的影响研究——以福建省为例[J]. 地理科学，38（2）：233-241.

李旭旦. 1981. 国际地理学界的一次盛会——参加东京国际地理会议观感[J]. 南京师大学报（社会科学版），（1）：5-8.

李胭胭，鲁丰先. 2016. 河南省经济增长质量的时空格局[J]. 经济地理，36（3）：41-47.

李玉. 2013. 基于共生视角的村镇银行发展研究[D]. 哈尔滨：东北农业大学博士学位论文.

李玉，王吉恒，张理达. 2013. 基于共生理论的农村民间金融改革路径研究[J]. 生态经济，（3）：60-62，66.

李玉梅. 2016. 中国劳动力空间集聚问题研究[D]. 北京：首都经济贸易大学博士学位论文.

李园园. 2014. 近代江浙海洋渔业转型研究[D]. 上海：上海师范大学硕士学位论文.

李兆前，齐建国. 2004. 循环经济理论与实践综述[J]. 数量经济技术经济研究，（9）：145-154.

廉晓梅，吴金华. 2018. 东北地区人口与经济空间格局演变分析[J]. 人口学刊，40（1）：45-55.

梁亚滨. 2015. 中国建设海洋强国的动力与路径[J]. 太平洋学报，23（1）：79-89.

梁增贤，解利剑. 2011. 传统旅游城市经济系统脆弱性研究：以桂林市为例[J]. 旅游学刊，26（5）：40-46.

廖柳文，秦建新，刘永强，等. 2015. 基于土地利用转型的湖南省生态弹性研究[J]. 经济地理，35（9）：16-23.

廖小平，成海鹰. 2004. 论代际公平[J]. 伦理学研究，（4）：25-31.

林香红，陈刚，宋维玲. 2012. "十二五"我国海洋渔业面临的问题与政策建议[J]. 中国渔业经济，30（2）：12-15.

刘东民，何帆，张春宇，等. 2015. 海洋金融发展与中国的海洋经济战略[J]. 国际经济评论，（5）：43-56.

刘海猛，方创琳，黄解军，等. 2018. 京津冀城市群大气污染的时空特征与影响因素解析[J]. 地理学报，73（1）：177-191.

刘海云，石小霞. 2018. 中国对外直接投资对工业部门收入差距的影响研究[J]. 国际贸易问题，（1）：101-111.

刘佳，赵金金，张广海. 2013. 中国旅游产业集聚与旅游经济增长关系的空间计量分析[J]. 经济地理，33（4）：186-192.

刘鉴，杨青山，江孝君，等. 2018. 长三角城市群城市创新产出的空间集聚及其溢出效应[J]. 长江流域资源与环境，27（2）：225-234.

刘淑芳，郭永海. 1996. 区域地下水防污性能评价方法及其在河北平原的应用[J]. 河北地质学院学报，（1）：41-45.

刘曙光，姜旭朝. 2008. 中国海洋经济研究30年：回顾与展望[J]. 中国工业经济，（11）：153-160.

刘卫东. 2018. "一带一路"建设与宏观经济地理学研究[J]. 地域研究与开发，37（2）：171-172.

刘文革，周文召，仲深，等. 2014. 金融发展中的政府干预、资本化进程与经济增长质量[J]. 经济学家，（3）：64-73.

刘笑阳. 2016. 海洋强国战略研究——理论探索、历史逻辑和中国路径[D]. 北京：中共中央党校博士学位论文.

刘雪华. 1993. 脆弱生态区的一个典型例子——坝上康保县的生态变化及改善途径[C]//赵桂久，刘燕华，赵名茶，等. 生态环境综合整治和恢复技术研究（第一集）. 北京：科学技术出版社：99-104.

刘焱序，王仰麟，彭建，等. 2015. 基于生态适应性循环三维框架的城市景观生态风险评价[J]. 地理学报，70（7）：1052-067.

刘耀彬，宋学锋. 2005. 城市化与生态环境的耦合度及其预测模型研究[J]. 中国矿业大学学报，（1）：94-99.

刘毅. 2018. 论中国人地关系演进的新时代特征——"中国人地关系研究"专辑序言[J]. 地理研究，37（8）：1477-1484.

刘毅，黄建毅，马丽. 2010. 基于DEA模型的我国自然灾害区域脆弱性评价[J]. 地理研究，29（7）：1153-1162.

刘志彪,陈柳. 2014. 政策标准、路径与措施:经济转型升级的进一步思考[J]. 南京大学学报(哲学·人文科学·社会科学),51(5):48-56.

刘祝君,王勇. 1995. 开拓远洋捕捞生产发展外向型渔业经济[J]. 浙江金融,(4):37-38.

楼东,谷树忠. 2005. 中国渔业资源与产业的空间分布格局及演化[J]. 中国农业资源与区划,(1):31-35.

卢风,陈杨. 2018. 全球生态危机[J]. 绿色中国,(3):52-55.

鲁春阳,杨庆媛,文枫. 2010. 城市化与城市土地利用结构关系的协整检验与因果分析:以重庆市为例[J]. 地理科学,(4):551-557.

陆宏芳,彭少麟,任海,等. 2006. 产业生态系统区域能值分析指标体系[J]. 中山大学学报(自然科学版),145(2):68-72.

陆学,陈兴鹏. 2014. 循环经济理论研究综述[J]. 中国人口·资源与环境,24(S2):204-208.

罗朋朝. 2018. 我国海洋经济可持续发展面临的挑战及发展对策[J]. 教育教学论坛,(10):248-249.

吕海萍,池仁勇,化祥雨. 2017. 创新资源协同空间联系与区域经济增长——基于中国省域数据的实证分析[J]. 地理科学,37(11):1649-1658.

吕伟. 2014. 江苏省海洋生态经济可持续发展评价研究[D]. 青岛:中国海洋大学硕士学位论文.

马仁峰,李加林. 2014. 浙江省海洋经济转型发展研究[M]. 北京:经济科学出版社.

马卫,曹小曙,黄晓燕,等. 2018. 丝绸之路沿线交通基础设施空间经济溢出效应测度[J]. 经济地理,38(3):21-29,71.

马歇尔. 2009. 经济学原理[M]. 朱志泰,陈良璧,译. 北京:商务印书馆.

梅志雄,徐颂军,欧阳军. 2014. 珠三角县域城市潜力的空间集聚演化及影响因素[J]. 地理研究,33(2):296-309.

孟嘉源. 2009. 中国海洋电力业的开发现状与前景[J]. 山西能源与节能,(2):41-54.

米金科. 2008. 煤炭资源枯竭地区经济转型研究综述[J]. 煤炭工程,(12):102-103.

穆丽娟. 2015. 我国海洋生态经济可持续发展评估及风险预警研究[D]. 青岛:中国海洋大学硕士学位论文.

牛文元. 2012. 可持续发展理论的内涵认知——纪念联合国里约环发大会20周年[J]. 中国人口·资源与环境,22(5):11-16.

欧阳虹彬,叶强. 2016. 弹性城市理论演化述评:概念、脉络与趋势[J]. 城市规划,40(3):34-42.

潘家华,郑艳. 2010. 适应气候变化的分析框架及政策涵义[J]. 中国人口·资源与环境,20(10):1-5.

裴海龙. 2014. 中国海洋生物医药业:国外经验及其启示[J]. 商,(26):236-237.

彭翀,袁敏航,顾朝林,等. 2015. 区域弹性的理论与实践研究进展[J]. 城市规划学刊,(1):84-92.

彭飞,孙才志,刘天宝,等. 2018. 中国沿海地区海洋生态经济系统脆弱性与协调性时空演变[J]. 经济地理,38(3):165-174.

彭建,党威雄,刘焱序,等. 2015. 景观生态风险评价研究进展与展望[J]. 地理学报,70(4):664-677.

彭建,胡晓旭,赵明月,等. 2017. 生态系统服务权衡研究进展:从认知到决策[J]. 地理学报,72(6):960-973.

彭亮. 2011. 基于产业互动思想演进：中国产业结构优化模式研究[J]. 太平洋学报，19（8）：66-74.

乔洪武. 2014. 经济转型中经济伦理变迁的路径依赖[J]. 江汉论坛，3：100-105.

秦曼，王淼. 2016. 我国海洋产业生态转型的困境与出路[J]. 经济纵横，（6）：47-51.

秦萍，陈颖翱，徐晋涛，等. 2014. 北京居民出行行为分析：时间价值和交通需求弹性估算[J]. 经济地理，34（11）：17-22.

秦正，秦青，张艺露. 2009. 地质遗迹资源脆弱性评价方法及应用[J]. 河南科学，27（2）：230-235.

覃雄合，孙才志，王泽宇. 2014. 代谢循环视角下的环渤海地区海洋经济可持续发展测度[J]. 资源科学，36（12）：2647-2656.

仇方道，佟连军，姜萌. 2011. 东北地区矿业城市产业生态系统适应性评价[J]. 地理研究，30（2）：243-255.

权瑞松. 2014. 基于情景模拟的上海中心城区建筑暴雨内涝脆弱性分析[J]. 地理科学，34（11）：1399-1403.

任保平. 2012. 经济增长质量：理论阐释、基本命题与伦理原则[J]. 学术月刊，（2）：63-70.

容涵，董俊. 2007. 山东省内陆渔业可持续发展的途径探讨[J]. 当代水产，22（6）：22-23.

山世英，姜爱萍. 2005. 中国水产品的比较优势和出口竞争力分析[J]. 国际贸易问题，（5）：20-24.

单薇. 2003. 基于熵的经济增长质量综合评价[J]. 数学的实践与认识，（10）：49-54.

尚图强，孙鹏. 2010. 我国海洋捕捞业的影响因素分析[J]. 渔业经济研究，（2）：12-15.

佘红艳. 2015. 中国特色社会主义海洋战略观的历史演变[J]. 管理观察，（35）：39-42.

申世军，邹凯生. 2007. 广东省 山东省经济增长质量研究[J]. 工业技术经济，（3）：64-68.

申悦，柴彦威. 2012. 基于GPS数据的城市居民通勤弹性研究——以北京市郊区巨型社区为例[J]. 地理学报，67（6）：733-744.

沈能，周晶晶，王群伟. 2013. 考虑技术差距的中国农业环境技术效率库兹涅茨曲线再估计：地理空间的视角[J]. 中国农村经济，（12）：72-83.

生延超，周玉娇. 2018. 适宜性人力资本与区域经济协调发展[J]. 地理研究，37（4）：797-813.

舒基元，姜学民. 1996. 代际财富均衡模型研究[J]. 中国人口·资源与环境，（3）：45-48.

宋承新，邹连文. 2001. 山东省地表水资源特点及可持续开发分析[J]. 水文，21（4）：38-40.

宋玮. 2003. 基于产业生态系统的竞争战略探讨[D]. 合肥：中国科学技术大学硕士学位论文.

宋蔚. 2009. 中国现阶段海洋渔业转型问题研究[D]. 青岛：中国海洋大学博士学位论文.

苏飞，陈媛，张平宇. 2013. 基于集对分析的旅游城市经济系统脆弱性评价——以舟山市为例[J]. 地理科学，33（5）：538-544.

苏飞，张平宇. 2009. 石油城市经济系统脆弱性评价——以大庆市为例[J]. 自然资源学报，24（7）：1267-1274.

苏飞，张平宇. 2010. 基于集对分析的大庆市经济系统脆弱性评价[J]. 地理学报，65（4）：454-464.

苏桂凤. 1986. 耗散结构理论[J]. 理论导刊，（5）：46-48.

苏昕，吴隆杰，徐建明. 2006. 我国海洋生态系的恢复重建与渔业资源可持续利用[J]. 中国渔业经济，（4）：41-44.

随洪光. 2013. 外商直接投资与中国经济增长质量提升——基于省际动态面板模型的经验分析[J]. 世界经济研究，（7）：67-72.

孙才志, 郭可蒙, 邹玮. 2017. 中国区域海洋经济与海洋科技之间的协同与响应关系研究[J]. 资源科学, 39（11）: 2017-2029.

孙才志, 李欣. 2015. 基于核密度估计的中国海洋经济发展动态演变[J]. 经济地理, 35（1）: 96-103.

孙才志, 刘玉玉. 2009. 地下水生态系统健康评价指标体系的构建[J]. 生态学报, 29（10）: 5665-5673.

孙才志, 潘俊. 1999. 地下水脆弱性的概念、评价方法与研究前景[J]. 水科学进展, 10（4）: 444-449.

孙才志, 覃雄合, 李博, 等. 2016. 基于WSBM模型的环渤海地区海洋经济脆弱性研究[J]. 地理科学, 36（5）: 705-714.

孙才志, 奚旭. 2014. 不确定条件下的下辽河平原地下水本质脆弱性评价[J]. 水利水电科技进展, 34（5）: 1-7.

孙才志, 闫晓露, 钟敬秋. 2014. 下辽河平原景观格局脆弱性及空间关联格局[J]. 生态学报, 34（2）: 247-257.

孙才志, 左海军, 栾天新. 2007. 下辽河平原地下水脆弱性研究[J]. 吉林大学学报（地球科学版）,（5）: 943-948.

孙晶, 王俊, 杨新军. 2007. 社会-生态系统恢复力研究综述[J]. 生态学报,（12）: 5371-5381.

孙静, 杨俊, 席建超. 2016. 中国海洋旅游基地适宜性综合评价研究[J]. 资源科学, 38（12）: 2244-2255.

孙康, 李丽丹. 2018. 中国海洋渔业转型成效与时空差异分析[J]. 产经评论, 9（4）: 72-83.

孙良书. 2006. 煤炭城市社会系统脆弱性评估——以阜新市为例[D]. 长春: 东北师范大学硕士学位论文.

孙平军, 修春亮. 2010. 东北地区中老年矿业城市经济系统脆弱性[J]. 地理科学进展, 29（8）: 935-942.

孙瑞杰, 杨潇. 2017. 天津市海洋渔业转型升级战略研究[J]. 海洋经济, 7（3）: 60-64.

谭跃进, 邓宏钟. 2001. 复杂适应系统理论及其应用研究[J]. 系统工程,（5）: 1-6.

檀学文, 杜志雄. 2006. 我国渔业可持续发展问题研究[J]. 经济研究参考,（35）: 42-49.

田亚平, 常昊. 2012. 中国生态脆弱性研究进展的文献计量分析[J]. 地理学报, 67（11）: 1515-1525.

同春芬, 严煜. 2016. 海洋渔业转型中渔民社会发展问题研究综述[J]. 大连海事大学学报（社会科学版）, 15（1）: 76-83.

同春芬, 张绍游. 2015. 我国海洋渔业生态政策变迁史研究（1949~1986）[J]. 广东海洋大学学报, 35（2）: 39-44.

万鲁河, 张茜, 陈晓红. 2012. 哈大齐工业走廊经济与环境协调发展评价指标体系——基于脆弱性视角的研究[J]. 地理研究, 31（9）: 373-1684.

王冰. 2011. 海洋经济系统评估指标体系研究[J]. 中国集体经济,（10）: 115-116.

王波, 韩立民. 2017. 中国海洋产业结构变动对海洋经济增长的影响——基于沿海11省市的面板门槛效应回归分析[J]. 资源科学, 39（6）: 1182-1193.

王春杨, 吴国誉. 2018. 研发资源配置、溢出效应与中国省域创新空间格局[J]. 研究与发展管理, 30（1）: 106-114.

王恩才. 2013. 产业集群生命周期研究述评[J]. 齐鲁学刊,（3）: 86-90.

王丰, 安德鲁·梅森, 沈可. 2006. 中国经济转型过程中的人口因素[J]. 中国人口科学,（3）:

2-18.

王富喜,毛爱华,李赫龙,等.2013. 基于熵值法的山东省城镇化质量测度及空间差异分析[J]. 地理科学,33（11）：1323-1329.

王国庆,张建云,章四龙.2005. 全球气候变化对中国淡水资源及脆弱性影响研究综述[J]. 水资源与水工程学报,16（2）：7-15.

王海兰.2011. 基于可持续发展的海洋产业生态化问题研究[J]. 港口经济,（10）：37-41.

王航,高强,莫毓昌.2010. 基于攻击图和安全度量的网络脆弱性评价[J]. 计算机工程,36（3）：128-130.

王红毅.2012. 区域社会经济系统脆弱性综合评价及应用研究[D]. 秦皇岛：燕山大学博士学位论文.

王火根,沈利生.2007. 中国经济增长与能源消费空间面板分析[J]. 数量经济技术经济研究,（12）：98-107，149.

王建军,杨德礼.2010. 基于 AHP-PROMETHEEII 的外包信息系统脆弱性评价模型[J]. 管理工程学报,24（2）：94-99.

王剑,韩兴勇.2007. 渔业产业政策对产业结构的影响——以舟山渔民转产转业为例[J]. 中国渔业经济,（3）：16-18.

王江涛.2015. 我国海洋经济发展的新特征及政策取向[J]. 经济纵横,（11）：18-22.

王缙林.2016. 循环经济理念在小城镇规划建设中的应用[J]. 建材与装饰,（1）：101-102.

王靖,张金锁.2001. 综合评价中确定权重向量的几种方法比较[J]. 河北工业大学学报,30（2）：52-57.

王磊,翟博文.2018. 长江经济带交通基础设施对经济增长的影响[J]. 长江流域资源与环境,27（1）：6-12.

王立平,管杰,张纪东.2010. 中国环境污染与经济增长：基于空间动态面板数据模型的实证分析[J]. 地理科学,30（6）：818-825.

王淼,刘勤.2009. 我国海洋渔业内部转型的问题与对策研究[J]. 中国渔业经济,27（1）：74-78.

王淼,宋蔚.2008. 海洋渔业资源的持续利用——谈海洋渔业资源代际优化配置问题[J]. 渔业经济研究,（5）：39-41.

王淼,张晓泉.2009. 海洋渔业转型的成本构成及支付[J]. 中国渔业经济,27（2）：92-96.

王明涛.1999. 多指标综合评价中权数确定的离差、均方差决策方法[J]. 中国软科学,8（8）：100-107.

王琦妍.2011a. 基于社会—生态系统的海洋资源管理研究——原则、概念和应用[D]. 上海：上海海洋大学硕士学位论文.

王琦妍.2011b. 社会—生态系统概念性框架研究综述[J]. 中国人口·资源与环境,21（S1）：440-443.

王倩,李彬.2011. 关于"海陆统筹"的理论初探[J]. 中国渔业经济,29（3）：29-35.

王仁祥,杨曼.2018. 中国省域科技与金融耦合效率的时空演进[J]. 经济地理,38（2）：104-112.

王如松.2003. 循环经济建设的产业生态学方法[J]. 产业与环境,（z1）：48-52.

王士君,王永超,冯章献.2010. 石油城市经济系统脆弱性发生过程、机理及程度研究——以大庆市为例[J]. 经济地理,39（3）：397-402.

王世春.2003. BP 网络在多元回归分析中的应用[D]. 合肥：合肥工业大学硕士学位论文.

王双. 2012. 我国海洋经济的区域特征分析及其发展对策[J]. 经济地理, 32 (6): 80-84.

王薇, 任保平. 2015. 我国经济增长数量与质量阶段性特征: 1978-2014 年[J]. 改革, (8): 48-58.

王文翰, 王冬. 2002. 辽宁海洋经济持续发展与海洋生态环境保护[J]. 环境保护科学, (6): 41-44.

王文元. 2002. 海水淡化: 解决沿海缺水的重要途径[J]. 瞭望新闻周刊, (41): 30-31.

王夕源. 2013. 山东半岛蓝色经济区海洋生态渔业发展策略研究[D]. 青岛: 中国海洋大学博士学位论文.

王小丹, 钟祥浩. 2003. 生态环境脆弱性概念的若干问题探讨[J]. 山地学报, (S1): 21-25.

王晓丹. 2008. 生态脆弱地区城市化模式与对策研究——以吉林西部地区为例[D]. 长春: 东北师范大学硕士学位论文.

王岩, 方创琳. 2014. 大庆市城市脆弱性综合评价与动态演变研究[J]. 地理科学, 34 (5): 547-555.

王燕, 王志强, 刘伯凡. 2018. 生产性服务业发展、研发集聚与高技术产业研发效率——基于随机前沿模型的实证研究[J]. 软科学, 32 (3): 1-4, 15.

王颖心, 叶文, 唐晓峰. 2018. 代际公平理论发展探讨[J]. 西南林业大学学报 (社会科学), 2 (3): 40-42.

王芸. 2008. 当前我国渔业产业结构调整的方向和重点[J]. 中国渔业经济, 26 (1): 29-33.

王芸. 2012. 我国海洋渔业捕捞配额制度研究[D]. 青岛: 中国海洋大学博士学位论文.

王泽宇, 崔正丹, 孙才志, 等. 2015. 中国海洋经济转型成效时空格局演变研究[J]. 地理研究, 34 (12): 2295-2308.

王泽宇, 郭萌雨, 韩增林. 2014. 基于集对分析的海洋综合实力评价研究[J]. 资源科学, 36 (2): 351-360.

王泽宇, 刘凤朝. 2011. 我国海洋科技创新能力与海洋经济发展的协调性分析[J]. 科学学与科学技术管理, 32 (5): 42-47.

王泽宇, 卢雪凤, 韩增林. 2017. 海洋资源约束与中国海洋经济增长——基于海洋资源 "尾效" 的计量检验[J]. 地理科学, 37 (10): 1497-1506.

王长征, 刘毅. 2003. 论中国海洋经济的可持续发展[J]. 资源科学, 25 (4): 73-78.

王兆华, 尹建华. 2005. 生态工业园中工业共生网络运作模式研究[J]. 中国软科学, (2): 80-86.

王振波, 徐建刚, 朱传耿, 等. 2010. 中国县域可达性区域划分及其与人口分布的关系[J]. 地理学报, 65 (4): 416-426.

魏宏森. 2007. 复杂性系统的理论与方法研究探索[M]. 呼和浩特: 内蒙古人民出版社.

魏婕, 任保平. 2012. 中国各地区经济增长质量指数的测度及其排序[J]. 经济学动态, (4): 27-33.

魏婕, 魏语谦, 任保平. 2016. 世界各国追求经济增长质量的得失以及对中国的启示[J]. 经济问题, (9): 33-40.

魏伊丝. 2000. 公平地对待未来人类: 国际法、共同遗产与世代间衡平[M]. 汪劲, 于方, 王鑫海, 译. 中国: 法律出版社.

温晓金, 杨新军, 王子侨. 2016. 多适应目标下的山地城市社会—生态系统脆弱性评价[J]. 地理研究, 35 (2): 299-312.

文东伟, 冼国明. 2014. 中国制造业的空间集聚与出口: 基于企业层面的研究[J]. 管理世界,

（10）：57-74.

文雁兵. 2015. 我国农业科技自主创新能力研究——基于产业关联效应和 FDI 技术溢出视角[J]. 科学学研究, 33（7）：1017-1025, 1034.

邬玮玮. 2018. 海洋旅游产业转型升级与高职人才培养耦合机制研究[J]. 商业经济, （9）：50-52.

吴爱芝, 孙铁山, 李国平. 2013. 中国纺织服装产业的空间集聚与区域转移[J]. 地理学报, 68（6）：775-790.

吴传钧. 1981. 地理学的特殊研究领域和今后任务[J]. 经济地理, （1）：5-10, 21.

吴传钧. 1991. 论地理学的研究核心——人地关系地域系统[J]. 经济地理, （3）：1-6.

吴明忠, 晏维龙, 黄萍. 2009. 江苏海洋经济对区域经济发展影响的实证分析：1996～2005[J]. 江苏社会科学, （4）：222-227,

吴姗姗, 张凤成, 曹可. 2014. 基于集对分析和主成分分析的中国沿海省海洋产业竞争力评价[J]. 资源科学, （11）：2386-2391.

吴万夫. 2009. 关于我国渔业 60 年发展规律的探讨[J]. 中国渔业经济, 27（6）：12-18.

吴云通. 2016. 基于产业视角的中国海洋经济研究[D]. 北京：中国社会科学院研究生院博士学位论文.

向清华. 2011. 不同空间尺度下的远洋渔业生产网络研究[D]. 上海：华东师范大学博士学位论文.

向晓梅. 2017. 农业供给侧结构性改革视角下我国海洋渔业转型升级路径[J]. 广东社会科学, （5）：23-29.

向芸芸, 杨辉. 2015. 海洋生态适应性管理研究进展[J]. 中国海洋, 32（8）：76-78.

肖红叶, 李腊生. 1998. 我国经济增长质量的实证分析[J]. 统计研究, （4）：8-14.

谢盼, 王仰麟, 刘焱序, 等. 2015. 基于社会脆弱性的中国高温灾害人群健康风险评价[J]. 地理学报, 70（7）：1041-1051.

解振华. 2004. 关于循环经济理论与政策的几点思考[J]. 环境保护, （1）：3-8.

辛馨, 张平宇. 2009. 基于三角图法的矿业城市人地系统脆弱性分类[J]. 煤炭学报, 34（2）：284-288.

徐君, 任腾飞, 王育红. 2016. 海绵城市建设的综合动力机制分析——以河南省为例[J]. 科技管理研究, （6）：192-198.

徐君卓. 2000. 海水养殖业持续发展的若干问题探讨[C]. 中国海洋与湖沼学会甲壳动物学分会、中国动物学会、中国海洋与湖沼学会生态学分会学术研讨会.

徐坡岭. 2003. 俄罗斯经济转轨的路径选择与转型性经济危机[J]. 俄罗斯研究, （3）：11-18.

徐坡岭, 韩爽. 2011. 中东欧独联体政治经济转型 20 年：约束条件与转型政策、策略选择[J]. 俄罗斯研究, （5）：90-104.

徐胜, 方继梅. 2017. 海洋经济结构转型的科技创新影响因子研究[J]. 中国海洋大学学报(社会科学版), （4）：1-6.

徐胜, 郭玉萍, 赵艳香. 2012. 我国海洋产业发展情况分析[J]. 中国渔业经济, 30(5):100-107.

徐胜, 郭玉萍, 赵艳香. 2013. 我国海洋产业发展水平测度分析[J]. 统计与决策, （19）：126-130.

徐胜, 吕广朋. 2006. 试论我国传统渔业向现代渔业的转型[J]. 中国海洋大学学报（社会科学版）, （3）：6-9.

徐瑱, 祁元, 齐红超, 等. 2010. 社会-生态系统框架（SES）下区域生态系统适应能力建模研究[J]. 中国沙漠，30（5）：1174-1181.

徐质斌. 1995. 海洋经济与海洋经济科学[J]. 海洋科学，19（2）：21-23.

许罕多. 2013. 资源衰退下的我国海洋捕捞业产量增长——基于1956年-2011年渔业数据的实证分析[J]. 山东大学学报（哲学社会科学版），（5）：92-99.

闫玉科. 2009. 我国海洋渔业资源可持续利用研究——基于海洋渔业资源衰退现象的经济学解析[J]. 农业经济问题，（8）：100-104.

严治. 2012. 港口的经济适应性评价研究[D]. 武汉：武汉理工大学硕士学位论文.

杨德进，徐虹. 2014. 城市化进程中城市规划的旅游适应性对策研究[J]. 经济地理，34（9）：166-171.

杨建新. 1998. 论清洁生产向工业生态学的转变[J]. 环境科学进展，6（5）：82-88.

杨金森. 1984. 建立合理的海洋经济结构[J]. 海洋开发与管理，1（1）：22-26.

杨经梁. 2018. 海南陵水海洋旅游转型升级战略研究[D]. 三亚：海南热带海洋学院硕士学位论文.

杨立敏，杨林. 2005. 资源与环境约束下我国渔业经济可持续发展的思路[J]. 中国海洋大学学报（社会科学版），（1）：19-21.

杨林. 2005. 资源与环境双重约束下中国渔业经济可持续发展战略研究[J]. 农业经济与管理，（1）：2-7.

杨林，苏昕. 2010. 产业生态学视角下海洋渔业产业结构优化升级的目标与实施路径研究[J]. 农业经济问题，31（10）：99-105.

杨佩国，靳京，赵东升，等. 2016. 基于历史暴雨洪涝灾情数据的城市脆弱性定量研究——以北京市为例[J]. 地理科学，36（5）：733-741.

杨青山，梅林. 2001. 人地关系、人地关系系统与人地关系地域系统[J]. 经济地理，21（5）：532-537.

杨山，王玉婷. 2011. 基于生态足迹修正模型的江苏省海洋经济可持续发展分析[J]. 应用生态学报，（3）：748-754.

杨涛. 2012. 金融支持海洋经济发展的政策与实践分析[J]. 金融与经济，（9）：21-26.

杨吾杨，怀博. 1983. 古代中西地理学思想源流新论[J]. 自然科学史研究，（4）：322-329.

杨艳茹，王士君，陈晓红. 2015. 石油城市经济系统脆弱性动态演变及调控途径研究——以大庆市为例[J]. 地理科学，35（4）：456-463.

杨仲元，徐建刚，林蔚. 2016. 基于复杂适应系统理论的旅游地空间演化模式——以皖南旅游区为例[J]. 地理学报，71（6）：1059-1074.

叶初生，赵锐，李慧. 2014. 比较经济转型中的贫困脆弱性：测度、分解与比较——中俄经济转型绩效的一种微观评价[J]. 经济社会体制比较，（1）：103-114.

叶肖坤. 1987. 调整我国目前海洋捕捞生产结构发展远洋渔业生产[J]. 现代渔业信息，（12）：5-9.

殷克东. 2016. 中国海洋经济周期波动监测预警研究[M]. 北京：人民出版社.

于江龙. 2012. 我国国有林场发展脆弱性形成机理及影响因素研究[D]. 北京：北京林业大学博士学位论文.

于颖. 2016. 基于海陆统筹的浙江省海陆经济互动效率研究[D]. 杭州：浙江大学硕士学位论文.

于长永，何剑. 2011. 脆弱性概念、分析框架与农民养老脆弱性分析[J]. 农村经济，（8）：88-91.

余中元，李波，张新时. 2014. 社会生态系统及脆弱性驱动机制分析[J]. 生态学报，34（7）：

1870-1879.

袁纯清. 1998. 共生理论及其对小型经济的应用研究（上）[J]. 改革，（3）：101-105.

袁海红，牛方曲，高晓路. 2015. 城市经济脆弱性模拟评估系统的构建及其应用[J]. 地理学报，70（2）：271-282.

苑清敏，张文龙，冯冬. 2016. 资源环境约束下我国海洋经济效率变化及生产效率变化分析[J]. 经济经纬，（3）：13-18.

约翰斯顿. 1999. 地理学与地理学家[M]. 唐晓峰，李平，译. 北京：商务印书馆.

曾金宇，江毅海. 2003. 开展闽台渔业合作促进产业战略转型[J]. 中国渔业经济，（4）：16-18.

曾绍伦，任玉珑，王伟. 2009. 循环经济评价研究进展与展望[J]. 生态环境学报，18（2）：783-789.

张广海，邢萍，刘洋印. 2007. 我国滨海旅游发展战略初探[J]. 海洋开发与管理，（5）：101-105.

张红智. 2006. 海洋生物资源可持续利用的复杂性与管理议题[J]. 中国渔业经济，（6）：46-50.

张宏声. 2004. 海域使用管理指南[M]. 北京：海洋出版社.

张华，韩广轩，王德，等. 2015. 基于生态工程的海岸带全球变化适应性防护策略[J]. 地球科学进展，30（9）：996-1005.

张华，康旭，王利，等. 2010. 辽宁近海海洋生态系统服务及其价值测评[J]. 资源科学，32（1）：177-183.

张健君. 1985. 加速原理及其与我国经济建设的关系[J]. 求索，（4）：35-40.

张俊香，卓莉，刘旭拢. 2010. 广东省台风暴潮灾害社会经济系统脆弱性分析——模糊数学方法[J]. 自然灾害学报，19（1）：116-121.

张平，苏治. 2013. 经济转型、金融扩张与政策选择——2014 年中国经济展望[J]. 经济学动态，11：4-11.

张炜熙，李尊实. 2006. 环渤海海岸带经济脆弱性研究——以河北省海岸带为考察对象[J]. 河北学刊，（1）：219-221.

张炜熙. 2006. 区域发展脆弱性研究与评估[D]. 天津：天津大学博士学位论文.

张小飞，彭建，王仰麟，等. 2017. 全球变化背景下景观生态适应性特征[J]. 地理科学进展，36（9）：1167-1175.

张旭亮，史晋川，李仙德，等. 2017. 互联网对中国区域创新的作用机理与效应[J]. 经济地理，37（12）：129-137.

张燕. 2007. 企业个体生态理论与现代企业管理[J]. 商场现代化，（7）：127-128.

张耀光. 1988. 海洋经济地理研究与其在我国的进展[J]. 经济地理，（2）：152-155.

张耀光. 2008. 从人地关系地域系统到人海关系地域系统——吴传均院士对中国海洋地理学的贡献[J]. 地理科学，28（1）：6-9.

张耀光. 2015. 中国海洋经济地理[M]. 南京：东南大学出版社.

张耀光，韩增林，刘锴，等. 2010. 海岸带利用结构与海岸带海洋经济区域差异——以辽宁省为例[J]. 地理研究，29（1）：24-34.

张耀光，刘锴，王圣云，等. 2016. 中国和美国海洋经济与海洋产业结构特征对比——基于海洋 GDP 中国超过美国的实证分析[J]. 地理科学，36（11）：1614-1621.

张英丽. 2015. 产业链模式下构建海洋油气业金融的研究[J]. 现代经济信息，（5）：397-398.

张永安，李晨光. 2010. 复杂适应系统应用领域研究展望[J]. 管理评论，22（5）：121-128.

张战仁，杜德斌. 2010. 在华跨国公司研发投资集聚的空间溢出效应及区位决定因素——基于中国省市数据的空间计量经济研究[J]. 地理科学，30（1）：15-21.

赵东霞，韩增林，王利，等. 2015. 环渤海地区产业地域分工的基本格局[J]. 经济地理，35（6）：8-16.

赵国杰，张炜熙. 2006. 河北省海岸带经济脆弱性评价[J]. 河北学刊，（2）：227-229.

赵克勤. 2000. 集对分析及其初步应用[M]. 杭州：浙江科学技术出版社.

赵丽玲. 2013. 辽宁沿海经济带经济与海洋环境可持续发展研究[D]. 大连：辽宁师范大学硕士学位论文.

赵良仕，孙才志，郑德凤. 2014. 中国省际水资源利用效率与空间溢出效应测度[J]. 地理学报，69（1）：121-133.

赵昕，郭恺莹. 2012. 基于GRA-DEA混合模型的沿海地区海洋经济效率分析与评价[J]. 海洋经济，（5）：5-10.

郑翀，蔡雪雄. 2016. 福建省海洋文化产业发展与海洋经济增长关系的实证分析[J]. 亚太经济，（5）：127-131.

郑世忠，谭光万. 2015. 海域使用权抵押贷款的适应性研究[J]. 华北金融，（10）：66-69.

郑卫东. 2001. 发展海洋经济，建立海洋高等教育体系[J]. 高等农业教育，（3）：13-15.

中国经济增长前沿课题组. 2013. 中国经济转型的结构性特征、风险与效率提升路径[J]. 经济研究，48（10）：4-17，28.

中华人民共和国农业部渔业局. 1999. 中国渔业五十年大事记（1949年10月—1999年9月）[M]. 北京：中国农业出版社.

钟华. 2008. 中国海洋经济增长质量评价研究[D]. 青岛：中国海洋大学硕士学位论文.

周兵，黄志亮. 2006. 论国外循环经济理论及实践[J]. 经济纵横，（4）：40-42.

周光霞，林乐芬. 2018. 农村劳动力流动与城市收入差距——基于集聚经济视角[J]. 南京农业大学学报（社会科学版），18（1）：137-148，164.

周侃，樊杰. 2016. 中国环境污染源的区域差异及其社会经济影响因素——基于339个地级行政单元截面数据的实证分析[J]. 地理学报，71（11）：1911-1925.

周秋麟，周通. 2011. 国外海洋经济研究进展[J]. 海洋经济，1（1）：43-52.

周锐波，石思文. 2018. 中国产业集聚与环境污染互动机制研究[J]. 软科学，32（2）：30-33.

周文宗，刘金娥，左平，等. 2005. 生态产业与产业生态学[M]. 北京：化学工业出版社.

周永娟，仇江啸，王效科，等. 2010. 三峡库区消落带崩塌滑坡脆弱性评价[J]. 资源科学，32（7）：1301-1307.

朱会义，李秀彬，何书金. 2001. 环渤海地区土地利用的时空变化分析[J]. 地理学报，56（3）：253-260.

朱坚真，宋逸伦. 2016. 基于海洋经济强省的广东海洋产业集群升级转型[J]. 广东经济，（7）：70-74.

朱楠，郭晗. 2014. 我国东部沿海地区经济增长质量的测度与评价研究[J]. 西北大学学报（哲学社会科学版），（1）：162-168.

诸大建. 1998. 可持续发展呼唤循环经济[J]. 科技导报，16（9）：39-42.

卓玛措. 2005. 人地关系协调理论与区域开发[J]. 青海师范大学学报（哲学社会科学版），（6）：26-29.

Adger W N. 2003. Building resilience to promote sustainability[J]. IHDP Update, （2）: 1-3.

Adger W N. 2005. Social and ecological resilience: are they related? [J]. Progress in Human Geography, 24（3）: 347-364.

Adger W N. 2006. Vulnerability[J]. Global Environmental Change, 16（3）: 268-281.

Adrianto L, Matsuda Y. 2002. Developing economic vulnerability indices of environmental disasters in small island regions[J]. Environmental Impact Assessment Review, 22 (4): 393-414.

Alberti M. 1999a. Modeling the urban ecosystem: a conceptual framework[J]. Environment and Planning B, Planning and Design, 26 (3): 605-630.

Alberti M. 1999b. Urban patterns and environmental performance: what do we know? [J]. Journal of Planning Education and Research, 19 (3): 151-163.

Alberti M, Booth D, Hill K, et al. 2007. The impact of urban patterns on aquatic ecosystems: an empirical analysis in Puget lowland sub-basins[J]. Landscape and Urban Planning, 80(3): 345-361.

Alberti M, Marzluff J M. 2004. Ecological resilience in urban ecosystems: linking urban patterns to human and ecological functions[J]. Urban Ecosystems, (2): 241-265.

Alberti M, Botsford E, Cohen A. 2001. Avian Ecology and Conservation in an Urbanizing World[M]. Dordrecht: Kluwer Academic Press.

Alberti M, Susskind L. 1996. Managing urban sustainability: an introduction to the special issue[J]. EIA Review, 16 (6): 213-221.

Alfieri L, Feyen L, Baldassarre G D. 2016. Increasing flood risk under climate change: a pan-European assessment of the benefits of four adaptation strategies[J]. Climatic Change, 136 (3-4): 507-521.

Allan G. 2015. Regional employment impacts of marine energy in the Scottish economy: a general equilibrium approach[J]. Regional Studies, 49 (2): 337-355.

Allenby B R. 1992. Achieving sustainable development through industrial ecology[J]. International Environmental Affairs, (4): 56-58.

Allenby B R, Cooper W E. 1994. Understanding industrial ecology from a biological systems perspective[J]. Environmental Quality Management, 34 (2): 343-354.

Allenby B, Fink J. 2005. Toward inherently secure and resilient societies[J]. Science, 309 (5737): 1034-1036.

Anderson L G. 1984. Uncertainty in the fisheries management process[J]. Marine Resource Economics, 1 (1): 77-87.

Andersson E, Barthel S, Ahrne K. 2007. Measuring social-ecological dynamics behind the generation of ecosystem services[J]. Ecological Applications, 17 (5): 1267-1278.

Anselin L. 1988. Spatial Econometrics: Methods and Models[M]. Dordrecht: Kluwer Academic Publishers.

Ayres R U. 1997. Industrial metabolism: closing the materials cycle[C]. Stockholm: SEI Conference on Principles of Clean Production.

Bailey M, Favaro B, Otto S P, et al. 2016. Canada at a crossroad: the imperative for realigning ocean policy with ocean science[J]. Marine Policy, 63: 53-60.

Ballantyne S. 2013. Marine survival in a poor economy[J]. Baird Maritime, 31 (10): 8.

Basso E B. 1972. Cultural ecology[J] . Science, 175 (4026): 1100-1101.

Beaumont N J, Austen M C, Mangi S C, et al. 2008. Economic valuation for the conservation of marine biodiversity[J]. Marine Pollution Bulletin, 56 (3): 386-396.

Beier C M, Patterson T M, Chapin F S. 2008. Ecosystem services and emergent vulnerability in managed ecosystems: a geospatial decision-support tool[J]. Ecosystems, 11 (6): 923-938.

Beisner B E, Haydon D T, Cuddington K. 2003. Alternative stable states in ecology[J]. Frontiers in Ecology & the Environment, 1 (7): 376-382.

Berke F, Folke C. 1998. Linking Social and Ecological Systems: Management Practices and Social Mechanisms for Building Resilience[M]. Cambridge: Cambridge University Press.

Berkes F. 2007. Understanding uncertainty and reducing vulner-ability: lessons from resilience thinking[J]. Natural Hazards, 41 (4): 283-295.

Bertalanffy V L. 1950. The theory of open systems in physics and biology[J]. Science, 111 (2872): 23-29.

Bhatia P, Chugh A. 2015. Role of marine bioprospecting contracts in developing access and benefit sharing mechanism for marine traditional knowledge holders in the pharmaceutical industry[J]. Global Ecology & Conservation, 3 (C): 176-187.

Birk T, Rasmussen K. 2014. Migration from atolls as climate change adaptation: current practices, barriers and options in Solomon Islands[J]. Natural Resources Forum, 38 (1): 1-13.

Blaikie P, Cannon T, Davis I, et al. 1994. At Risk: Natural Hazards, People's Vulnerability and Disasters[M]. London: Rout Ledge.

Bosher L, Dainty A. 2008. A Proactive Multi-stakeholder Approach to Attaining Resilience in the UK[M]. Rotterdam (Nether-lands): In-House Publishing.

Bouchet P, Lozouet P, Maestrati P, et al. 2015. Assessing the magnitude of species richness in tropical marine environments: exceptionally high numbers of molluscs at a New Caledonia site[J]. Biological Journal of the Linnean Society, 75 (4): 421-436.

Bruneau M. 2006. Enhancing the resilience of communities against extreme events from an earthquake engineering perspective[J]. Journal of Security Education, 1 (4): 159-167.

Burton I, Kates R W, White G F. 1993. The Environment as Hazard[M]. New York: Guilford Press.

Button C, Harvey N. 2015. Vulnerability and adaptation to climate change on the South Australian coast: a coastal community perspective[J]. Transactions of the Royal Society of South Australia, 139 (1): 38-56.

Chandra A, Gaganis P. 2016. Deconstructing vulnerability and adaptation in a coastal river basin ecosystem: a participatory analysis of flood risk in Nadi, Fiji Islands[J]. Climate and Development, 8 (3): 256-269.

Chatterjee M. 2010. Slum dwellers response to flooding events in the megacities of India[J]. Mitigation and Adaptation Strategies for Global Change, 15 (4): 337. 353.

Chen C, Doherty M, Coffee J, et al. 2016. Measuring the adaptation gap: a framework for evaluating climate hazards and opportunities in urban areas[J]. Environmental Science & Policy, 66: 403-419.

Chesson J, Clayton H. 1998. A Framework for Assessing Fisheries with Respect to Ecologically Sustainable Development[M]. Canberra: Bureau of Rural Sciences.

Chorley R J. 1999. Landform monitoring, modelling and analysis[J]. Earth Surface Processes & Landforms, 24 (7): 661-662.

Clar C, Prutsch A, Steurer R. 2013. Barriers and guidelines for public policies on climate change adaptation: a missed opportunity of scientific knowledge-brokerage[J]. Natural Resources Forum, 37 (1): 1-18.

Clark C W. 1985. Bioeconomic modelling and fisheries management[J]. Journal of Business & Economic Statistics, 4 (3): 392.

Clark G E, Moser S C, Ratick S J, et al. 1998. Assessing the vulnerability of coastal communities to extreme storms: the case of Revere, MA., USA[J]. Mitigation and Adaptation Strategies for Global Change, (3): 59-82.

Clark W C, Dickson N M. 2003. Science and technology for sustainable development special feature: sustainability science: the emerging research program[J]. PNAS, 100 (14): 8059-8061.

Colding J. 2007. Ecological land-use complementation for building resilience in urban ecosystems[J]. Landscape and Urban Planning, 81 (1-2): 46-55.

Colgan C S. 2005. The California ocean economy[R]. National Ocean Economics Program.

Collins J P, Kinzig A, Grimm N B, et al. 2000. A new urban ecology[J]. Ammons Scientific, 88 (6): 416-425.

Costanza R, d'Agre R, de Groot R, et al. 1997. The value of the world's ecosystem and natural capital[J]. Nature, 387: 253-260.

Cote E P, Hall J. 1995. Industrial parks as ecosystems[J]. Journal of Cleaner Production, 3(1-2): 41-46.

Cote P, Smolenaars T. 1997. Supporting pillars for industrial ecosystems[J]. Journal of Cleaner Production, 5 (1-2): 67-74.

Cunningham S, Dunn M R, Whitmarsh D. 1985. Fisheries Economics: an Introduction[M]. London: Mansell Publishing and New York: St Martin's Press.

Cutter S L. 1993. Living with Risk[M]. London: Edward Arnold.

Cutter S L, Barnes L, Berry M, et al. 2008. A place-based model for understanding community resilience to natural disasters[J]. Global Environmental Change, 18 (5): 598-606.

Daly D, Dassargues A, Drew D. 2002. Main concepts of the "European approach" to Karst-ground water vulnerability assessment and mapping[J]. Hydrogeology Journal, (10): 340-345.

Daniel A, Xie Y. 2008. Statistical Methods for Categorical Data Analysis (2nd Edition) [M]. Bradford: Emerald Group Publishing Ltd.

Demetrius L. 1977. Adaptedness and fitness[J]. Netherlands Journal of Geosciences, 111 (982): 1163-1168.

Denevan W M. 1983. Adaptation, variation and cultural geography[J]. Professional Geographer, 35 (4): 399-407.

Dercon S. 2004. Insurance Against Poverty[M]. Oxford: Oxford University Press.

Dercon S, Hoddinott J, Krishnan P, et al. 2008. Collective action and vulnerability: burial societies in rural Ethiopia[J]. CAPRi Working Paper, 83.

Dow K. 1992. Exploring differences in our common futures: the meaning of vulnerability to global environmental change[J]. Geoforum, 23 (3): 417-436.

Downing T E. 1991. Vulnerability to hunger in Africa[J]. Global Environmental Change, (1): 365-380.

Duxbury J, Dickinson S. 2007. Principles for sustainable governance of the coastal zone: in the context of coastal disasters[J]. Ecological Economics, 63 (2): 319-330.

Elsharouny M R M M. 2016. Planning coastal areas and waterfronts for adaptation to climate change in developing countries[J]. Procedia Environmental Sciences, 34: 348-359.

Ernstson H, Sander E. 2010. Urban transitions: on urban resilience and human-dominated ecosystems[J]. AMBIO, 39 (4): 531-545.

Fernández E. 2016. Coexistence of urban uses and shellfish production in an upwelling-driven, highly productive marine environment: the case of the Ría de Vigo (Galicia, Spain) [J]. Regional Studies in Marine Science, 8 (2): 362-370.

Fernández-Macho J, González P, Virto J. 2016. An index to assess maritime importance in the European Atlantic economy[J]. Marine Policy, 64: 72-81.

Fogel R W. 2001. Forecasting the demand for health care in China[J]. China & World Economy, (5): 9-15.

Franzese P P, Russo G F, Ulgiati S. 2008. Modelling the interplay of environment, economy and resources in Marine Protected Areas: a case study in Southern Italy[J]. Annals of Nuclear Medicine, 10 (1): 91-97.

Frosch R A, Gallopoulos N. 1989. Strategies for manufacturing[J]. Scientific American, 261(3): 144-152.

Gaber T, Griffith T K. 1980. The assessment of community vulnerability to acute hazardous materials incidents[J]. Journal of Hazardous Materials, (8): 323-333.

Gallopín G C. 2006. Linkages between vulnerability, resilience, and adaptive capacity[J]. Global Environmental Change, 16 (3): 293-303.

Garcia S M, Staples D J. 2000. Sustainability reference systems and indicators for responsible marine capture fisheries: a review of concepts and elements for a set of guidelines[J]. Marine & Freshwater Research, 51 (5): 385-426.

George H J. 1996. Overtime, effort and the propagation of business cycle shock[J]. Journal of Monetary Economics, 38 (1): 139-160.

Gibbs M T. 2016. Why is coastal retreat so hard to implement? Understanding the political risk of coastal adaptation pathways[J]. Ocean & Coastal Management, 130: 107-114.

Gilberto C G. 2006. Linkages between vulnerability, resilience, and adaptive capacity[J]. Global Environmental Change, 16 (2): 293-303.

Gogoberidze G. 2012. Tools for comprehensive estimate of coastal region marine economy potential and its use for coastal planning[J]. Journal of Coastal Conservation, 16 (3): 251-260.

Gordon H S. 1954. The economic theory of a common-property resource: the fishery[J]. Journal of Political Economy, 62 (2): 124-142.

Gort M, Klepper S. 1982. Time paths in the diffusion of product innovation[J]. The Economic Journal, 92: 630-653.

Graedel T E, Allenby B R. 2003. 产业生态学[M]. 施涵, 译. 北京: 清华大学出版社.

Grimm N B, Grove J M, Pickett S T A, et al. 2000. Integrated approaches to long-term studies of urban ecological systems[J]. BioScience, 50 (3): 571-584.

Guillaumont P. 2000. On the economic vulnerability of low income countries[J]. Working

Papers, 143.

Gunderson L H, Holling C S. 2002. Panarchy: Understanding Transformations in Human and Natural Systems[M]. Washington D C: Island Press.

Gutman P, Maletta H. 1989. Global impoverishment, sustainable development and the environment: a conceptual approach[J]. International Social Science Journal, 41 (3): 375-397.

Henrichs S, Reeburgh W. 1987. Anaerobic mineralization of marine sediment organic matter: rates and the role of anaerobic processes in the oceanic carbon economy[J]. Geomicrobiology Journal, 5 (3-4): 191. 237.

Holbrook N J, Johnson J E. 2014. Climate change impacts and adaptation of commercial marine fisheries in Australia: a review of the science[J]. Climatic Change, 124 (4): 703-715.

Holdschlag A, Ratter B M W. 2016. Caribbean island states in a social-ecological panarchy? complexity theory, adaptability and environmental knowledge systems[J]. Anthropocene, 13: 80-93.

Holling C S. 1973. Resilience and stability of ecological systems[J]. Annual Review of Ecology and Systematics, (4): 1-23.

Holling C S. 1996. Surprise for science, resilience for ecosystems, and incentives for people[J]. Ecological Applications, 6 (3): 733-735.

Holling C S. 2001. Understanding the complexity of economic, ecological, and social systems[J]. Ecosystems, 4: 390-405.

Ibarguen V Y , Surget A , Patrick V, et al. 2009. Deficit in BDNF does not increase vulnerability to stress but dampens antidepressant-like effects in the unpredictable chronic mild stress[J]. Behavioural Brain Research, 202 (2): 245-251.

Imai K S, Gaiha R, Kang W. 2011. Vulnerability and poverty dynamics in vietnam[J]. Applied Economics, 43 (25): 3603-3618.

Inaba K. 2015. Japanese marine biological stations: preface to the special issue[J]. Regional Studies in Marine Science, 2: 154-157.

IPCC. 2001. Climate Change: Impacts, Adaptation and Vulnerability[M]. Cambridge: Cambridge University Press.

James P, LeSage R, Pace K. 2009. Introduction to Spatial Econometrics[M]. Boca Raton: CRC Press Taylor & Francis Group.

Jansson K. 2016. Circular Economy in Shipbuilding and Marine Networks: A Focus on Remanufacturing in Ship Repair[J]. Berlin: Springer International Publishing.

Jin D, Hoagland P, Dalton T M. 2003. Linking economic and ecological models for a marine ecosystem[J]. Ecological Economics, 46 (3): 367-385.

Kaczynski W M. 2011. The future of blue economy: lessons for European Union[J]. Foundations of Management, 3 (1): 21-32.

Karamanos P. 1996. 工业生态学：私有部门的新机会[J]. 产业与环境, (4): 38-39.

Kasperson J X, Kasperson R E. 2001. Global Environmental Risk[M]. Tokyo: United Nations University Press .

Kates R W. 1985. The interaction of climate and society[J]. Climate Impact Assessment: 3-36.

Kates R W, Clark W C, Corell R, et al. 2001. Sustainability science[J]. Science, 292 (5517): 641-642.

Kelly P M, Adger W N. 2000. Theory and practice in assessing vulnerability to climate change and facilitating adaptation[J]. Climate Change, 47 (4): 325-352.

Kingsborough A, Borgomeo E, Hall J W. 2016. Adaptation pathways in practice: mapping options and trade-offs for London's water resources[J]. Sustainable Cities & Society, 27: 386-397.

Kithiia J. 2011. Climate change risk responses in East African cities: need, barriers and opportunities[J]. Current Opinion in Environmental Sustainability, 3 (3): 176-180.

Kurniawan F, Adrianto L, Bengen D G, et al. 2016. Vulnerability assessment of small islands to tourism: the case of the Marine Tourism Park of the Gili Matra Islands, Indonesia[J]. Global Ecology & Conservation, 6 (C): 308-326.

Kurz H D, Salvadori N. 2000. "Classical" roots of input-output analysis: a short account of its long prehistory[J]. Economic Systems Research, 12 (2): 35-40.

Kwo-Jean F, Shu-Kuo L, Andrew R F. 2004. A study on information security management system evaluation—assets, threat and vulnerability[J]. Computer Standards & Interfaces, 26 (6): 501-513.

Lambert A J D, Boons F A A. 2002. Eco-industrial parks: stimulating sustainable development in mixed industrial parks[J]. Technovation, 22 (8): 471-484.

Lawton R P, Lüders G, Kaplan M, et al. 2013. The Commercial Lobster Pot-Catch Fishery in the Plymouth Vicinity, Western Cape Cod Bay[J]. Observations on the Ecology and Biology of Western Cape Cod Bay, Massachusetts, 11: 131-150.

Lennert-Cody C E, Rusin J D, Maunder M N, et al. 2013. Studying small purse-seine vessel fishing behavior with tuna catch data: implications for eastern Pacific Ocean dolphin conservation[J]. Marine Mammal Science, 29 (4): 643-668.

Lynch K. 1958. Environmental adaptability[J]. Journal of the American Planning Association, 24 (1): 16-24.

Marques C R. 2016. Bio-rescue of marine environments: on the track of microbially-based metal/metalloid remediation[J]. Science of the Total Environment, 565: 165-180.

Marshall A. 1890. Principles of Economics[M]. London: Macmillan.

Martin R, Sunley P. 2007. Complexity thinking and evolutionary economic geography[J]. Journal of Economic Geography, 7: 573-601.

Martin R, Sunley P. 2011. Conceptualizing cluster evolution: beyond the life cycle model[J]. Regional Studies, 45 (10): 1299-1318.

Martin R, Sunley P. 2014. On the notion of regional economic resilience: conceptualization and explanation[J]. Journal of Economic Geography, 15 (1): 1-42.

Martinez M L, Intralawan A, Vazquez G, et al. 2007. The coasts of our world: ecological, economic and social importance[J]. Ecological Economics, 63: 254-272.

Maru Y T, Smith M S, Sparrow A, et al. 2014. A linked vulnerability and resilience framework for adaptation pathways in remote disadvantaged communities[J]. Global Environmental Change, 28: 337-350.

McDaniels T, Chang S, Cole D. 2008. Fostering resilience to extreme events within infrastructure systems: characterizing decision contexts for mitigation and adaptation[J]. Global Environmental Change, 18 (7): 310-318.

Mcleod E, Weis S W M, Wongbusarakum S, et al. 2015. Community-based climate vulnerability and adaptation tools: a review of tools and their applications[J]. Coastal Management, (4): 439-458.

Miller F. 2010. Resilience and vulnerability: complementary or conflicting concepts? [J]. Ecology and Society, 15 (3): 11-36.

Montalbano P. 2011. Trade openness and developing countries' vulnerability: concepts, misconceptions, and directions for research[J]. World Development, 39 (9): 1489-1502.

Moore F, Lamond J, Appleby T. 2016. Assessing the significance of the economic impact of Marine Conservation Zones in the Irish Sea upon the fisheries sector and regional economy in Northern Ireland[J]. Marine Policy, 74: 136-142.

Moran P. 1950. A test for serial independence of residuals[J]. Biometrika, (37): 178-181.

Nichols P D, Mooney B D, Elliott N G. 2004. Value-adding to Australian marine oils[J]. Developments in Food Science, 42 (4): 115-130.

Nilsen G. 2017. Surplus production and marine resource use in the North Norwegian Iron Age: North Norwegian Iron Age maritime economies[J]. International Journal of Nautical Archaeology, 46 (4): 231-252.

Nordgren J, Stults M, Meerow S. 2016. Supporting local climate change adaptation: where we are and where we need to go[J]. Environmental Science & Policy, 66: 344-352.

Nurkholis, Nuryadin D, Syaifudin N, et al. 2016. The economic of marine sector in Indonesia[J]. Aquatic Procedia, 7: 181-186.

O'Brien M J, Holland T D. 1992. The role of adaptation in archaeological explanation[J]. American Antiquity, 57 (1): 36-59.

Pakalniete K, Aigars J, Czajkowski M, et al. 2017. Understanding the distribution of economic benefits from improving coastal and marine ecosystems[J]. Science of the Total Environments, 584-585: 29-40.

Paramio L, Lopes Alves F, Cabral Vieira J A. 2015. New approaches in coastal and marine management: developing frameworks of ocean services in governance[J]. Environmental Management and Governance: 85-110.

Pascoe N W, Smith-Abbott J, Gore S. 2013. Marine protected areas and management in the British Virgin Islands[J]. Coral Reefs of the United Kingdom Overseas Territories: 37-46.

Pathak D R, Hiratauka A, Awata I, et al. 2009. Ground water vulnerability assessment in shallow aquifer Kathmandu Valley using GIS-based DRASTIC model[J]. Environmental Geology, 57 (7): 1569-1578.

Pendall R, Foster K, Cowell M. 2010. Resilience and regions: building understanding of the metaphor[J]. Cambridge Journal of Regions: Economy and Society, (3): 71-84.

Pickett S T A, Cadenasso M L. 2000. Linking forest edge structure to edge function: mediation of herbivore damage[J]. Journal of Ecology, 88 (1): 31-44.

Pike A, Dawley S, Tomaney J. 2010. Resilience adaptation and adaptability[J]. Cambridge Journal of Regions: Economy and Society, (4): 59-70.

Rahman A. 2008. A GIS based DRASTIC model for assessing groundwater vulnerability in shallow Aquifer in Aligarh, India[J]. Applied Geography, 28 (1): 32-53.

Rahman M R. 2017. Blue economy and maritime cooperation in the Bay of Bengal: role of Bangladesh[J]. Procedia Engineering, 194: 356-361.

Raubenheimer K, Mcilgorm A. 2017. Is the montreal protocol a model that can help solve the global marine plastic debris problem? [J]. Marine Policy, 81: 322-329.

Roarke D, John M. 2006. Relative importance of habitat quantity, structure, and spatial pattern to birds in urbanizing environments[J]. Urban Ecosystems, (9): 99-117.

Robert C. 1999. The ecological economic and social importance of the oceans[J]. Ecological Economics, 31 (2): 199-213.

Robertson D H. 1938. The future of international trade[J]. The Economic Journal, 48(189): 1-14.

Rodrick W, Wallace D, Ahern J, et al. 2007. A failure of resilience: estimating response of New York City's public health ecosystem to sudden disaster[J]. Health & Place, 13 (4): 545-550.

Rorholm N. 1967. Economic impact of marine-oriented activities: a study of the southern New England marine region[D]. Kingston: University of Rhode Island, Department of Food and Resource Economics.

Rose A. 2004. Defining and measuring economic resilience to disasters[J]. Disaster Prevention and Management, 13 (5): 307-314.

Rose A. 2005. Analyzing Terrorist Threats to the Economy: A Computable General Equilibrium Approach[M]. Cheltenham: Edward Elgar Publishers.

Rose A. 2006. Macroeconomic impacts of catastrophic events: the influence of resilience[D]. Berkeley: University of California Press.

Rose A, Benavides J. 1999. Optimal Allocation of Electricity after Major Earthquakes: Market Mechanism a Versus Rationing: Advances in Mathematical Programming and Financial Planning[M]. Greenwich C T: JAI Press.

Rose A, Liao S Y. 2005. Modeling resilience to disasters: computable general equilibrium analysis of a water service disruption[J]. Journal of Regional Science, 45 (1): 75-112.

Rose A, Oladosu G, Liao S Y. 2006. Regional economic impacts of a terrorist attack on the water system of Los Angeles: a computable general equilibrium analysis[M]//Richardson H, Gordon P, Moore J. The Economic Costs and Consequences of Terrorism. Cheltenham: Edward Elgar Publishing Company: 1-50.

Rose A, Oladosu G, Liao S. 2007. Business interruption impacts of a terrorist attack on the electric power system of Los Angele: customer resilience to a total blackout[J]. Risk Analysis, 27 (3): 513-531.

Saavedra C. 2009. Climate change and environmental planning[J]. Habitat International, 33 (7): 246-252.

Salpin C, Onwuasoanya V, Bourrel M, et al. 2016. Marine scientific research in pacific small island developing states[J]. Marine Policy, 95: 363-371.

Sarewitz D, Pielke R, Keykhah M. 2003. Vulnerability and risk: some thoughts from a political and policy perspective[J]. Risk analysis, 23 (4): 805-810.

Satheesh S, Ba-Akdah M A, Al-Sofyani A A. 2016. Natural antifouling compound production by microbes associated with marine macroorganisms—a review[J]. Electronic Journal of Biotechnology, 21: 26-35.

Sheehan B, Spiegelman H. 2010. Climate Change, Peak Oil, and the End of Waste[M]. California: University of California Press.

Smit B, Wandel J. 2006. Adaptation, adaptive capacity and vulnerability[J]. Global Environmental

Change, 16 (3): 282-292.

Smith M D, Lynham J, Sanchirico J N, et al. 2010. Political economy of marine reserves: understanding the role of opportunity costs[J]. Proceedings of the National Academy of Sciences of the United States of America, 107 (43): 18300-18305.

Smith-Godfrey S. 2016. Defining the blue economy[J]. Maritime Affairs Journal of the National Maritime Foundation of India, (1): 1-7.

Stevens M R, Berke P R, Song Y. 2010. Creating disaster-resilient communities: evaluating the promise and performance of new urbanism[J]. Landscape and Urban Planning, 94 (3): 105-115.

Stewart M G. 2015. Risk and economic viability of housing climate adaptation strategies for wind hazards in southeast Australia[J]. Mitigation and Adaptation Strategies for Global Change, 20 (4): 601-622.

Surís-Regueiro J C, Garza-Gil M D, Varela-Lafuente M M. 2013. Marine economy: a proposal for its definition in the European Union[J]. Marine Policy, 42 (11): 111-124.

Tanner T, Mitchell T, Polack E, et al. 2009. Urban governance for adaptation: assessing climate change resilience in ten Asian cities[J]. IDS Working Papers, 315: 1-47.

Tibbs H. 1992. Industrial ecology: an environmental agenda for industry[J]. Whole Earth Review: 69-74.

Timmerman P. 1981. Vulnerability, resilience and the collapse of society: a review of models and possible climatic applications[D]. Toronto: Institute for Environmental Studies, University of Toronto.

Turner II B L. 2010. Vulnerability and resilience: coalescing or paralleling approaches for sustainability science? [J]. Global Environmental Change, 20 (3): 570-576.

Turner II B L, Kasperson R E, Matson P A. et al. 2003. Science and technology for sustainable development special feature: a framework for vulnerability analysis in sustainability science[J]. PNAS, 100 (14): 8074-8079.

Uitto J I. 1998. The geography of disaster vulnerability in megacities: a theoretical framework[J]. Applied Geography, 18 (1): 7-16.

Unruh J, Adam A M. 2014. Land rights in Darfur: institutional flexibility, policy and adaptation to environmental change[J]. Natural Resources Forum, 36 (4): 274-284.

Vernon R. 1966. International investment and international trade in the product cycle[J]. International Executive, 8 (4): 16-16.

Vivero J L S D, Mateos J C R. 2012. The Spanish approach to marine spatial planning. Marine Strategy Framework Directive vs. EU Integrated Maritime Policy[J]. Marine Policy, 36 (1): 18-27.

Vrba J, Zaporozec A. 1994. Guidebook on mapping groundwater vulnerability[J]. International Contributions to Hydrogeology, 131.

Vörösmarty C J, Green P, Salisbury J, et al. 2000. Global water resources: vulnerability from climate change and population growth[J]. Science, 289 (5477): 284-288.

Walker B, Holling C S, Carpenter S R, et al. 2004. Resilience, adaptability and transformability in social-ecological systems[J]. Ecology and Society, 9 (2): 5-12.

Wardekker J, Jong A, Knoop J, et al. 2010. Operationalizing a resilience approach to adapting an urban delta to uncertain climate changes[J]. Technological Forecasting & Social Change, 77: 987-998.

Westley F, Carpenter S R, Brock W A, et al. 2002. Why Systems of People and Nature Are not Just Social and Ecological Systems? [M]. Washington D C: Island Press.

White G F. 1974. Natural Hazards[M]. Oxford: Oxford University Press.

White M, O'Sullivan G. 1997. Implications of EUROGOOS on marine policy making in a small maritime economy[J]. Elsevier Oceanography, 62: 278-285.

Yarrow M M, Tironi A, Ramirez A, et al. 2008. An applied assessment model to evaluate the socioeconomic impact of water quality regulations in Chile[J]. Water Resources Management, 11 (6): 923-938.

Zeeman E C. 1977. Catastrophe Theory[M]. New Jersey: Addison-Wesley Educational Publishers.